# 総力戦体制の正体

目次

# 凡例

一、史料の引用に際しては、読みやすさを考慮して適宜句読点をつけた。

一、史料に付した傍点や傍線は、特にことわらないかぎり著者による。

一、註において『史料集』の史料番号の記載がない場合は、『史料集　総動員体制と村　京丹後市史資料編』に収録していない文書である。

一、木津村に関わる人名については、原則として『木津村誌』の「戦争出動者名簿」に掲載されている場合はそのままとし、それ以外は基本的にイニシャルで表記した。ただし、村長については人名を記した。

一、木津村役場文書、郷村役場文書、『田村国民学校日誌』は京丹後市教育委員会が所蔵している。

一、アジア歴史資料センターの資料の最終閲覧日は、いずれも二〇一六年三月一日である。

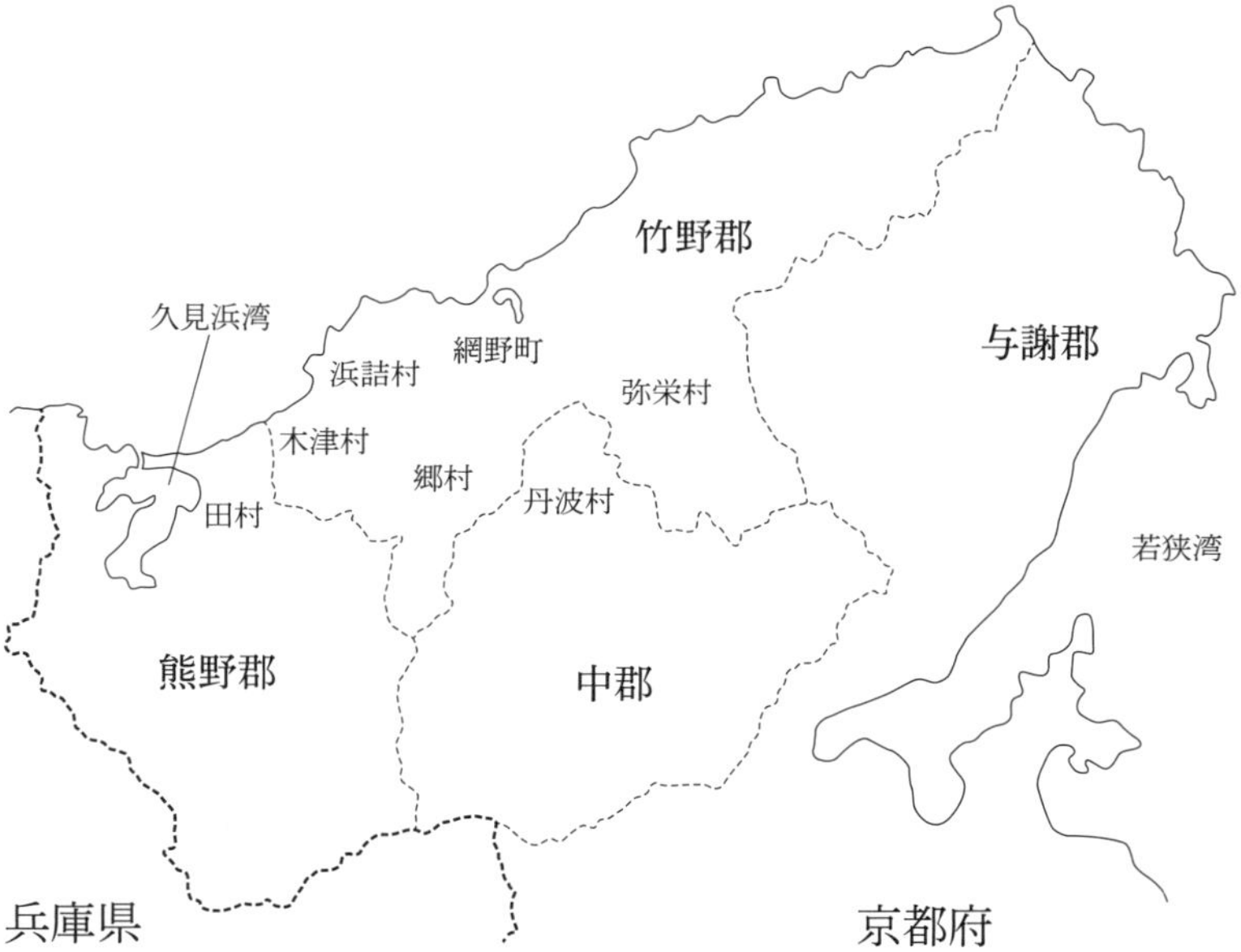


丹後半島地図（昭和戦前期）

# 序章

## 1 総力戦体制の基盤――徴兵制と兵事行政

### 「戦争出動者名簿」

京都府西北端には、久見浜湾から東へ、日本海側でも有数の美しい砂浜が数キロにわたって連続する海岸がある。その海岸から数百メートル内陸に入ったところに、小さな旅館がいくつか集まった木津温泉という地域がある。唐突だが、松本清張の『Dの複合』は、ここで殺人事件が起こったという設定を端緒として物語が展開する。清張は、一九六五年、木津温泉の「ゑびす屋」という旅館に滞在して、この小説を書いた。「ゑびす屋」には、現在でも松本清張が執筆に使った部屋があり、東側に向いた一面のガラス窓から木津村が一望できる。

木津温泉の一帯には田圃や畑が広がっているが、海に向かう西北側を除いてなだらかな山が迫っていて、一筋の川に沿って開けた谷間といった方がよいかもしれない。日本の沿岸部によくある風景である。この地域は、一九五〇年に網野町に合併されるまで、木津村と呼ばれていた。木津村は若狭湾岸より西側の丹後半島沿岸部を区域とする竹野郡に属し、一八八一年に近世以来の四つの村を合併して新設された。(1) 一八八九年の町村制の施行に際して、さらに木津村、俵野村、溝野村、日和田村が合併して新たな木津村が誕生した。一九三五年の国勢調査によれば、戸数は二九六戸、人口は一七〇一人である。

約六〇年に及ぶ行政村としての歴史が終わってからかなり年月が経った一九八六年、『木津村誌』が刊行された。同書には、巻末の三〇頁弱にわたって、詳細な三七八件のデータが掲載されている。「戦争出動者名簿」というのがそれである。「戦争出動者」とは、あまり聞き慣れない言葉である。「戦没者」ならわかるが、なぜ「戦争出動者」と表記されているのか。名簿の配列をよく見るとその理由がわかる。この名簿には、「西南の役」から「太平洋戦争」にいたるまで、木津村から戦争に動員された個人のデータがすべて記されているのである。「出動者」の出身区、氏名、入隊年月日、入隊部隊、帰還(または戦死)年月日、付記(主に戦死した場所)についての情報が盛り込まれている。一つだけ事例を挙げよう。日中戦争が始まって最初の動員は七月に行われているが、名簿の最初にあるのは、加茂川区の今井滋郎である。七月二七日に応召、歩兵第八〇連隊(朝鮮・大邱)に入隊し、一九三八年一二月一四日に帰還しているから、「出動」から帰還までは約一年五ヵ月だったことがわかる。このような調子で、最後の動員が行われる一九四五年八月までの「戦争出動者」の諸情報を得ることができる。

一つだけ注意が必要なのは、「名簿」とはなっているが、配列の基準は応召年月日であるから、しばしば同一人物が複数箇所に掲載されていることである。これについても事例を挙げよう。日中戦争後の大動員で九月に応召した谷口庄二は歩兵第九連隊(京都)に入隊し、一九三九年八月に帰還した。ところが、名簿を見ていくと、一九四一年七月に応召した人たちの中に、再び彼の名を見出すことができる。二度目の応召である。この召集は約一年半にわたり、翌四二年一二月に帰還した。さらに名簿を見ていくと、かなり後ろの方、一九四五年三月の応召者の中に、みたび彼の名があることに気づく。復員は戦争終結からほぼ一ヵ月後の九月であるから、三度目の応召はほぼ半年で終わった。このように、この名簿は、複数回応召した者についてはその回数だけ情報を掲げる、という特徴をもっている。

全国で編纂された市町村史の中でも、このような方針で名簿を掲載しているものは稀であろう。京都府の場合では、管見のかぎり『木津村誌』が唯一である。だとすると、『木津村誌』の編集者はどのような意図から「戦争出動者名簿」を作成したのだろうか。『木津村誌』には編纂全般について、村に残された行政文書、社寺文書、各区保管古文書が損傷・亡失する恐れがあるから「村誌」にまとめるべきである、との意見が採択された、という記述以外に特別な説明はない。この部分については、動員数何名、死者何名という形式で済ませてしまうことも可能だったはずだが、木津村に本籍のある将兵一人ひとりの応召、入隊の情報を克明に記録するという方法がとられている。

なぜ、そのような方針を採用したのか。二つのことが想定される。一つは、たとえば各府県で編纂された『日露戦役忠勇列伝』などに見られるような、戦歴を記録し顕彰しようとする意図である。いま一つは、もう少し客観的な観点から、戦争がこの村にどのような影響を与えたのか、村民は戦争にどのように動員されたのか、客観的な情報を整理しそれを記録しておくことが自分たちの責務であるという意識である。前者の場合、兵士一人ひとりに即した名簿を作るはずだから、「戦争出動者名簿」は後者の意識が強かったと考えてよさそうである。私たちはここに、応召者一人ひとりに対してはもちろん、ほかならぬ村が兵士を送り出したことに対する責任感とでもいうべき思いを読み取るべきだろう。編集委員のほとんどはこの地の出身者であり、そのことも「戦争出動者名簿」が作成される一つの背景となっていたことは疑いない。ちなみに、先述の谷口庄二もその一人であることを付け加えておこう。

## 地域から戦争をとらえ直す

「戦争出動者名簿」に見られるように、応召・入隊した村人の名を一名たりとも漏らさず刻み、その応召と帰還・復員・戦死の情報を記録することは、それを見る私たちに次のような想像をかき立てる。たとえば、先の今井滋郎の場合、職業は何か、どのような家族構成だったのか、本人しか稼ぎ手がいなければ、彼が応召したあとの生活はどうやって維持していたのか、そもそも今井の家の生活状態はどのようなものだったのか、彼は戦地で何を考えどんな行動をしたのか、等々、問いが次々に浮かんでくる。

こうした問いを追究するのは大変難しいが、国家意思の決定、軍事作戦・戦略を通じて理解されるのとは異なる戦争の問い方を切り拓く可能性を秘めている。日本軍の戦死者何百万人とか、アジア諸国の犠牲者が何千万人といった表現では、戦争を数量的、抽象的にしか理解しえない。バーチャルな空間が私たちの生活に大きな比重を占めるようになったとはいえ、実生活は特定の空間を飛躍的にこえることはできない。身体感覚に根ざした歴史意識を培うためには、実体的な生活の範囲での歴史を学ぶことが重要である。基本的な単位となる地域において、誰が、いつ、何名動員され、いつ帰還し、再召集されたか、という理解がともなってこそ、私たちは戦争の実相を経験的・感覚的なレベルでもとらえることが可能になる。

戦争体験者が圧倒的少数となる時代を迎えた今、地域社会と個人の人生に戦争が何をもたらしたかを、具体的にかつ追体験的に認識することがことのほか大切なのではなかろうか。また、そのことは、自己偏愛的国家主義を背景とした観念的な戦争美化に抗い、より客観的な歴史認識を獲得することに資するものとなろう。本書が、主として木津村に残された史料群を用い、地域社会という場にこだわって戦争をとらえ直すことを課題とするのは、そのためである。

ただ、地域社会の視点から戦争や軍隊との関わりについて考察を試みた研究は、特段珍しくはない。むしろ、近年の軍隊・戦争研究は、地域社会に重点を置き、多様な成果を蓄積してきたと言うべきだろう。大まかに整理すると、荒川章二、河西英通、軍港研究会などの、「軍都」の形成・特質・矛盾を解明した仕事が一つの潮流をなし[2]、軍事援護に注目した郡司淳や一ノ瀬俊也の研究がもう一つの流れを作っている。前者は主として「軍都」と呼ばれる軍事都市や軍事的拠点を対象としており、その意味では特殊な地域を取り扱っている。本書の問題関心はどちらかといえば後者に近いので、それらの成果を簡潔にまとめておこう。郡司は、軍事援護という観点から、国家が「隣保相扶」というイデオロギー的媒介によって地域統合を進め、国民を掌握しようとする過程を描いている。総括すると、日本近代における「隣保相扶」の歴史は、「低生産力の下で生産を維持し、生活を守ろうとする人類の知恵としての相互扶助を、共同体規制とともに戦争目的のために利用しようとし、やがて傲慢にも自らの手でそれを創造しようと試みて失敗した歴史」[3]だとしている。

一方、一ノ瀬は、国家が遺族の困窮に対するさまざまな支援を行い、国家・社会を挙げて遺族に対する「慈愛のまなざしによる支配」を行ったことを指摘している[4]。また、激励・慰問、慰問文の作成、公葬などが戦死や将兵の苦難を意義づけて戦争を支える役割を果たし、その結果、戦時下の「郷土」が兵士に戦死を慫慂することになったと述べている[5]。一ノ瀬の研究は、戦争とファシズムを末端で支えた民衆の戦争体験と意識を明らかにした、吉見義明『草の根のファシズム』[6]の視角を引き継ぎ発展させた重要な業績である。

こうした地域と戦争・軍隊をめぐる諸研究の中にあって、本書が追究しようとしているのは、国家による地方制度として設定された村（行政村）がどのように戦争に巻き込まれ、同時に戦争を支えたのかという問題である。観念的なあるいは情緒的な要素を含み込み、その分曖昧な「郷土」ではなく、現実の国家行政システムの末端であり、同時に自治の担い手として形成されてきた「行政村」の役割に視点を据えていることを強調しておきたい。

## 徴兵制と兵事行政

地域から戦争を考える場合に、なぜ行政村なのか。簡潔に言えば、行政村こそ徴兵制を支える最も重要な機構だからである。この点を詳述する前に、徴兵制研究がどのような状況にあるのかを振り返っておこう[7]。

本書の内容に直接関連するものとしては、八〇年代初頭の大江志乃夫、九〇年代半ばの加藤陽子の研究が挙げられる[8]。大江『徴兵制』は、ヨーロッパにおける徴兵制の思想と制度の形成をたどった上で、それとの対比を意識しながら日本の徴兵制の形成と展開をあとづけた。そこでは、「国民皆兵」の原則を実質的に確立させた一八八九年の徴兵令改正（大江はこれを新徴兵令としている）と、現役期間を三年から二年に軽減した兵役法の制定（一九二七年）が画期とされている。これに基づいて徴兵令時代、新徴兵令時代、兵役法時代という区分を立て、新徴兵令と外征戦争、兵役法と十五年戦争という対で、徴兵令がどのように戦争に適合させられていくかを描いている。

また大江は、欧米の事例に基づいて、徴兵制が純軍事的な必要ばかりでなく、上からの国民統合などの政治的術策として実施されるという重要な指摘も行っている[9]。こうした見方の背景には、八〇年代の日本が軍拡の道へと踏み出し、それと関わって自衛官の強制徴集制が導入されるのではないかという危機感があったことが注目される。

一方、加藤陽子『徴兵制と近代日本』は、徴兵令および兵役法の制定と改正について、軍内部、諸種の審議会、帝国議会での議論を分析することによって、その意味を丁寧に読み解いていった。本書の対象となる時期については、次の点を確認しておこう。すなわち、兵役法への改正は兵役の負担減および貧困者への社会政策的配慮という方向性とともに、「多数の兵員を迅速に動員する諸準備」という側面を併せもったという指摘である。[10]

さて、徴兵制については、こうした国家的制度や法としての側面とは別の観点からのアプローチもある。すでに大江の著書は、一節をさいて、徴兵よけ祈願や弾丸よけ祈願について叙述していた。「かつての日本の軍隊が〝天皇の軍隊〟の名のもとに兵役を国民の〝名誉ある義務〟としてきたのに対し、多くの民衆がどう対応してきたか、を明らかにしよう」としたのであった。[11] 以後の研究では、喜多村理子『徴兵・戦争と民衆』や原田敬一『国民軍の神話』が研究の潮流をよく示している。[12] 前者は、「祈願」という切り口から、国家的な動員によって利用されつつも変質しない伝統的生活感覚をすくい取ることによって、農村部の日常生活の中で徴兵制や戦争がいかなる意味をもったのかを明らかにしている。後者は、食事や健康の観点から庶民が兵士となっていく過程を考察し、靖国神社に総括される戦没者追悼の構造の中に、忠魂碑に見られる記名による追悼と、天皇や国家に忠を尽くしたことのみが称揚される匿名による追悼との差異があることを指摘している。このほか、兵士の日記や軍事郵便の研究、在郷軍人会などに関する研究が、[13] ここ一五年ほどで多くの成果を積み重ねてきている。

このように徴兵制に関わる研究は持続的に進展してきたが、実際に徴兵制がどのような仕組みで、いかに作動してきたのかという点では、まだまだ未解明な部分が多い。近年やっと、秋山博志、中村崇高や久保庭萌などによってその解明が進み、道府県庁の兵事課、連隊区司令部、警察などの連関や役割分担が少しずつ明らかになってきた。それらの研究は、兵事事務・行政という視点から、徴兵制の作動システムに迫ろうとしていることが特徴である[14]（兵事事務は市役所・町村役場の兵事係の業務、兵事行政は徴兵制に関わる国家機構全般の活動と定義しておく）。

本書はこれらの研究を踏まえながら、徴兵制が行政村にとって何を意味したのか、それを梃子にして行政村を基盤とする総力戦体制がいかに構築されていったのかを明らかにすることを課題の一つとしている。徴兵制を支える基盤であり、総力戦体制を成立・作動させる不可欠の要素としての行政村を見直すことによって、足かけ一五年にわたる戦争の歴史的な意味を考えてみたい。言い換えれば、こうした見方は、徴兵制を軸に、近代成立期から蓄積された歴史の帰結として総力戦体制をとらえようとするものである。

## 兵事行政から軍事行政へ

兵事事務・行政研究が、徴兵制を作動させるための軍と行政の役割分担やその連関を明らかにするものだとすれば、行政村はそこにいかに位置づけられてきたのか。これについては兵事事務を担った当事者の証言や、兵事史料に関する研究がある。そのうち、最も先駆的で重要なものとして、黒田俊雄〔編〕『村と戦争』[15]を挙げることができる。同書は、副題にあるように、役場の兵事係だった出分《でぶん》重信への聞き取りを記録したもので、富山県東礪波郡庄下村（現砺波市）に残された兵事関係書類の目録および大江志乃夫による解説が付されている。

出分の証言は、応召者やその家族、そして自身の当時の心情を交えて、兵事係の遂行した業務を再現している。徴兵検査の事務、動員の仕組みと召集事務、応召兵の送り出し、軍馬の徴発、帰還兵の出迎え、遺骨の帰還、戦後処理などが主な内容で、これによって徴兵制が末端でどのように機能していたか、その概要が明らかになった。さらに、井口和起は、十五年戦争期の軍事動員体制を解明すべく、京都府中郡丹波村（現京丹後市）の兵事関係文書を紹介した[16]。これによって、分単位で管理された役場の召集事務の遂行状況と、連隊区司令部による警察・市町村役場の召集事務に対する検閲、応召兵士出征の送り出し、兵士たちの詳細な戦歴とその類型、丹波村在郷軍人分会の歴史などが、残存史料の意義とともに明らかになった。「村と戦争」のあり方を理解する上で、出分証言・庄下村兵事関係文書と丹波村兵事関係文書は、相互補完的に利用できる貴重な歴史的記録である。

またこのほかに、小澤眞人・ＮＨＫ取材班『赤紙』は、参謀本部の動員計画の立案・作成、連隊区での召集者決定までを視野に入れ、庄下村兵事関係文書も利用しながら総力戦体制下の兵事行政システムを浮き彫りにした[17]。その後、吉田敏浩『赤紙と徴兵制』は、二〇〇七年に公開された滋賀県浅井郡大郷村（現長浜市）の兵事関係文書や、それを所蔵していた元兵事係西邑仁平の証言を手がかりに、村民の目線から総力戦体制下の村の姿を描いている[18]。かつて、大江は庄下村文書の解説で、「これに匹敵する史料の発見は望むことができないと考えてよい[19]」と述べていたが、その悲観的予測はみごとに裏切られ、いくつかの場所で兵事史料の発見は続いたのである。それについては第一章で改めて述べる。

このように見てくると、村の総力戦体制はすでに明瞭になったという印象を受けるであろう。たしかに発見・公開された兵事史料を使って、兵事係の仕事を中心とする兵事事務は一定程度見通しが得られるようになった。しかし、総力戦体制下の行政村を考えていく上では、これまでの研究で使われてきた兵事という枠組みは狭すぎて不十分である。兵事という言葉は、町村役場の「兵事係」や連隊区で組織された「兵事研究会」などに見られるように、一般的に使用され、府県が作成していた統計書でも軍事ではなく兵事という項目になっている。やや古いものだが、一九〇三年の松井金八郎『兵事事務参考書』の目次は、「一　徴兵、志願兵」「二　徴発」「三　服役、兵籍」「四　勲章、記章」「五　軍人恩給、扶助料」「六　雑件」となっており、これが兵事のカバーする領域であることがわかる。

ところが、一九三四年に陸軍省軍務局・池田純久が著した『軍事行政』では、明らかに様相が異なっている。この本は兵事関係者の参考書として著されたものだが、目次を見ると、「軍事行政」はいわゆる兵事事務・行政よりも広義の概念として用いられていることがわかる。同書の内容は多岐にわたり、基礎的知識として解説されている軍の編成、関係法令などの部分を除くと、次のような事柄が市町村に直接関わる軍事行政としてピックアップされている。すなわち、兵役行政、陸軍幹部候補生志願、資源調査、徴発、軍事救護、馬政、海軍志願兵徴募、帝国在郷軍人会、学校教練・青年訓練などである。さらに二章をさいて軍需工業動員法と国家総動員が解説されているところから見ても、総力戦体制を考える場合、それまでの兵事行政をこえた「軍事行政」という枠組みを措定しておくことが必要だと思われる。

少し補足すると、「軍事行政」という言葉自体は、かなり以前から行政法の分野で使われている。比較的古いものを挙げると、穂積八束（講述）『行政法』（一八九三年）や美濃部達吉（講述）『行政法』（一九〇九年）などがある。ただし、それは行政法の分野にとどまり一般化しなかった。したがって、一九三〇年代半ばに池田純久『軍事行政』が上梓されたのは、兵事行政ではなく「軍事行政」という概念が積極的に打ち出される必然性があったからだと解釈できる。徴兵・召集事務のほかにも業務が拡大され、総動員に関わる業務として再編されていく様相を表現した言葉が軍事行政ということになろう。そう考えると、兵事行政が軍事行政に肥大化していく過程を見ていくためには、もう少し幅広く史料を探索し検討しなければならないことになる。

## 2　総力戦体制と現代的自治

### 地域の主体性・「相犯性」

今まで述べてきた徴兵制や兵事事務・行政の研究は、行政村が国家体制の中にどのように位置づけられていたのか、あるいは戦時体制に組み込まれていくのかという発想、つまり、どちらかといえば、受動的な見方に傾斜している。これに対して、近年の研究は、ファシズムないし総力戦体制を「地域がどう支えていたか」というより、もっと進んで、「地域がどう主体的に関わったか」という方向性を打ち出しているように見える。一ノ瀬の研究にはそれが顕著に見られるが、河西英通は若干異なる見方を積極的に提起している。河西は新潟県高田市（現上越市）を対象として、「〈軍都と地域〉は互いにもたれあう関係、「相犯」関係であった。と同時に「共犯」関係でもあった[20]」と述べている。

こうした視点を本書も重視したい。ただし、河西が展開するのは「軍都社会」論であるから、それをそのまま行政村にあてはめるわけにはいかない。課題を行政村に即して言い換えれば、兵事事務・行政から軍事行政への展開や軍事的組織化の過程を追いかけつつ、いかなる方法で行政村がまるごと戦時動員体制に組み込まれていくのか、また主体的にそれを担っていくのかを追究する、ということになろう。

地域の主体性が無視できない理由は、一九二〇年代の地域社会がそれなりに地方自治の内実を深めていこうとしていたからである。そうした地域社会の経験を踏まえて三〇年代の総力戦体制は構築されていくので、ややさかのぼって一九二〇年代の行政村の変化を見ておく必要がある。そのためには、この時期、全国各地の町村で刊行された村報や時報が手がかりになる。よく知られた事例であるが、長野県上田・小県地域（三五市町村）では、一九一九年の『塩尻時報』を嚆矢として、一九二〇年代までに三〇町村で青年団が主体となった時報類の創刊が確認されている。そのうち、一九二五年までに約三分の二が刊行されているから、一九二〇年代前半を刊行ラッシュ期と考えて差し支えない[21]。

では、いったい何を目的として時報は発行されたのだろうか。『青木時報』の創刊号（一九二一年五月）は次のように記している。「吾々は、自己の生活をよりよくするために先づ最も近い社会生活の団体としての村を愛さねばならない、理解せねばならない。理解するためには知る事である、理解せしめるためには知らせる事である」。また、一九二五年六月に創刊された『川辺時報』は、自らを「村の生活態を基礎としてそこに生れた出来事を多少時間は要するも正確に報道し研究する、村自治の融和と向上とを使命とする機関」と位置づけている。

その二ヵ月後、木津村でも、役場が編集母体となった『木津村報』一号が発行された。「村報発行の辞」は、その趣旨について「村ノ自治行政上ノコトヲ細大トナク諸君ニオ知ラセシテ御参考ニ供ヘ又注意勧告等苟クモ村治上ニ関スルコトハ一切網羅シテ其ノ啓発ニ力メ」ることを挙げている。また、「諸君ノ御希望等ハ大ニ歓迎シマスカラ名論卓説ハドシ〳〵投稿下サイ」として、投稿を促してもいる。紙面から読み取れる村報や時報の発行の目的は、ほぼ一致しているとみなしてよい。

その背景には何があったのか。容易に想定されるのは、「大正デモクラシー」の地方への浸透によって、市町村の自治・運営への参加要求が高まったことであろう。その一つの反映が一九二一年の市制・町村制の改正であった。これによって、公民権の資格要件から、直接国税二円以上を納める者という事項が削られ、二年以来その市町村の直接市町村税を納めることをもって足りるとされた。加えて、これまでの等級選挙制が縮小され、市会議員選挙においては三級制から二級制に、町村会議員選挙においては二級制が廃止された。等級選挙とは、納税額を基準として選挙人をいくつかの等級に区分し、高額納税の等級区分に属する選挙人ほど選挙権の価値を大きくする制度である。さらに一九二五年の普通選挙法を受けた改正が翌年行われた。今度は、納税要件の廃止などにより、二五歳以上の男子に選挙権が付与され、地方選挙においても普選が導入された。

村報や時報の刊行は、こうした普選状況に対応して、自治的な村政の基盤を作ろうとするものであった。だが、これとは別のベクトルも考慮しておかなければならない。鹿野政直は、村落支配層が「思想善導」や「浮華放縦」「軽佻詭激」などの言葉を用いて、「国民精神作興ニ関スル詔書」（一九二三年）の「旗のもとに結集していったこと」をうかがわせる記事が出てくることを指摘している。ただし、鹿野はその影響が一部にとどまり、「農村を捉ええなかった」とも述べている[22]。さしあたり、その評価の適否については留保し、国家主義の枠をはめようとする方向性が存在したことだけは押さえておきたい[23]。小県郡の時報と比較して、『木津村報』の場合は役場が編集しただけあって、それが顕著に現れている。『木津村報』は、刊行の目的の中に、「国民精神作興ノ御詔書ヲ奉戴シ国家ノ大方針タル勤倹奨励ノ趣旨ニ答へ」ることを加えている。村報には、「国家ノ大方針」を認識・徹底させていくための梃子となるという志向性が、当初から存在していたのである。自治が標榜されていても、それは「国家ノ大方針」と一致することが前提であったことに注意しなければならない。

また、一号の論説には、次のような記述もある。「吾人は町村を離れて生活を営み得ざるのみならず、全く町村其のものゝ部分である。故に真の意味に於ては吾人の利害は町村のそれと全く融合一致し、一あつて決して二なきものであらねばならぬ」。たしかに、農家が圧倒的に多い木津村のような場合には、町村単位での農業の共同化・合理化は必然でもあり有益でもある。ただ問題は、「個」と行政団体の利害は、「融合一致」すると断定され、行政村と生活共同体、「個」とそれぞれの団体の間に実在する矛盾や問題を隠蔽し、あらかじめ封印しようとする論理が見られる点である。

## 現代的自治への転換

一九二〇年代から第二次世界大戦にいたる時期の地方自治について、金澤史男は、「官治的自治」から「ファシズム期の自治圧殺のもとでの行政末端機関化へと単線的に進んだのではなく」、その間に「一九二〇年代を頂点とする自治拡充を基調とする現代的自治へと変容していく過程」があったとしている。そして、その転換にあたって「基礎的自治体レベルでの下からの運動が重要な役割を果たした」ことを強調した。[24] つまり戦前の地方自治を三段階的にとらえようということである。

若干補足しておこう。「官治的自治」とは、明治期に形成されたもので、中央との関係を遮断され自己完結的に運営されるという特質をもっていた。金澤はそれを「遮断型自治」とも表現する。「遮断型自治」は、米騒動によって国家統治が危機に見舞われた第一次世界大戦をはさむ時期に限界に達する。この危機を乗り越えるために、政府は地方に対する義務教育、勧業、土木、社会事業などに関する多様な補助金を増加せざるをえなかった。こうして、一九二〇年代には、〈中央―地方〉関係において国庫負担金を通じた行財政関係の緊密化が進み、その過程で地方独自の意思が重要となる段階へ移行していった。別の角度から見ると、権利としての自治が模索され、〈中央―地方〉関係の緊張が高まったとも言える。[25]

木津村に即して、こうした指摘を『木津村報』で検証してみると、一九二七年一二月の次のような記事が目にとまる。「本年は何かと多事の年でありまして、農業共同作業場の建設〔、〕稚蚕共同飼育所の建設、河川道路の改修計画、電話の架設、鉄道も近く開通することになるし全く一足飛びに開けて来た感があります。明治維新以来今度は本村の第二維新。村民一同の自重、努力を望みます」(二二号)。農業共同作業場と稚蚕共同飼育所は、府の補助を得て建設されたもので、しかも同年の丹後震災[26]で被害を受けたことが契機となっている。道路については、隣の網野町と結ぶ幹線道路が府道となったのは一九一〇年代のことであり、改修の申請をたびたび行って、やっと一九二四年から改修が継続して実施されていた。ここには出ていないが、一九二一年から一部で耕地整理も行われ、それにともなって川が付け替えられている。鉄道の開通は実際には一九三一年であるが、村外との交通・通信が緊密化し村が「一足飛びに開け」、「第二維新」と総括されているのは興味深い。

また、一九二九年一月一日に発行された三四号では、一九二八年を振り返って、「村開けて以来の土木事業の多い年であって、府直営、村直営合わして十数ヶ所」の事業が行われたと記されている。震災からの復旧工事をかねた道路改修・整備が進んでいることがわかる。この号では、次のような記事も注目される。「本年度に新らしい試みとして行はれた二件がある。その一は本春初めて各種団体会なるものが生れ、年内に三回協議会が開かれたが、之によつて本村では従来交渉の少かつた、体育、宗教、産業と村自治行政とが握手して進む機会が作られた訳である」。村内では各種団体が有機的に連接して、村の自治を支えようとする動きが強まったことがわかる。

現代的自治への転換期の木津村では、交通・通信の整備によって村外との結びつきが強まり、同時に行政村内部での自治の内実化が進んだことが特徴的である。行政村を一つのまとまりをもった自治的団体として構成しようとする意識のもとで『木津村報』は発行され、実際にその結節点となったのである。

## 教化・更生・自治

現代的自治はその後、三〇年代にかけてどのような方向で推移していくのだろうか。次の三つの点に配慮が必要である。第一に、一九二九年の地方制度改正に見られるように、自治権の一定の拡充が行われたことである。これは、地方農村部を基盤とする立憲政友会が、農村の疲弊を救済するために両税委譲論や地方分権論を展開し、その支持を強化しようとする動きの中で提案・実行されたものである。ごく大雑把に言うと、一九二六年の改正の重点が住民自治の進展にあるとするなら、この改正では限定的ではあるものの団体自治の拡充が行われたことに特徴があった。たとえば、これまで府県には認められていなかった条例や規則の制定権を認めるなど、総じて府県の独立性・自治性を高め、市町村条例の新設・改正や税の賦課などに関する許認可権を政府から府県に移すなど、団体自治権が一定強化された。また、地方議会の議員に提案権を与えるなど、議決機関の権限も強化された。ただし、議決機関の権限の一部を削って首長の専権事項とするなど、執行機関の権限を強化する措置もとられていたことに注意しなければならない。

第二に、田中義一内閣時に顕著であるが、意識的に国家イデオロギーの浸透が進められたことである。一九二八年、治安維持法に最高刑として死刑を導入し、三・一五事件によって、無産政党や社会主義運動を抑圧したことはよく知られている。続く浜口雄幸内閣は、財政緊縮・消費節約と関連づけて教化総動員運動を展開した。「国体観念を明徴にし国民精神を作興すること」「経済生活の改善を図り国力を培養すること」を柱に展開されたこの運動について、古屋哲夫は「日常生活における天皇崇拝・祖先崇拝の強化によって、消費生活簡素化の心情を生み出そうとする点において、まさに後年の国民精神総動員運動の先駆をなすものであるといってよい」と位置づけている。さらに古屋は、一九三〇年、文部省が市町村教化機関設置促進の方針を指示したことをもって、「町内会・部落会組織の画一的設置の方向を指向する一つの萌芽が生れた」と評価している[27]。教化団体・青年団・少年団・婦人団体などによる個別の運動ではなく、それらの連携を視野に入れた行政団体を基礎とする機関を設置しようとしたことは、結果的に限定された運動に終わったとはいえ、軽視してよいはずはない。

第三に、三〇年代の展開を見ていく際に「地方自治の経済化」という方向性が決定的に重要である[28]。

それは、すでに二〇年代後半に内務省の少壮官僚によって提示されていた。代表的論者である安井英二は次のように説く。地方自治体は「住民の共同的消費の充足を目的とする団体、換言すれば消費者としての住民の団体であるが故に」消費団体としての性質をもつ。しかも地方自治体は任意的な団体ではなく、その自治体に来る者は、その者が欲すると否とにかかわらず団体員となるから、強制的消費団体としての性質をもつとも言える。このことが今、特に重要視されるのは、「我が国資本主義経済組織が行詰まりに遭遇し」、国民が希望を失い多数の民衆が生活の不安をかかえ、その打開の一つとして消費生活改善運動が起こってきたので、国民の消費生活に重要な関係を有する地方自治体もこれに対応せざるをえないからである。[29] 嚙み砕いて言えば、機関委任事務本位から、産業・交通・教育・衛生・警察・社会における市町村の固有事務を拡充する方向で、地方分権の実質化をはかろうということである。その意図するところは、資本主義の発展にともなう貧富の格差の拡大や生活不安に対して、地方自治体が社会政策的・経済政策的な対処をとるよう促すことにあった。

このような方向性が打ち出される中、一九二九年の世界大恐慌に端を発する昭和恐慌は、日本経済に致命的な打撃を与えた。市町村財政は危機に陥り、ことに蚕糸業地帯の農村は深刻かつ長期にわたる打撃をこうむった。蚕糸業地帯の農村では、三一、三二年の町村税収入は、恐慌前に比して戸数割を中心に四〇〜五〇%減少し、歳入総額も約三〇%減少した。役場費や教育費などの恒常的な支出も削減され、小学校教員や役場吏員の俸給も払えない町村が続出した。[30]

それに比べると、木津村の税収の低下はそれほど極端ではない。恐慌前の一九二八年の村税を一〇〇とすると、恐慌後の一九三一年の村税は七八・五であった。とはいえ、主要農産物である米・繭の生産額の減少には著しいものがある。恐慌前（二九年）と三一年を比較すると、米の場合、約六五%減少し、二〇年代の最高水準と比較すると三一年は半分以下（約四二%）の水準となった。繭の場合は恐慌の打撃はもっと激しく、同じ期間に半分以下（約四八％）となり、三一年は二〇年代最高水準の三分の一に減った[31]。

政府はこうした状況に直面して手をこまねいているわけにはいかず、五・一五事件後に成立した斎藤実内閣のもとで農村救済政策が展開される。その一つの柱となった経済更生運動は、「自力更生」を掲げ、農村経済再建の主体性を引き出そうとするものであった。

その結果、農村はどうなっていくのか。この時期の地域社会の分析は、経済更生運動を中心に、農村社会史・経済史研究の分野で多くの蓄積がある[32]。本書は、経済更生運動と総力戦体制構築の動きとを重ね合わせながら、三〇年代の行政村の推移を追うことにしたい。

## 徴兵制と行政村

こう述べたところで、三〇年代の行政村の歴史については、全国の多くの市町村史に記述があるのではないか、という疑問が生じるであろう。たしかにその通りである。経済更生運動、日中戦争期の銃後活動、大政翼賛会の結成など、共通の項目で各地域の特色を描いているのが市町村史である。それらが貴重な歴史の記録であることは認めた上で、一つの大きな問題があることも指摘しないわけにはいかない。すなわち、市町村史は編集当時の行政単位を前提に叙述されるため、戦前の行政区分より対象が広域になって、どうしても一貫した歴史像を結びにくいという点である。史料的な制約も働いて、経済更生運動はA村で、銃後活動はB村で、大政翼賛会はC町で、といった構成を余儀なくされてしまうことが少なからずある。地域社会が総力戦体制に組み込まれていく過程を描くためには、いくつもの行政単位ではなく、一つの行政単位に対象を絞ることが要請される。

行政村の研究として今でも最高水準にある『近代日本の行政村[33]』は、この問題を克服し、日清戦争前後から農地改革期までの行政村の段階的変化をあとづけた。同書は、これまでの研究について、「府県―郡―町村を通ずる主として制度的な行財政の解明に力点をおくか、あるいは逆に地方名望家支配の基礎としての村落共同体の解明に力点がおかれ、両者がとりむすぶ場である行政村それ自体、とくにその構造と変化が、実証的に明らかにされてこなかった」(傍点は原文)と総括している。[34]その上で同書は、経済・財政構造の変動や村内の階級対立を基礎とした政治対抗などを中心的な視角として、長野県埴科郡五加村(現千曲市)の歴史を分析した。

では、本書はこの研究とどういう関係にあるのか。『近代日本の行政村』が行政村の構造と変化をとらえることを課題としたのに対して、著者の関心は、地方行政を通じて総力戦体制がいかにして地域社会を呑み込んでいったかという点にある。また、『近代日本の行政村』は、その問題関心に規定されて行政村が担う軍事的性格についてては分析が少ないので、その意味では、本書は同書の補完的な位置にあるとも言える。

ところで、地方行政を対象とするということは、以上とは異なる課題にも導かれざるをえない。すなわち、行政の様相を記録した役場文書を、その構造を理解しつつ復元するというアーカイブス的な課題である。これまでの研究では、あらかじめ分野ごとの課題設定があり、その解明に必要なかぎりで役場文書が利用されてきた。地方行政のあり方を見ていくためには、役場文書の全体像を見極めながら考察を進めていくことが必須である。

戦前、全国で一万二三〇〇程度(一九二二年)あった市町村には、明治以降の膨大な文書が蓄積されていたはずである。現在、それらの文書がそれなりの数量で保存されているのは、本当にわずかの町村にすぎない。行政の基礎単位としての町村から膨大な文書が消失しているのである。なぜそのようなことになったのか、それが何を意味するのかが、改めて問われねばならない。おそらく、当時の社会の歴史意識、民主主義の成熟度、自治の観念など、さまざまな要因が伏在しているに違いない。ただ、一つだけ明らかなことは、役場文書の消滅によって、国家による統制を受けつつ推進された行政のあり方（国家行政システム）を考察し、その責任を問う手段がなくなってしまうということである。「無責任の体系」という丸山眞男の言葉は、三・一一を経験した私たちにとって、今なお問い続けなくてはならない課題なのである。

## 総力戦体制研究の現代的意義

本書の題名に総力戦体制という言葉を用いている以上、その含意についても説明しておく必要がある。[35]一九八〇年代初頭、総力戦体制の本格的研究の先駆となった纐纈厚『総力戦体制』は、「日本ファシズム研究の中で、戦前における社会体制のファシズム化の契機を、第一次世界大戦で出現した総力戦段階に対応する総力戦体制構築という点に求める考え方が有力になりつつある」[36]としていた。その発言通り、八〇年代以降、日本ファシズム論と結びつく形で総力戦体制の形成・構築という観点からの研究が進展した。[37]ところが、九〇年代半ば山之内靖は、それらとはまったく異なる観点から総力戦体制を解釈し、一連の議論を巻き起こした。[38]山之内は階級社会からシステム社会への転換点として総力戦体制を論じたが、これに対しては、歴史学の側からかなり徹底した批判が行われた。

多くの歴史研究者が違和感を抱いたのは、山之内説が総力戦体制という概念を上位に置いて、ファシズム型の体制とニューディール型の体制に分け、ファシズムと民主主義（反ファシズム）の差異を相対化したことにあっただろう。[39]また、ファシズムと総力戦体制とが不可分のものとして位置づけられるようになった歴史学研究の流れからすれば、高岡裕之が、分析の対象からファシズムを分離・排除する山之内の方法は、「方法的後退である」と断じたことも理解できる。高岡の批判は「日本史」研究の流れから見れば説得的だし、それについて著者が付け加える点は何もない。

しかし他方で、「「現代」社会の問題を一元的に総力戦体制へと還元する極めて静態的な歴史像であり、戦前から戦後に至る多様な営為と経験およびそこにおける可能性を封印するものである」[40]という断定についてはいささか疑問が残る。当該期の「歴史像」として一面的なものであることは、たしかにその通りである。だが、山之内の問題関心は、全体的な「歴史像」を提示することではなく、現代をシステム社会として論じることにあったのであり、その起源ないし転換点を総力戦体制に求めたにすぎない。それを「歴史学研究の見地」から批判することは必要だが、それによって山之内の議論の意義が失われるわけではない。

それどころか、システム社会の起点として総力戦体制と現代をつなげていく山之内の議論には、現代社会を理解するための鋭い問題提起があることは否定できないように思われる。近代社会が資本主義の一般的危機を克服するにあたって大きな編成替えを成し遂げ、システム社会に移行したという論点がそれである。その際、フーコーの権力論とパーソンズのそれとを比較しながら、権力の構成のあり方の変化として現代社会を説明したところが、山之内説の真骨頂であると思われる。

その後、二〇〇〇年代半ば、小林英夫はその著書『総力戦体制と帝国日本』の冒頭で、「二〇世紀とは、総力戦の時代だったといえる。総力戦とは二〇世紀初めにおきた第一次世界大戦から始まり二〇世紀末の東西冷戦終焉で終わるグローバルな政治体制をさす」と述べている。続けて、「世界帝国の実現に向けて国民国家の総力を軍事力増強に向けるこの体制は」、第一次世界大戦時にヨーロッパで登場し、両大戦間期には、日独伊のファシズム型、英米のニューディール型を生み出し、戦後は「東西両陣営の各国を巻き込む形でグローバルな冷戦型総力戦体制を作り上げてきた」としている[41]。

また、纐纈も復刊された『総力戦体制研究』補章で、総力戦体制を「国家優位の社会を戦争の勝利や経済の発展を名目とし、諸個人の差異を無効化して、諸個人を国家を構成するモノと化する体制」と定義し、歴史の段階として総力戦体制をとらえる見方から、この概念を解き放っている。[42]さらに、西川長夫も「国民国家のシステムは総力戦体制によって根本的に変化したのではなく、むしろ総力戦体制によって国民国家の本来の特徴がより明確にされたと考えたい」と述べている。[43]この発言について、纐纈は、「多様性や固有性を廃止し強制的同質性を強いる」「強制的均質化を強いることで迅速な動員を容易にする総力戦体制に合致する国家体制」国民国家こそ、だと受け取っている。[44]

このように見てくると、当初の厳しい批判にもかかわらず、山之内の議論は意外にも支持を得ていることに気づく。いずれの論者にも共通しているのは、総力戦概念をファシズムと一体化するのではなく、ファシズムよりも射程の長い概念として用いていることである。有り体に言えば、そこには、総力戦体制をより長いタイムスパンで歴史を理解する枠組みとして使ってみてはどうか、という提起がある。おそらく、その点こそ、山之内の議論がもたらしたインパクトなのである。

そこで本書では、次のような総力戦体制の二重の含意を意識しつつ考察を進めていきたいと思う。一つは、第一次世界大戦で顕著になった国家総力戦を前提にした、政治・経済・文化・精神を動員する国家体制が日中戦争や第二次世界大戦を通して形成される過程、すなわち近代史の一段階として総力戦体制をとらえる見方である。歴史学では通例、こうした認識に立って研究が行われている。[45]

いま一つは、総力戦体制が現在でもまだ続いている、あるいは、少なくとも総力戦体制的な権力のテクノロジーが現代世界に潜在しているという視点である。近代社会を何段階にも区分する発想をいったん棚上げし、西川が述べたように、近代国家一般に潜在する動向として総力戦体制を見直してみるといった発想もありうるのではないだろうか。現に権力論では、近代という長いスパンで権力の形成と作動を考えるのが一般的である。さまざまな学問領域に多大な影響を及ぼしたミシェル・フーコーの規律権力論、生権力論などは、そのような方法をとっている。[46] また、ジョルジョ・アガンベンは、シュミットの提起した「例外状態」と主権の関係を糸口として、近代においては「例外状態こそが基礎的な政治構造としてしだいに前景に現れ、ついには規則になろうとする」とし、[47] 例外状態が規範的に実現される構造が収容所であるとした。[48] アガンベンにおいても、近代全体の中で収容所は位置づけられ、かつ現在でも、排除された者たちを自らの内に再生産するという点でそれが機能していると把握されている。

このように、現代世界にまで通貫する近代の特質を剔抉《てっけつ》しようとする立場から提起された権力論に対して、どう応答するのかも問われている。総力戦体制の中に、規律権力や生権力がどのように現れ、また「例外状態」がいかに規範化されていくのか、あるいはそもそもそうした見方が妥当なのかどうかも検討してみなければならない。ただし、本書は、これらの議論を、近代日本に安易に適用しようとするものではないし、正面からそうした課題を論じる意図もない。けれども、地域社会の事例研究が、特定の時期と研究領域をこえた思考と連接されていることを念頭におきつつ考察を進めていきたいと考えている。

## 註

（1）四つの村とは、岡田村、中舘村、和田上野村、上野村である。

（2）軍隊と地域についての研究が活性化する基礎を作ったのは荒川章二『軍隊と地域』（青木書店、二〇〇一年）である。兵事行政、在郷軍人会、出征と世論、民衆の対軍感情、青年訓練、軍隊の新設、演習場の設置をめぐる軍と地域民衆との関係など、その目配りは広範で、これらが軍隊と地域の関係を問う論点となっている。また、対象となる時期は徴兵令の改正から一九四五年までの長期にわたっており、戦前国家における軍隊と地域の関係を通時的に明らかにしたものとして基準となる研究である。そのほか、河西英通『せめぎあう地域と軍隊――「末端」「周縁」軍都・高田の模索』（岩波書店、二〇一〇年）、『軍港都市史研究I～III』（清文堂出版、二〇一〇・一二・一四年）、『地域のなかの軍隊1～9』（吉川弘文館、3・5は二〇一四年、それ以外は二〇一五年）などがある。

（3）郡司淳『軍事援護の世界』（同成社、二〇〇四年）二二一～二二三頁。同『近代日本の国民動員――「隣保相扶」と地域統合』（刀水書房、二〇〇九年）も参照。

（4）一ノ瀬俊也『銃後の社会史――戦死者と遺族』（吉川弘文館、二〇〇五年）一二七～一七三頁。

（5）同『故郷はなぜ兵士を殺したか』（角川学芸出版、二〇一〇年）一二二頁。同『近代日本の徴兵制と社会』（吉川弘文館、二〇〇四年）も参照。

（6）吉見義明『草の根のファシズム――日本民衆の戦争体験』（東京大学出版会、一九八七年）。

（7）徴兵制の研究については、一ノ瀬前掲『近代日本の徴兵制と社会』序論が適切な整理を行っている。吉田裕「戦争と軍隊――日本近代軍事史研究の現在」（『歴史評論』六三〇、二〇〇二年）も参考になる。ここでは、徴兵制に関する研究を網羅的に取り上げることはせず、本書の行論に関わりの深い研究のみについてふれておく。

（8）大江志乃夫『徴兵制』（岩波書店、一九八一年）、加藤陽子『徴兵制と近代日本――1868－1945』（吉川弘文館、一九九六年）。

（9）大江前掲『徴兵制』七～八頁。同『昭和の歴史3　天皇の軍隊』（小学館、一九八二年）は、政治勢力としての軍部と戦争指導の問題を扱っており、時期的には本書と一致するが、主題としては距離がある。

（10）加藤前掲『徴兵制と近代日本』一九九頁。

（11）大江前掲『徴兵制』八頁。同『戦争と民衆の社会史』（現代史出版会、一九七九年）も参照。こうした社会史的研究は大濱徹也『明治の墓標』（秀英出版、一九七〇年）が最も先駆的なものである（のち『庶民のみた日清・日露戦争――帝国への歩み』と改題、刀水書房、二〇〇三年）。

（12）喜多村理子『徴兵・戦争と民衆』（吉川弘文館、一九九九年）や原田敬一『国民軍の神話――兵士になるということ』（吉川弘文館、二〇〇一年）。このほかにも、民俗学的視点からのものとして岩田重則『戦死者霊魂のゆくえ――戦争と民俗』（吉川弘文館、二〇〇三年）、田中丸勝彦『さまよえる英霊たち――国のみたま、家のほとけ』（柏書房、二〇〇二年）などがある。

（13）大江志乃夫『兵士たちの日露戦争――五〇〇通の軍事郵便から』（朝日新聞社、一九八八年）、藤井忠俊『兵たちの戦争――手紙・日記・体験記を読み解く』（朝日新聞社、二〇〇〇年）など。在郷軍人会については、藤井忠俊『在郷軍人会――良兵良民から赤紙・玉砕へ』（岩波書店、二〇〇九年）を参照。
（14）秋山博志「徴兵検査における抽籤制度の一考察」（『佛教大学大学院紀要　文学研究科篇』三九、二〇一一年）、中村崇高「海軍の兵事事務と地方行政」（『ヒストリア』二三〇、二〇一二年）、久保庭萌「昭和初期における兵事行政の構造」（『洛北史学』一四、二〇一二年）。
（15）黒田俊雄［編］『村と戦争――兵事係の証言』（桂書房、一九八八年）。
（16）井口和起「十五年戦争期の京都府下における軍事動員体制――峰山町立図書館所蔵「兵事関係文書」の紹介（Ⅰ）・（Ⅱ）」（『京都府立大学生活文化センター年報』一三・一四、一九八八・八九年）。
（17）小澤眞人・ＮＨＫ取材班『赤紙――男たちはこうして戦場へ送られた』（創元社、一九九七年）。
（18）吉田敏浩『赤紙と徴兵――１０５歳最後の兵事係の証言から』（彩流社、二〇一一年）。
（19）黒田前掲『村と戦争』一九五頁。
（20）河西前掲『せめぎあう地域と軍隊』一九頁。
（21）鹿野政直「青年団運動の思想――長野県上田・小県地域の青年たちと農村受難の想念」（『大正デモクラシーの底流――〝土俗〟的精神への回帰』（日本放送出版協会、一九七三年、のち『鹿野政直思想史論集　第１巻　大正デモクラシー・民間学』に収録）八二～八四頁。頁数は後者によった。
（22）同前、九八～九九頁。
（23）作興詔書がどれだけ浸透したかは、別に検証が必要である。時報や村報を見たかぎりで一つだけ言えることは、それらの編集主体が何であるかによって、記事への影響が異なるということである。小県郡の青年団は政治意識が高く、時報にも地域支配層とは異なる独自の見解を反映させている（同前、一〇〇頁）。
（24）金澤史男『自治と分権の歴史的文脈』（青木書店、二〇一〇年）四一～四二頁。
（25）同前、三〇～三三、四一頁。
（26）一九二七年三月七日、京都府北部で大きな被害をもたらした地震（Ｍ七・三）。気象庁による名称は北丹後地震。なお、『木津村報』二二号の日付は不詳。

(27)古屋哲夫「民衆動員政策の形成と展開」(『季刊現代史』六、一九七五年八月)三二頁。
(28)池田順『日本ファシズム体制史論』(校倉書房、一九九七年)一九五～一九七頁。
(29)安井英二『地方制度講話』(良書普及会、一九三〇年)一〇二～一〇三頁。
(30)大石嘉一郎『近代日本地方自治の歩み』(大月書店、二〇〇七年)一九一頁。
(31)松野周治「京都における農村経済更生運動の一事例——旧竹野郡木津村」(『立命館大学人文科学研究所紀要』五二、一九九一年)四六～四七頁。
(32)この領域の研究については第二章を参照。ここでは、従来の研究を整理し、戦後にいたる農村社会の変化の見取り図を提示した森武麿「戦時・戦後農村の変容」(『岩波講座日本歴史18 近現代4』岩波書店、二〇一五年)を挙げておく。森は、農村史研究を次の三つに分類している。第一は、村落共同体に視点を据え、国家による農民統合とファシズムの進展をとらえようとしたもの、第二は、農村社会運動論、第三は、農業経済史である。その分類にしたがえば、本書は第一に近いが、それらのほとんどは徴兵制を基軸とした軍事行政的統合への関心が希薄である。
(33)大石嘉一郎、西田美昭[編著]『近代日本の行政村——長野県埴科郡五加村の研究』(日本経済評論社、一九九一年)。
(34)同前、三頁。
(35)ファシズム論や総力戦論の研究史については、高岡裕之の以下の論文が明解な整理を行っている。高岡裕之「「十五年戦争」・「総力戦」・「帝国」日本」(歴史学研究会[編]『歴史学における方法的転回——現代歴史学の成果と課題1980-2000年I』青木書店、二〇〇二年)、同「ファシズム・総力戦・近代化」(『歴史評論』六四五、二〇〇四年)。高岡は、七〇年代まで通説的な位置を占めた天皇制ファシズム論が、やがて総力戦体制論と結合し、九〇年代には総力戦体制による国家・社会の変革に戦後日本の原型を見出す研究(戦時動員体制論)が現れたという流れで押さえている(「ファシズム・総力戦・近代化」五七～五九頁)。
(36)纐纈厚『総力戦体制研究』(三一書房、一九八一年、のち、社会評論社から二〇一〇年に復刊された。頁数は復刊本による)一八頁。
(37)その到達点として最も高い水準にあるのが、木坂順一郎「日本ファシズム国家論」(『大系・日本現代史3 日本ファシズムの確立と崩壊』日本評論社、一九七九年）であろう。高岡も、この木坂論文が、ファシズム国家＝総力戦体制という枠組みで展開され、「擬似革命」概念の導入を媒介として体制への積極的協力という自発性に注目した点を評価している（前掲「ファシズム・総力戦・近代化」五七～五八頁）。木坂のこの論文は、三一年から四五年までの時期を、国家論的視角から包括的に把握しており、日本におけるファシズムの存在を認めるか否かにかかわらず、現在でも参照しなければならない業績である。

(38) 山之内靖「方法的序論――総力戦とシステム統合」（山之内靖ほか［編］『総力戦と現代化』（柏書房、一九九五年）。

(39) 赤澤史朗「総力戦体制をどうとらえるか――『総力戦と現代化』を読む1」（『年報日本現代史』三、一九九七年）二～六頁。

(40) 高岡前掲「ファシズム・総力戦・近代化」六一頁。

(41) 小林英夫『帝国日本と総力戦体制――戦前・戦後の連続とアジア』（有志舎、二〇〇四年）一頁。

(42) 纐纈前掲『総力戦体制研究』二六九頁。

(43) 西川長夫、渡辺公三［編］『世紀転換期の国際秩序と国民文化の形成』（柏書房、一九九九年）三五頁。

(44) 纐纈前掲『総力戦体制研究』二七六頁。

(45) 近年のものとして次の研究がある。野田公夫［編］『農林資源開発史論1 農林資源開発の世紀――「資源化」と総力戦体制の比較史』（京都大学学術出版会、二〇一三年）、同『農林資源開発史論2 日本帝国圏の農林資源開発――「資源化」と総力戦体制の東アジア』（同前）。

(46) フーコーについては、講義録などが発刊された結果、近年、研究が急速に進んだ。芹沢一也、高桑和巳［編］『フーコーの後で――統治性・セキュリティ・闘争』（慶應義塾大学出版会、二〇〇七年）は、その成果を踏まえてさらに思考を進めようとしたものである。

(47) ジョルジョ・アガンベン、高桑和巳［訳］『ホモ・サケル――主権権力と剝き出しの生』（以文社、二〇〇三年、原著は一九九五年）三二頁。

(48) 同前、二三二頁。

# 第1章　兵事システムと村役場

## 1　消えた兵事文書

### 兵事文書の発見

膨大な市町村の役場文書が失われる中で、ことに消失が著しいのは兵事関係の文書である。近年、いくつかの旧村で兵事関係の文書が見つかって話題になった。たとえば、二〇〇九年一月一日の『信濃毎日新聞』は、長野県北安曇郡社村（現大町市）の兵事文書が大量に見つかったという記事を掲載している。また、同年八月一〇日、ＴＢＳで、滋賀県東浅井郡大郷村（現長浜市）の兵事文書と元兵事係の証言とで構成された「最後の赤紙配達人」が放送された。いずれの文書も、当時、兵事係をつとめた人物が自宅に保存していたものであった。

ここにいう兵事文書（兵事史料）とは、兵事事務・行政に関わる公文書を指し、徴兵検査による壮丁の兵種区分と現役兵の徴集、在郷軍人[1]を軍隊に呼び出す召集、軍馬や車両の徴発、出征兵士の家族支援に関わる軍事救護などの文書を含む。その内容は多岐にわたるため、いくつかのまとまりに分類するとわかりやすい。たとえば、『上越市史 別編7 兵事資料』は、新潟県中頸城郡和田村（現上越市）の兵事文書の簿冊目録を掲載しているが、昭和戦前・戦中期については、「徴集事務」「動員事務」「海軍召集事務」「平時召集・簡閲点呼及び兵事一般事務」「軍事救護及び恩賞等に関する事務」「その他」に区分している。[2]兵事というと一般的には徴兵検査に関わる仕事がイメージされがちだが、市町村が負担した兵事の業務は多様な内容にわたっていたことがわかる。徴兵制を有する戦前国家は、こうしたルートを通じて地域社会を統制していたことを最初に確認しておかなければならない。

それにしても、こうした文書が「発見」されたことが話題になるのはなぜだろうか。その理由は明解である。ポツダム宣言受諾の決定により、軍関係の文書が組織的に焼却されたからである。八月一四日、参謀本部総務課長・陸軍省高級副官から全陸軍部隊に対し、機密書類焼却の命が発せられ、市ヶ谷台上における焚書の黒煙は一六日まで続いたという。[3]この焼却命令は、中央レベルにとどまらず、師団長、連隊区司令官、警察署長を経て市町村にまで及んだ。序章で言及した富山県庄下村の出分は、次のように証言している。少し長くなるが引用しておきたい。

あれは敗戦の直後の八月一八日ですが、当時の出町警察署から、軍の方からの命令ということで、まず陸軍関係の焼却命令があって、その次は八月二七日に海軍関係の焼却命令がありました。これは公文書ではなく、電話によるものです。内容は要するに、陸軍の場合ですと、動員召集徴発事務に関する書類を焼いて、その目録に村長と兵事係の印を押し、金沢師団の規定と一緒に警察に返納しろ、というものです。海軍の場合は、動員という言葉は使わないで充員召集といいますが、その充員召集事務に関する書類を焼却して、同じくその目録を金沢の海軍人事部、つまり舞鶴鎮守府の管内の事務取扱規定とともに返却せよ、というものでした。[4]

滋賀県大郷村の元兵事係西邑仁平も「警察から、『軍の命令なので、召集事務の重要書類は虎姫警察署に持参し、その他は役場で二四時間以内に焼却処分せよ』との電話を受けました。言われた書類は持ってゆきましたが、焼却命令は合点がいきませんでした」と述べている。[5]

ただし、焼却命令は、全国で同一のものが出されたわけではない。いくつかの村の事例を比較した『上越市史 別編７』の「解説」によれば、焼却対象は村によってかなり異なっていた。「召集、徴兵点呼、関係書類ハ一切」という東京府北多摩郡東村山町（現東村山市）の例に見られるように対象範囲が広いものもあれば、動員関係の文書に限定されていた和田村のような事例もある。[6]焼却命令が軍の管轄区域によって異なっていたことが推測される。一方で、命令の受け手の側にも問題があった。これについて出分は、命令には「徴兵関係や個人の軍歴に関するものは含んでいなかった。ところが敗戦の混乱で、どこの市町村役場でも、冷静さを失ってしまっていたのでしょう。兵事関係全部だと解釈してしまった」[7]と、述べている。

こうして、わずかな事例を除き、全国の市町村で膨大な兵事文書が焼却されたのである。

## 守られた兵事文書

ところが幸いなことに、全国には焼却を免れた兵事文書が、旧村のレベルで存在している。まとまって残存している地域はごく少数になるが、先の『上越市史』は、六町村の残存状況を紹介している。[8]それに加えて、先述の滋賀県大郷村、長野県社村のほかに、鳥取県西伯郡大山村（現大山町）、広島県深安郡山野村（現福山市）、徳島県名西郡鬼籠野《おろの》村（現神山町）、富山県中新川郡舟橋村、そして本書で取り扱う京都府木津村の例がある。実は、『木津村誌』に「戦争出動者名簿」が掲載されたのは、元データとなる兵事文書が残っていたからにほかならない。少し枠をひろげて、壮丁名簿など、一部が残っている地域を数え上げれば、かなりの数に達するであろう。

それにしても、なぜ、焼却されたはずの兵事文書が残っているのであろうか。その経緯について、出分は次のように証言している。「私も焼くことは焼きました。おもに徴兵関係のものを本箱に三つくらい、役場の職員立ち会いで。〔中略〕だけど職員が番をしている間に、私はそっと手元にある動員関係の軍歴資料と、軍歴の全部本箱ごと役場の蔵へ避難させました」[9]。大郷村の西邑の場合も次のように述べている。「重要でない雑文書だけ役場の裏で焼いて、虎姫警察署には、全部焼却したと虚偽の報告をし、その夜のうちに兵事書類を役場のリヤカーに積み込んで、家に運んだんです」[10]。

また、茨城県結城郡五箇村（現常総市）の兵事係だった長岡健一郎は、焼却命令に「抵抗を感じてそのままにしておいた」が、占領の開始にともなって「動員関係の書類を役場に保全しておくのはまずいと思」い、「こっそり家に持ち帰って」「倉庫の奥深いところに隠匿した」と述べている[11]。さらに、京都府中郡丹波村（現京丹後市）の元兵事係金森兵作も、「焼かないで残しておこうという気持ちが強く、「村役場の裏の山裾の横穴にしばらく埋めておくことにした」と証言している。そして、その約四ヵ月余り後――一九四六年春頃――に、「取出して役場の書棚に戻したはずです」とも述べている[12]。

いずれの事例も、兵事係が命令にしたがわず、独自の判断によって保存したことから文書が焼却を免れたことがわかる。ならば、なぜ彼らは命令にしたがわなかったのか。出分はこう述べている。「それは私が残したというよりも、「残さねば何もわからんようになるぞ」という目に見えない戦没者、明治以来の参戦死亡者、参戦者の声が聞こえてくるような気がしたからです」[13]。西邑の場合も同様に、「戦争に征かれた人の労苦や功績が無になってしまう、遺族の方にも申し訳ない、と思ったんです」と述べているが、もう少し踏みこんだ発言も残している。「軍部は『この戦争に勝ってる、勝ってる』とばかり言っていたのに、実際には戦争に負けてしまった。国民は軍の言うことを信じていたのに、軍は嘘をついていた。そう思うと、軍部に対する反抗心のようなものが湧いてもきました。だから、そんなに簡単に燃やせるものではないんです」[14]。

これらの証言からは、徴兵・召集に直接関わった村の兵事係として、遺族や「参戦者」の労苦を記した記録を棄てがたいという責任感と、敗戦に導いた軍が責任回避のための証拠隠滅をはかろうとする行為への反抗、こうした二つの動機を読み取ることが可能である。加えて、長岡が動員関係文書を役場から自宅にもって帰る際、「兵事関係書類、銃後奉公会関係等は、復員業務と関係があるだろうと思って〔役場に〕残した」と述べていることが注目される。ポツダム宣言を受け入れたからと言って、村にとって戦争は終わったわけではない。復員者の帰還まで役場の兵事事務は継続されなければならない。そういった思いが伝わってくる言葉である。

## 兵事文書の残存タイプ

では、実際に残存している文書はどのようなものなのだろうか。この点について有用なのが、『上越市史 別編7』「解説」の中にある「兵事資料の残存状況――十五年戦争期分」という表である。俯瞰的に理解するために、この表から文書名などの情報を削除し、文書の有無のみを示してみよう。本書が対象とする京都府丹後地域の文書の情報を加味すると**表1-1**のようになる。

この表でまず目に付くのは、残存文書が大きく二つのタイプに分かれることである。すなわち、一般兵事として分類されている文書（ことに軍事援護が重要）がほとんどないか、かなり少ない村（タイプⅠ）と、動員関係を除いてほぼ網羅的に残存している村（タイプⅡ）である。タイプⅠの典型は東村山町で、タイプⅡのそれは和田村である。タイプⅠについてはすでに述べたので、タイプⅡについて若干補足

**表１－１　兵事文書の残存状況**

| | | 富山県<br>庄下村 | 栃木県<br>中村 | 東京都<br>東村山町 | 静岡県<br>敷地村 | 新潟県<br>和田村 | 新潟県<br>高士村 | 京都府<br>木津村 | 京都府<br>丹波村 |
|---|---|---|---|---|---|---|---|---|---|
| 陸軍 | 徴兵 | ○ | ○ | | ○ | ○ | ○ | ○ | |
| | 平時召集・簡閲点呼 | | ○ | ○ | ○ | ○ | | ○ | ○ |
| | 動員 | ○ | ○ | ○ | | ○ | ○ | ○ | ○ |
| 海軍 | 徴募 | ○ | ○ | △ | ○ | ○ | △ | | ○ |
| | 平時召集・簡閲点呼 | | ○ | | | ○ | ○ | | |
| | 充員召集 | ○ | ○ | | | ○ | ○ | | |
| 一般兵事 | 軍事援護 | △ | | | ○ | ○ | ○ | ○ | △ |
| | 恩賞 | ○ | | | | ○ | ○ | ○ | △ |
| | 葬送 | ○ | △ | | | ○ | ○ | ○ | |
| | その他 | ○ | ○ | △ | ○ | ○ | | ○ | |

出典：『上越市史 別編７ 兵事資料』（解説10-11頁）、京丹後市教育委員会『京都府竹野郡木津村役場文書目録』（2015年）、井口和起「十五年戦争期の京都府下における軍事動員体制――峰山町立図書館所蔵「兵事関係文書」の紹介（Ⅰ）・（Ⅱ）」（『京都府立大学生活文化センター年報』13・14、1988・89年）より作成。
注：△はごくわずかであることを示す。

したい。先ほどの「解説」によれば、和田村の場合は、焼却命令の対象が動員関係に限定され、それ以外の兵事文書は焼却されることなく、役場に保管されていた可能性が高いという。ただし、和田村の場合でも、『動員日誌』は残されており、どこまで命令が守られたかは定かではない。ともあれ、兵事関係全般の文書が残されていることがタイプⅡの特色である。

一点注意しなければならないのは、この表は文書の有無に着目しているから、その内容がわかりにくいことである。たとえば、動員に分類されているものにはどのような文書（簿冊）があるのか、表では○になっているが、各村に違いはあるのか、といった点である。これについては、いくつかの村の残存文書をつきあわせて、一致するものを確定していく作業が必要である。それほど難しいことではないが、やや煩雑になるため、その点は省略して先に進もう。

本書が主たる対象とする木津村はタイプⅡに属するわけだが、和田村と木津村には、表にあられていない共通する特徴がある。これらの村では、兵事以外の役場文書も大量に残っているということである。兵事文書だけでなく、役場文書全体を保存しようという意識が大変強かったのだと思われる。したがって、タイプⅡの文書を使えば、三〇年代から四〇年代にかけて行政村がどのように戦時体制に組み込まれ、それを支えていったかを検証できるわけである。

## 2　兵事事務・行政の年間スケジュールと統括

### 兵事事務とは

総力戦体制の形成に対応して兵事行政が肥大化し、軍事行政へと移行していく過程を解明していくことが本書の前半の課題であるが、その前提として、市町村の兵事事務がどのようなものかを説明しておかなくてはならない。前節で述べたような文書の残存状況に妨げられて、徴兵制以外の兵事事務についてはなかなか研究が進んでこなかった。近年、研究がいくつか現れているが、一九二七年の兵役法以降の兵事行政システムについての研究はごくわずかしかない。

兵事事務の具体的な様相を把握するためには、その業務内容を分類してみることが必要である。**図1―1**、**表1―2**を参照しながら、具体的に説明しよう。

**表1―2**では、Aの1はBの①に相当する。徴集は、壮丁を現役兵・補充兵・国民兵に区分する徴兵検査および抽籤、現役兵の入営に関する業務、現役兵と第一補充兵の戸籍抄本や「身上明細書」の作成などの仕事を含む。また徴募とは、海軍志願兵の募集と検査に関わる業務を指し、徴募検査の実施に関する志願者への連絡や志願者の「身上調書」の調製などが該当する。

次に、Aの2はBの②に相当する。主として平時召集と簡閲点呼である。一般に召集は戦時・平時にかかわらず、帰休兵・予備兵・後備兵・補充兵または国民兵を軍隊に招致することを言い、さまざ

**図1－1　兵役法に定められた兵役義務**

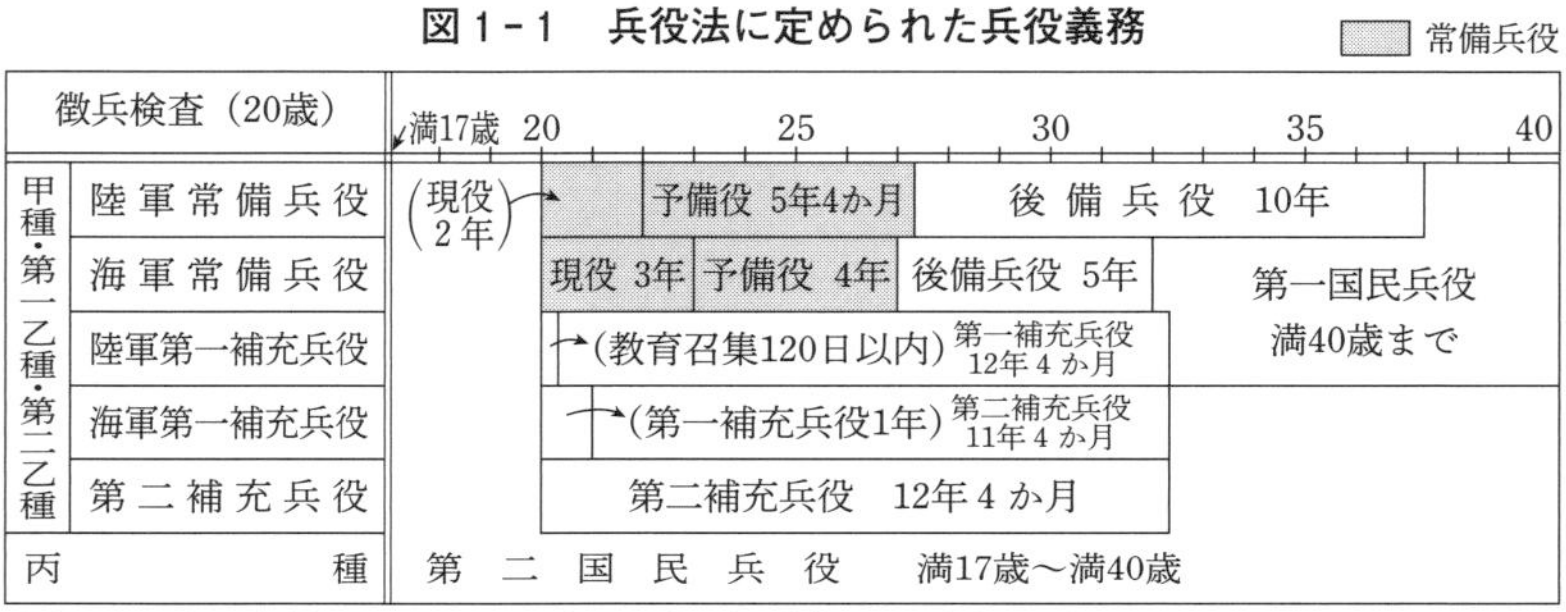


出典：大江志乃夫『昭和の歴史３天皇の軍隊』（小学館、1982年）62頁。

**表1－2　兵事業務の分類**

| A | B |
|---|---|
| 1．徴集・徴募 | ①兵士となりうる人員の選別と確保 |
| 2．平時召集・簡閲点呼 | ②確保した人員の管理と訓練 |
| 3．戦時召集 | ③戦時動員（兵士の動員、物資の徴発） |
| 4．軍事援護 | ④徴兵制を持続的に機能させるための諸方策（恩給、叙位叙勲、軍事救護） |
| 5．葬送・恩賞・年金 | |
| 6．その他（国防献金、兵事団体との連絡・指導） | |

出典：Aは『上越市史 別編７　兵事資料』の「解説」（6-7頁）に依拠したが、Aの１については若干修正を施した。同書では１が徴兵となっているが、これを池田純久『軍事行政』（1934）にならって徴集と表記し海軍の徴募を加えた。Bは久保庭萌「昭和初期における兵事行政の構造」（『洛北史学』14、2012年、３頁）に依拠した。

まな形態をとる。平時であれば、勤務演習のため在郷軍人を召集する演習召集と教育召集が主なものである。演習召集は主として勤務演習のために在郷軍人を召集することを指す。陸軍では特に規定がある場合を除き、徴集年の翌年より起算して、四年目（予備役の期間に該当）と一〇年目（後備役の期間に該当）に二一日間の演習を行うことが規定されている（兵の場合。上長官・士官・下士官は異なる）。また、教育召集とは、教育を受けていない第一補充兵を一二〇日間（実質九〇日間）教育するものである。これらを図示すれば、**図1－2**のようになる。

簡閲点呼（点呼）とは、帰

**図1－2　勤務演習・教育演習・簡閲点呼（陸軍）**

| 起算 | A現役兵 | | B第一補充兵(既教育) | C第一補充兵(未教育) |
|---|---|---|---|---|
| 徴兵検査 | | | | |
| 1 | | 現役 | 教育召集(簡閲点呼) | 簡閲点呼 |
| 2 | | | | |
| 3 | 簡閲点呼 | 予備役 | 簡閲点呼 | |
| 4 | 勤務演習 | | 勤務演習 | 簡閲点呼 |
| 5 | 簡閲点呼 | | 簡閲点呼 | |
| 6 | | | | |
| 7 | 簡閲点呼 | | 簡閲点呼 | 簡閲点呼 |
| 8 | | 後備役 | | |
| 9 | 簡閲点呼 | | 簡閲点呼 | |
| 10 | 勤務演習 | | | 簡閲点呼 |
| 11 | 簡閲点呼 | | | |
| 12 | | | | |
| 13 | | | 第一国民兵役 | |
| 14 | | | | |
| 15 | | | | |
| 16 | | | | |
| 17 | | | | |
| 18 | | | | |
| 19 | | | | |
| 20 | | | | |

出典：池田前掲『軍事行政』211-221頁、「兵役関係者の為に」（木津村役場文書『昭和七年兵事』）より作成。
注：教育召集を受けた者はその年の簡閲点呼はない（池田前掲『軍事行政』221頁)。

休兵、予備役・後備役の下士官・兵、補充兵を参会せしめ、「点検査閲教導」を行うものとされている（対象者は時期によって異なり、たとえば一九三四年時点では、帰休兵と第二補充兵は対象外とされていた）。下士官は、一年おきに一二年間、予・後備兵および既教育の第一補充兵は一年おきに五回、などと役種によって異なっていた。

Aの3（Bの③）は戦時に限定されるもので、Aの4、5、6はBの④に相当する。Aの4にある軍事援護とは、一九一七年に制定された軍事救護法に基づき、現役兵の入営、下士官・兵の応召や傷病・死亡のために生活不能あるいは著しく困難に陥った者を救護する業務である。一九三七年には同法を改正して軍事扶助法が制定され、日中戦争とともに軍事援護という名称でその内容は一挙に拡大していくことになる。

### 徴集業務の遂行

こうした兵事事務の区分を前提にして、重要なものについてのみ詳細を見てみる。まず、徴集に関わる業務について、文書のやりとりという観点から、もう少し立ち入って観察してみよう。

**表1–3**は、徴兵検査の事務分担を示したものである。徴兵検査の準備段階で最も重要なのは、書類の整備である。ただし、それ以前にも村役場がしなければならないことはたくさんある。庄下村の出分の証言によれば、徴兵検査の準備は前年の六月から始まり、翌年満二〇歳を迎える該当者を戸籍簿から抜き出して、名前・生年月日・本籍地・戸主との続柄を調べ上げるという。他の地域に寄留している者については、九月頃に、居住地の職場や市町村長に対して徴兵検査の該当者がいることを連絡する(15)。

年が明けると早々に、その年の徴兵適齢者の人数を書き上げた「壮丁人員表」を一月一〇日までに

**表１－３　徴兵検査の事務分担**

| | 業務の概要 | | 担任者 |
|---|---|---|---|
| 準備 | 書類の整備（壮丁名簿／壮丁名簿附表／壮丁連名簿／徴兵検査不要者連名簿） | | 市町村長 |
| | 連隊区徴兵署開設の日割・場所の決定・通知、徴兵検査の通達 | | 連隊区司令官、兵事官、支庁長、市（区）町村長 |
| | 配賦に基づく選兵計画書などの整備 | | 連隊区司令官 |
| | 徴兵署開設 | | 市（区）長、支庁長、地方長官 |
| 実施 | 受検者の出頭 | | 兵事官、支庁長、医官、事務員 |
| | 身体検査の実施 | 体格検査 | 医官、事務員 |
| | | 身上調査 | 兵事官、支庁長、市(区)長 |
| | 体格等位の判定 | | 連隊区徴兵医官 |
| | 兵種の選定 | | 連隊区司令官 |
| 特例 | 寄留地身体検査、在留地身体検査、特別検査 | | |

出典：池田前掲『軍事行政』137-138頁より作成。

府県兵事官（府県の兵事事務を分掌する書記官または地方事務官）に提出する。この作業は、徴集延期と推定される人員、志願兵、所在不明者などを除かねばならないから、結構手間がかかる。兵事官は各町村から上がってきたそれらを取りまとめて、一月二〇日までに連隊区司令部に提出することになっていた（市の場合は直接連隊区司令部に提出した）。連隊区司令部は管轄下の市町村からの「壮丁人員表」をまとめて所属する師管（師団が管轄する区域）の師団長に提出し、師団長は「師管壮丁人員表」を作成して二月一〇日までに陸軍大臣に提出した。

こうして集積された数字に基づいてその年の徴集人員が決定され、天皇の裁可を経たのち、陸軍大臣によって師管ごとに徴集人員が配当された。以下、師管→連隊区→徴募区と次々に徴集人員が割り当てられていくのである。したがって、市町村の調査する「壮丁人員表」が徴集の最も基礎的なデータとなるわけである。**表1−3**においては、「配賦に基づく選兵計画書などの整備」という項目が以上の経過に該当する。

次に兵事係は、戸籍と戸主が提出した「徴兵適齢届」をもとに、**表1-3**の「書類の整備」を行う。このうち、「壮丁名簿」は管轄地域において二〇歳になる男子一名ごとの調書で、本籍地、族称（華族・士族・平民）、氏名、職業、生計程度、賞罰などが記されている。「壮丁連名簿」は壮丁の一覧表である。後掲の**表1-5**にあるように、これらは二月に提出される。続いて、連隊区司令部は徴兵署の開設について期日と場所を確定し、府県兵事官を通じて市町村長に連絡がなされる。

徴兵署は、いくつかの町村にまたがる徴募区ごとに設置される。徴募区は郡や市ごとに置かれており、たとえば、木津村の場合、竹野郡を範囲とする徴募区に属し、竹野郡は網野警察署の管轄下にあったから、同署を通じて徴兵署開設の連絡があった。一九三〇年の場合、網野尋常高等小学校に徴兵署が設けられ、区内の三八二名が四月一九〜二二日の四日間にわたって検査を受けた。[16]なお、徴兵検査以前に村単位で壮丁教育成績調査が行われていることも付け加えておきたい。この調査は、一九一五年から調査主体を陸軍省から文部省に移して、全国統一基準に基づいて行われるようになっていた。[17]

身体検査の実施にあたっては、役場の兵事係だけでなく、在郷軍人分会長と青年団長も役場からの連絡によって毎年出席した。[18]検査の結果、受検者は甲種から戊種までに振り分けられ、連隊区司令官は、甲種・乙種の合格者の中の現役兵要員、第一補充兵要員について、体格や技能・職業に基づいて兵種の選定を行う。木津村の場合、一九三〇年の徴兵検査は次の通りであった。受検者総数は二八名、内訳は、甲種が一一名、第一乙種・第二乙種がともに五名、丙種が六名、丁種が一名である。[19]この結果は、人名とともに『木津村報』によって村内に告知された。丙種・丁種とされた人々にとって、そうした序列付けが心理的な抑圧をもたらしたことは想像に難くない。

基本的には甲種が現役兵、第一乙種が第一補充兵、第二乙種が第二補充兵に対応するとされるが、必ずしもそうならない場合もあり、身体検査の結果だけで現役兵の徴集が決まるわけではない。続いて行われるのが、甲種・第一乙種・第二乙種合格者についての抽籤である。配賦によって徴募区に割り振られた現役兵・第一補充兵の数を満たす人数分を籤によって選別するのである。大抵は甲種の人数よりも現役兵の配賦数は少ないため、籤にはずれる者が出る。はずれた甲種の者たちと、乙種の中で籤にあたった者が第一補充兵となる、という手順で役種が確定するわけである(20)。

福知山連隊区では、毎年八月に、抽籤徴兵署が綾部町に設けられ、抽籤が行われている。抽籤の結果、それぞれの人員に番号が割り振られ、五日以内に当籤の番号が発表されて現役兵・第一補充兵が決定されることになる(21)。

## 入営者の身上調査

結局、この年、木津村で現役兵となったのは甲種合格の九名である。この内、一名がすでに身体検査前に、もう一名が抽籤前に現役志願を申し出ている。連隊区司令部からは、現役兵に対して現役兵証書、第一補充兵には第一補充兵証書が発行され、役場がこれらを該当者に交付する。少し横道にそれるが、交付に関わって連隊区司令官から管下の町村長にあてて出された興味深い史料があるので、紹介しておこう。一九三〇年一〇月一日付のこの史料は、最近、第一補充兵証書を無くして再交付を求める願出が多くなっているが、それは、証書を単なる通知とみなして、「崇高ナル兵役ニ服スヘキ身分ヲ獲得シタル観念ノ乏シキ結果」であるとして次のように述べている。

・・・・・・・・・・・・・・・・・・証書交付ニ当リ授与式ヲ挙行セラレタキ旨曩ニ希望シ爾来之レガ実施セラレツヽアル事ト存候共、補充兵ハ兵役観念幼稚ニシテ動モスレハ在郷軍人タル気概ヲ失シ甚シキハ入営セサルモノハ兵役

関係ヲ免セラレタルカ如キ曲解ヲ抱クモノサヘ有之誠ニ遺憾至極ニ存候[22]

これに続く部分では、第一補充兵証書の交付にあたっては授与式を行って、兵役観念を深めよ、それがひいては在郷軍人会の基盤を固めることにもなる、としている。第一補充兵と現役兵との意識の落差をうかがわせる文書である。現役兵となるか否かは個人の人生にとっては決定的な岐路であり、それだけ同世代の若者の間に心理的な乖離をもたらしたのではないだろうか。

話をもとに戻そう。現役兵については、このあと兵事係が「身上明細書」を作成し、戸籍抄本とともに連隊区司令官に直接提出しなければならない。「身上明細書」には、本籍地や現住所のほかに、「本人ノ性行　郷党ノ風評」「壮丁入営前予習教育ノ状況」「青訓〔青年訓練〕ノ概況」、さらに「家庭ノ状況」として「生計」「家族」「入営ニ依ル影響」などが記されている。このうち、青年訓練所（一九二六年に設置、中等学校以上の学校に行かない青少年に軍事訓練を施した）での訓練の状況については、別に「徴兵検査受検者青年訓練出席時間調査書」が提出された。

文部省令（青年訓練所規定）は、青年訓練所について四ヵ年の訓練時間は八〇〇時間、そのうち半分が「教練」、残り半分が「修身及公民科」「普通科」「職業科」としていた。教練およびその他の科目でそれぞれ七五％以上出席した者が「成績優良者」となり、在営期間短縮の特典を得る資格をもつとされた。[23]一九三〇年の木津村の調査書によると、二八名のうち出席時間の記載のある者が一三名である。[24]一九三三年の全国調査で、青年訓練所で訓練を受けた者（修了した者ではない）の割合が郡部で三割強とされているから、[25]木津村はそれを多少上回っている。教練の時間数は三〇〇時間台が八名いて、最も少ない者は七一時間であった。その他の科目の総出席時間は極端に少なく、いずれも一〇〇時間以下である。この調査書の段階では、青年訓練所は四年目がまだ終わっていないことを考慮しても、かなり少ない数字である。

もとに戻って、一九三〇年の現役入営者九名の「身上明細書」を見ていくと、九名のうち、一名が青年団役員、三名が青年団評議員であることがわかる。この数字は、青年団における徴兵制の影響を考える上で参考になる。また、生計については、「中上」が二名、「中」が三名、「中下」が一名、「下」が三名となっていて、階層間でほぼ平均化していることがわかる。木津村役場は、一一月初旬にこれらの情報を記した「身上明細書」を提出している。

## 海軍志願兵の徴募

兵事事務の区分（表1-2）Aの1の中には、徴集と並んで徴募、すなわち海軍志願兵の募集に関する業務があった。木津村の文書には海軍に関するものは極めて少ないので、徴募の実態はよくわからない。これに対して『上越市史 別編7』には、海軍志願兵に関する文書がいくつか収録されており、詳しい解説もなされている。それによれば、志願兵といっても、文字通りの自発的な志願ではなく、村単位に割り当て数があったことがわかる。一九二七年の和田村の場合では、四名の割り当てがあり、村長は大字区長や青年訓練所あてに、多数の応募者が出るよう勧誘に尽力せよ、との指示を出している（一月）。その後、村長は募集見込み三名と、新潟県知事に報告している。志願兵の検査は三月に行われ、合格採用者は五月三〇日に直江津駅を出発し、横須賀海兵団舞鶴練習部に入団した[26]。一九三〇年の場合は、合格者は横須賀海兵団に入団したが、この時は、新潟県学務部長が役場吏員に横須賀までの付き添いを命じている[27]。

こうした割り当てがあったにも関わらず、志願兵は思うようには集まらなかったようである。日中戦争開始以降には、必要とされる人員が増えたことによって、志願者の確保は一層困難になった。一

図1－3　海軍志願兵徴募

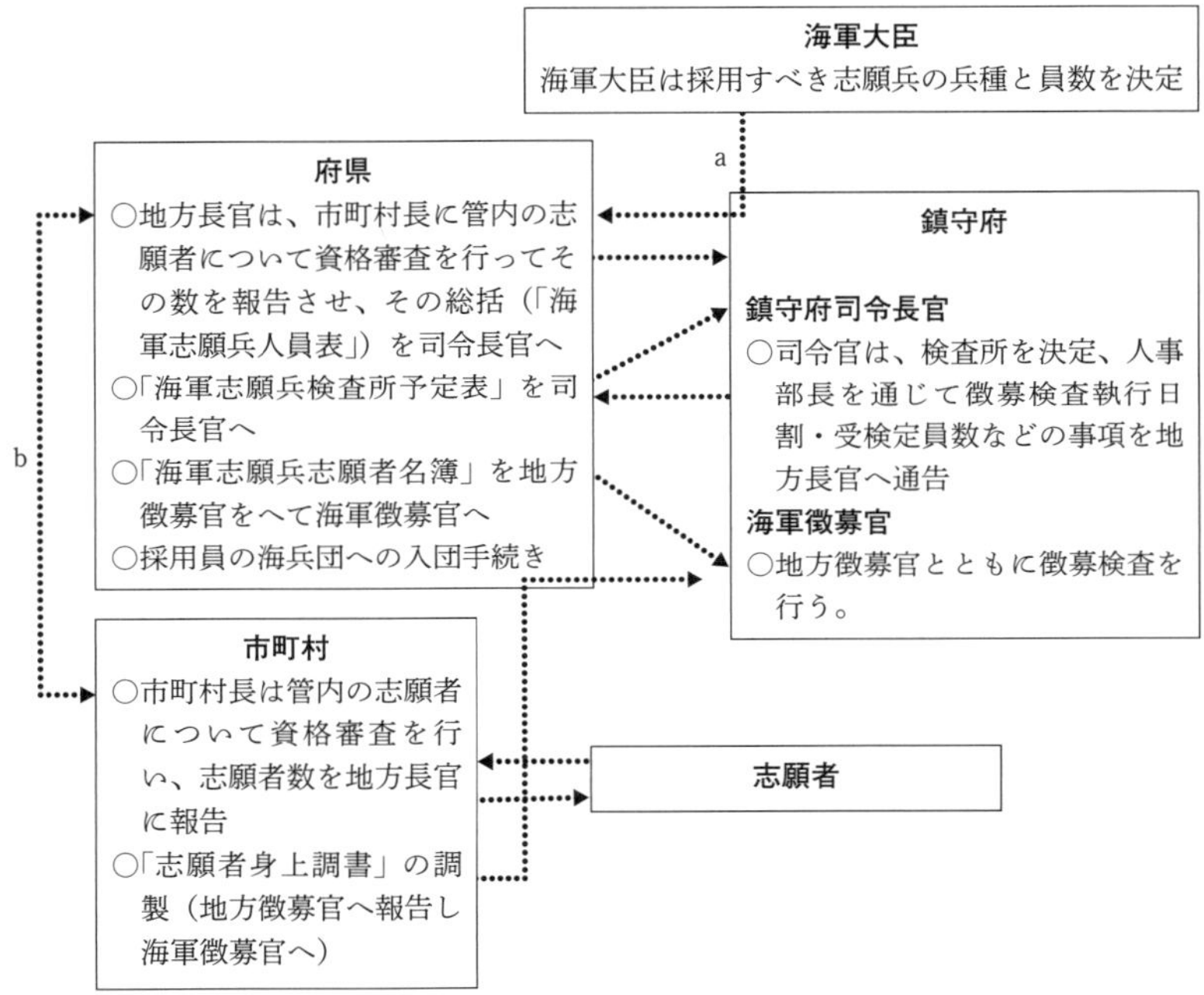


出典：「海軍志願兵令施行細則」（海軍大臣官房『海軍制度沿革巻５』1939 年、772-774頁）より作成。
注：採用以降の手続きについては省略した。地方徴募官とは、兵事官・支庁長・市長をさす。

九三八年一月、新潟県学務部長は、甚だしく割り当て数が満たされていないことを憂えて、「優秀ナル青年ニ対シ個々ニ勧誘スル等」あらゆる方法を講じるよう指示している(28)。

府県がこのような指示を出すのは、海軍の徴募システムからいえば必然であった。一九二七年に海軍志願兵条例に取って代わった海軍志願兵令には、徴募に関する詳細な条項が加えられた。そこには、第三一条「海軍大臣ハ鎮守府司令長官及地方長官ヲシテ志願兵ノ徴募ヲ掌理セシム(29)」という規定がある。実際の徴募事務の執行は、市においては海軍徴募官（海軍将校）と市長、北海道などの支庁長管轄地域においては海軍徴募官と支庁長、それ以外では海軍徴募官と兵事官（府県）が担うことになっていた（第三三条）。徴募の業務の流れを図示すると**図1―3**のようになる。aとbの過程を見れば、府県知事が海軍の要望を満たすために市町村に半強制的な確保を指示するといった事態が起こりうることが理解されよう。

**連隊区・府県による統括**

少し長くなったが、徴集・徴募の内容は以上の通りである。兵事業務の分類（**表1―2**）Aの2（召集・点呼）については次節で詳述することにして、村役場による兵事事務が、どのように統括されているのかという観点から整理し直してみよう。これについては久保庭論文が参考になるので、ほぼそれに依拠しながら話を進める。

久保庭は、**図1―4**に基づいて町村からの文書の差し出し経由に着目して次のようなルートを明らかにしている。（a）直接師団へ送付されるルート、（b）警察署を経由して連隊区司令部へ送付されるルート、（c）連隊区司令部へ直接送付されるルート、（d）府県を経由して連隊区司令部へと送付されるルート、（e）直接入営部隊長へと送付されるルート、以上の五ルートである。

（a）は、馬匹、車両、雇用員の動員に関わるものであり、平時にはほとんど作動することはない。また（e）は「一年志願兵身上明細書」のみで、これも兵事行政の統括という点ではあまり重要ではない。そうすると、残りの（b）、（c）、（d）が兵事事務にとって主要な意味をもつということになる。それらのルートを、先に見た兵事事務の区分と重ね合わせてみると、（b）は、召集・簡閲点呼にあたり、徴集・徴募の業務は（c）・（d）で行われていることがわかる。

このうち、（b）については、次節でふれる。（c）に該当するのは、徴集に関する文書のうち、徴

図1－4　町村兵事関係文書の差し出し経由官衙概略図

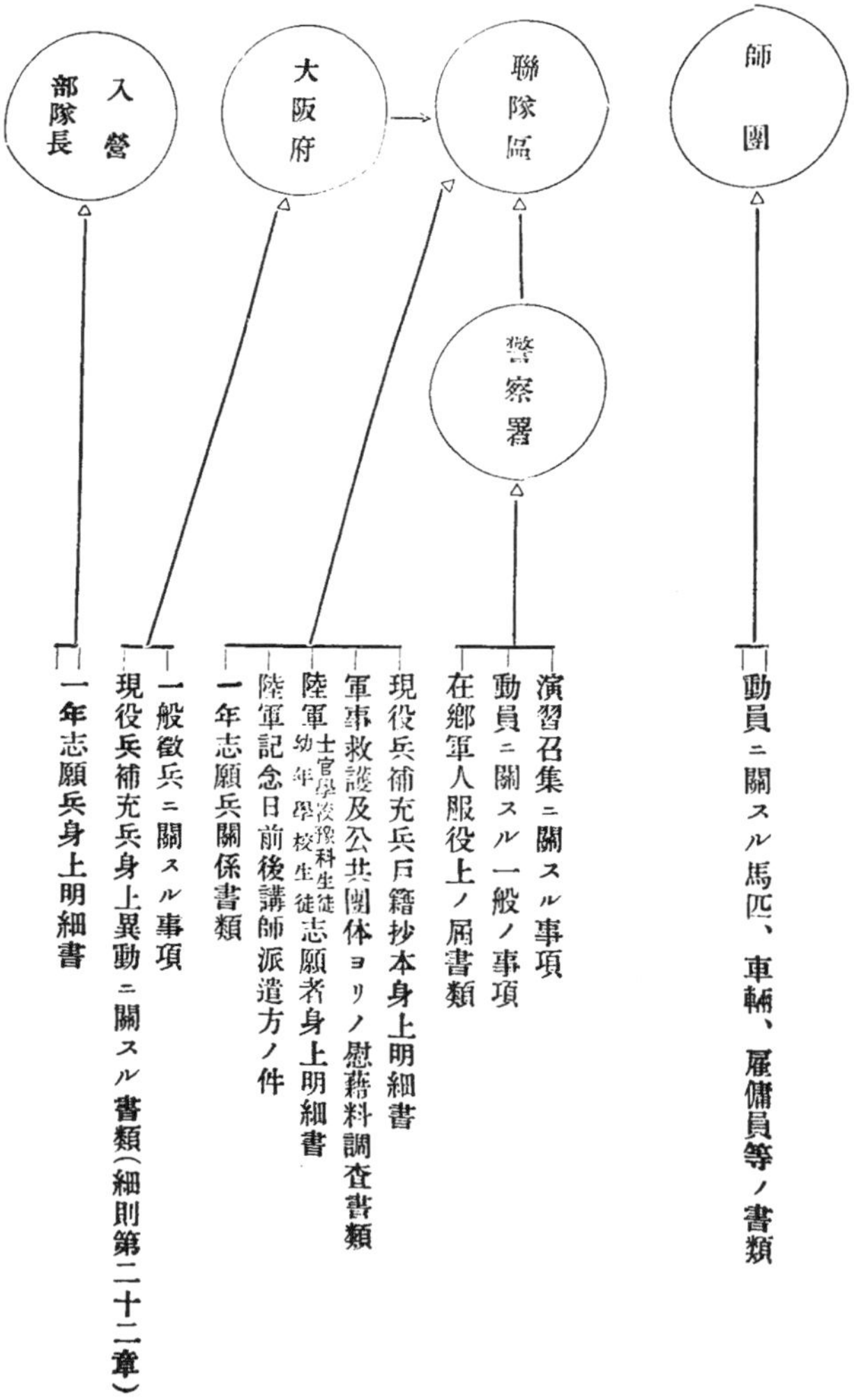


出典：『堺聯隊区管内兵事研究会報』２号（1926年12月）11頁。

**表1－4　堺連隊区司令部業務分担表**

| | 部別 | 分課 | 主任将校 | 係（数字は人数） |
|---|---|---|---|---|
| 司令官　陸軍歩兵大佐　西村菊五郎 | 副官部 | 庶務 | ［副官］伊集院大尉（経理委員／支部理事／将校団委員／兵器委員／兵事研究会委員） | 歩曹2、歩軍1（兼務） |
| | | 教育 | | |
| | | 経理 | | 上計手1、歩曹1（兼務） |
| | 第一部 | 徴兵 | ［甲部員］橋本中佐（将校団委員長／支部副長／経理委員首座／兵事研究会副長） | 砲曹1、属1 |
| | | 将校団 | | 雇員1 |
| | | 将校兵籍 | | 歩曹1 |
| | | 兵事研究会 | | 書記1 |
| | | 青年教練 | | 歩軍1 |
| | 第二部 | 召集、動員、兵籍 | ［丙部員］石津中佐（将校団委員／支部理事） | 輜曹1、歩曹4、工曹1、歩軍3、輜軍1 |
| | 第三部 | 在郷軍人会 | ［乙部員］林中佐（将校団委員／支部理事） | 歩曹1、雇員1 |
| | | 国防婦人会 | | 歩軍1（兼務） |

出典：『堺聯隊区管内兵事研究会報』106号（1935年9月）9頁より作成。
注：1）主任将校の丸括弧内は充職。
　　2）歩・砲・輜・工は、それぞれ歩兵・砲兵・輜重兵・工兵の略。曹は曹長、軍は軍曹、上計手は上等計手の略。

兵検査の結果、役種が振り分けられたあとに必要となる文書である。現役兵の「身上明細書」などは市町村役場から直接連隊区に提出される。一方、徴兵検査にあたって必要な文書は（d）ルートで連隊区に届くようになっていた。徴兵検査については、文書の流れを実質的に統括しているのは府県（兵事官）であり、府県―市町村という行政ルートが主軸になっていた。徴兵検査は戸籍を通じた成年男子の厳密な把握を前提とし、対象者の移動を正確に把握することを要請する。徴兵忌避をできるかぎり防止して、この制度を維持するためには、市町村をこえて情報を共有する仕組みが不可欠であった。府県が徴兵検査に関わる文書を統括した理由はここにある。

**図1－4**を全体として見た場合、多くの文書が最終的に行き着くのは、連隊区であることが一目瞭然である。そこで、あまりよく知られていない連隊区司令部の職務を概観しておこう。兵役法制定以前のものになるが、一

九一九年に発刊された岡欽一〔編著〕『連隊区司令部執務必携』（以下『必携』）の章立ては、徴兵事務、召募事務、召集事務、兵籍事務、告発に関する事務、報告に関する事務、恩給・叙位・叙勲、機密・秘密・図書取扱事務、庶務、経理、となっている。これらの業務の分担については、久保庭論文が一九三五年の堺連隊区の史料を紹介し、解説を加えている。同論文では省略された部分も含めて、ほぼそのまま掲載しておきたい（**表1－4**）。これを『必携』と比較してみると、三〇年代半ばには、第三部が、同書の章立てにはない在郷軍人会や国防婦人会を担当するようになっており、連隊区司令部の役割が広範になっていることがわかる。

## 兵事事務・行政の年間スケジュール

今度は、兵事に関わる業務が一年間のスケジュールとしてどうなっているかを村役場の側から見てみたい。**表1－5**は、役場がいつ頃、どのような文書を作成して発出したかという観点から、役場の兵事事務を月ごとにまとめたものである。大雑把に言うと、だいたい一月から四月までは徴兵検査の準備と徴兵検査、六月からほぼ四ヵ月間は、簡閲点呼・勤務演習など在郷軍人に関わる業務に入れ替わり、一一月には現役兵入営に向けての準備に着手する、というスケジュールが見て取れる。

木津村役場文書の各年度の兵事簿冊を見ると、勤務演習や簡閲点呼に関わる業務の比重はかなり大きい。一九三二年の木津村での勤務演習の該当者は一三名で、それぞれについて「身上調書」が作成されている。この年の歩兵の勤務演習は後備役が一〇月三日、予備役が同月二三日に行われたようで、召集令状は、九月一日に四名分、一三日に三名分が網野警察署から役場へ送付されている。勤務演習予定者と令状の数が一致しないが、二名については、召集しない旨の通知が届いており、一名は寄留地での演習許可が通知されている。残る三名については事情がはっきりしない。

## 表1-5　兵事事務・行政の年間スケジュール

| 月 | 徴兵関係 | 召集・点呼、その他 | 発送官・者 | 経由 | 受領官（者） |
|---|---|---|---|---|---|
| 1月 | 壮丁人員表・壮丁人名表⑥ | | 木津村長（以下、村長） | 京都府兵事官（以下、兵事官） | 福知山司令官（以下、司令官） |
| | 徴兵適齢届⑥ | | 戸主 | | 村長 |
| 2月 | 徴兵検査寄留地受検通常願⑦（1月31日～2月10日） | | 本人（願届）→寄留地村長 | | 寄留地兵事官 |
| | 徴兵旅費払い戻し請求書⑥ | | 村長 | | 地方長官 |
| | 壮丁名簿・同連名簿・同付表⑥ | | 村長 | 兵事官 | 司令官 |
| | | 馬匹異動報告書⑥（6月、10月にもあり） | 村長 | 網野警察署長（以下、警察署長） | 師団長 |
| | | 地方馬検査下調（5月15日まで）⑥ | 村長 | 警察署長 | 司令官 |
| | | 勤務演習召集者身上調書⑥ | 木津村役場 | 警察署長 | 司令官※ |
| 4月 | 壮丁教育調査⑥ | | | | |
| | 在学徴集延期願④ | | 本人 | 兵事官 | 司令官 |
| | | 簡閲点呼予定日割表（仮） | 連隊区司令部 | 警察署長 | 村長 |
| 5月 | | **兵籍照合**（於：福知山連隊区）⑥ | | | |
| | | 簡閲点呼予定日割表（確定） | 連隊区司令部 | 警察署長 | 村長 |
| 6月 | 徴兵検査通達書⑥ | | 村長 | | 本人 |
| | | 簡閲点呼令状（24名分）⑥ | 連隊区司令部 | 警察署長 | 村長→本人 |
| | | 簡閲点呼名簿 | 村長 | 警察署長 | 連隊区司令部 |
| | | 在郷軍人状態調書⑥ | 木津村役場 | 警察署長 | 司令官※ |
| | | **海軍召集徴発事務検閲**（於：浜詰村役場）⑥ | | | |
| | | 簡閲点呼令状返送（4名分）⑥ | 村長 | 警察署長 | 司令官 |
| 7月 | **徴兵検査**⑥ | | | | |
| | 徴兵検査受検者青年訓練出席時間調査書⑥ | | 村長 | 不明 | 不明 |
| | | 演習召集令状（3名分）⑥ | 連隊区司令部 | 警察署長 | 村長→本人 |
| | | 演習召集令状（4名分）⑥ | 連隊区司令部 | 警察署長 | 村長→本人 |
| 8月 | **壮丁抽籤（徴集者の決定）**⑥ | | | | |
| | | **簡閲点呼実施**⑥ | | | |
| | | 演習召集令状（2名分）⑥ | 連隊区司令部 | 警察署長 | 村長→本人 |
| 9月 | | 戦時召集猶予者調査⑥ | 村長 | 警察署長 | 司令官※ |
| | | 在郷将校身上調書⑥ | 村長 | 警察署長 | 司令官※ |
| | | 勤務演習召集予定者身上調書⑥ | 村長 | 警察署長 | 司令官 |
| | | 演習召集令状（1名）⑥ | 連隊区司令部 | 警察署長 | 村長→本人 |
| 10月 | | **陸軍召集徴発事務検閲**（網野警察署）⑥ | | | |
| 11月 | 現役兵に決定した者の戸籍抄本・身上明細書⑥ | | 村長 | | 司令官 |
| 12月 | | 昭和七年演習召集予定人名簿⑥ | 村長 | 警察署長 | 司令官※ |
| | **壮丁人員の調査**⑥ | | | | |

出典：木津村役場文書117『昭和六年兵事』を基準としつつ、同105『昭和四年兵事』と同122『昭和七年兵事』で補足した。
注：1）丸数字は木津村役場文書『兵事』簿冊の元号を示す。たとえば④は昭和四年。
2）太字は文書のやりとりではないが、兵事として重要な行事を示す。
3）受領官（者）の※は推定。
4）各月ごとに徴兵の項目を上に記載している。項目内は文書の日付順。

簡閲点呼の執行年は、階級および下士官か兵かで異なり、下士官でも志願か否か、幹部候補生か否かで違うなど、かなり複雑である。予備兵・後備兵・既教育第一補充兵の場合（これらを既教育兵と言う）は服役期間を通じて五回で一年おき、未教育の第一補充兵は服役期間を通じ四回で二年おき、といった具合である。前掲**図1-2**にはそれが示してある。これを間違えないように処理するために、木津村では既教育兵と未教育兵に分けて早見表を作成している。たとえば、一九三〇年が徴集年の既教育兵の場合、一回目〜五回目の簡閲点呼はそれぞれ何年にあたるかが即座にわかるようになっている。

兵事係の仕事を分量という点から見た場合、どのような特徴があるだろうか。一九三一年の兵事簿冊を例にとると、「兵事一件」「召集点呼」「徴兵」の三つに区分して編綴されており、件名だけでその割合を見ると、三二：四〇：二七となる。また、一九二九〜三一年までの文書の分量（単純な頁数）を平均してみると、六：九：一〇となる。実際の仕事量は文書の件名や量に比例するわけではないが、だいたいの傾向を知るには参考になる。召集・点呼の業務が徴兵に匹敵するだけの量があることは確認できよう。

このように、徴兵、召集・点呼は、ほぼルーティーン化されているが、これらに加えてさまざまな調査や申請関係の事務が加わる。たとえば、「軍人遺族記章授与願」の提出、一家から三名以上の兵役服務者を出した家庭の調査、軍事救護対象者の調査、などである。これらが、簿冊では「兵事一件」として分類されている。さらに、海軍関係の事務もさほど多くはないがこれに追加される。一九三二年の簿冊で見ると、「昭和七年呉鎮守府模擬充員召集実施」などがそれである。

## 3　在郷軍人と兵事行政

### 勤務演習召集の実態と役割

続いて召集・簡閲点呼について詳しく見てみる。まず、召集の方から。ここでは、勤務演習のため在郷軍人を召集する演習召集を主として取り上げたい。もう一度表1-5を参照しよう。

ここから勤務演習に関係する一サイクル（一九三二年）を取り出すと、次のようになる。まず前年一一月に、網野警察署から木津村役場に、連隊区司令部が作成した次年度勤務演習召集予定人名簿が通知される。一九三二年度の予定人員は九名であった[30]（表では一二月に、一九三二年の予定人名簿が伝達されている）。この年の対象者は、一九二一年、一九二七年に徴集された者である。

対象者については、二月一五日までに、「勤務演習召集者身上調書」を提出することになっており、役場は網野警察署に該当者の「身上調書」を提出している。現役兵の「身上明細書」と比べて顕著な差異は、「在郷軍人分会　青年訓練所　青年団　其ノ他公共ニ対スル関係」という項目が存在することである。記載内容は、「特ニ記スル事項ナシ」「分会ノ為相当尽力ス」といった短文のものもあれば、「分会評議員、青訓〔青年訓練〕指導員、青年団運動部長等ノ重役ニアリテ、公共ニ対スル態度熱心真摯、一般ノ風評良　現在村ノ模範人物ニシテ将来ハ在郷軍人分会ノ中堅トナル見込ナリ」といった詳細な記述もある。一人ひとりの行動を正確に把握しておかないと書けない記述である。現役兵の「身上明細書」と比べて、記述内容が粗略になっているというようなことはない。

少し横道にそれるが、実はこのような様式は一九三一年から採用されたものであり、前年の「身上調書」はこれよりもずっと簡略なものである。両者を比較してみると、三一年のそれには、教育程度、資産・収入、家政・家族・家計などの項目が新たに加わっており、対象者をより精密に把握しようとしていることがわかる。

さて、「身上調書」の提出からしばらく月日が経ち、七月に入って網野警察署から召集令状が役場に届く。役場は対象者に令状を公布し、その終了時間を分単位で記した「令状交付通知」を網野警察署に提出する。令状は一度に全員分が来るわけではなく、七月四日には三通が届いている。続いて、七月二七日に四通、八月二九日に二通、九月二五日に一通、全部で一〇通が公布されている。本来の対象者は九名なのだが、前年対象者が何らかの事情でこの年にまわされたものと思われる。実際、この年にも一名が父親の病気のため猶予を願い出ている。

数回に分けて令状が公布される理由は、階級や役種・兵種によって期日が異なるからである。たとえば、将校・准士官の場合、予備役であれば演習は該当年に数回行われることもあり、青年訓練指導員についても通常とは異なる期日が指定してある。だいたい七月から九月までの三ヵ月間は、令状が何度も来るというのが通例であった。勤務演習の日程は連隊区司令部の方針によって定められているが、このようにして令状交付のルートを何度も作動させたのは、戦時動員を円滑に行うための予行演習という性格もあったからであろう。

## 簡閲点呼の重要性

次に簡閲点呼を見てみよう。簡閲点呼の目的について、『上越市史』に収録されている史料には次のように記されている。「在郷軍人参集の状態、心身の健否、軍事能力保持及軍事思想普及の程度、服役上に於ける義務履行の確否等を点検査閲し、以て有事の際に処する在郷軍人の覚悟と準備の如何を観察」すること。これは、連隊区司令部から各町村に対して通知されたと思われる、簡閲点呼に関する注意事項（一九三二年二月）[31]の中の説明である。

一九三一年の木津村の例では、簡閲点呼までには、連隊区・警察・役場の間で次のようなやりとりがある。まず、連隊区司令部から簡閲点呼予定日の通知が網野警察署を通じて届くのが四月である。この日程は仮のもので、町村の返答を待って五月末に正式決定された日程が通知される。この年、網野警察署管内の簡閲点呼は三日間に分けられ、木津村の場合は八月三日に木津尋常高等小学校で実施されることになった。

六月一九日、簡閲点呼の令状は、網野警察署から役場に届けられ、二〇日に役場から本人に送付されている。令状が役場に届くと、役場は点呼名簿を作成し網野警察署に提出する(32)。名簿によれば、この年の対象者は三〇名であるが、六名は寄留地での点呼を希望しているか、特別の理由で除外され、令状が公布される者は二四名となっている。対象者の徴集年は、一九二〇、二二、二六、二七、二八、三〇年とほぼ一〇年程度の差がある。

その後、点呼当日までに準備に関わるいくつかの文書が取り交わされている。そのうち、興味深いのは、木津村役場の調査の結果、点呼対象者のうち四名が在郷軍人会に入会していないことが、簡閲点呼執行官に報告されていることである。これらの未入会者の徴集年は、一九二七年が一名、一九三〇年が三名となっており、初回の点呼対象者が多い。簡閲点呼は、在郷軍人会への未入会者を探索し入会させる機能を持っていたことがわかる。

こうして、四ヵ月程度の準備を経て、八月三日に簡閲点呼が実施される。簡閲点呼の具体的な内容は、『上越市史 別編７』に依拠すると次のようなものであった。整列した参会者は、警察署長や市町村長などをともなってまわってくる執行官に対し敬礼して、自分の役種と氏名を唱えていく。一通り呼名点検が終わると、今度は軍人勅諭や勅語の奉読、続いて講演がある。さらに学科、術科と続き、点呼成績の講評を含めた執行官による訓示で締めくくられる。このうち、学科とは、たとえば充員召集令状を受け取ったらどうするかなど、在郷軍人としての服務上の必要事項、軍事知識などを試問するものである。術科とは、「体操、徒手各個教練、分隊教練、敬礼、閲兵分列」となっている。[33]

参会者はこれで解散となるが、兵事係には、まだやるべきことが残されている。木津村役場文書によれば、「参会者結果表」「参会者健康程度一覧表」「参会者服装種別一覧表」「在郷軍人他行者調書」などを執行官に提出して、簡閲点呼の業務は終了する。これらの文書は、一九三二年の簿冊には残っていないので、一九二八年の簿冊をもとに解説しておきたい。まず、「参会者結果表」とは、点呼参会すべき人員、令状交付者数とその内訳（参会者数と不参会者数）などの人数を記したものである。「参会者健康程度一覧表」には、参会者の健康状態を予備役・後備役などの役種ごとに甲（戦役に堪えうる者）・乙（戦役に堪えない者）に分けて人数が記されている。「参会者服装種別一覧表」には、軍服着用者か否かについてそれぞれの人数が記され、非着用者については、「着装端正ナルモノ」と「着装端正ヲ欠クモノ」とに分けて人数が記されている。ちなみに、史料が残っている一九二八年の場合、参会者は二五名、軍服以外のものが二一名、そのうち「着装端正ヲ欠クモノ」が一名となっている。

簡閲点呼の社会的役割を考える場合、一つだけ付け加えておくべきことがある。簡閲点呼には、対象となる在郷軍人、市町村長・役場吏員以外の一般人にも参会が許されていたという点である。連隊区司令部からは、参会者に対する講演や点呼見学の希望があれば申請するよう通達が出されており、木津村ではこれに応えて希望を出している。一九三二年の一般参会者の数はわからないが、一九二八年だと、青年訓練所から二九名の参加があった。[34] つまり、数年後には壮丁となる男子への、軍事教育の予習の場として機能しているわけである。実際、福知山連隊区司令官は、警察署長・町村長・在郷軍人分会長などにあてた一九三二年の通牒で、簡閲点呼は単なる軍部の行事ではなく、「国民指導上真ニ国家的行事トシテ意義アルコトハ近時広ク一般ニ認メラルヽニ到リ」と述べている。[35]

**在郷軍人状態調書**

在郷軍人に関わることで、点呼・召集と同時に行われる、もう一つの重要な業務がある。役場は、「第十六師団演習教育召集及簡閲点呼事務規程」第一五条に基づき、「陸軍在郷軍人状態調書」を提出しなければならない。調書は、一九二八年を例にとると次のような項目になっている。括弧の中は木津村役場の回答である。

一、帯勲者ノ状態（概シテ業務ニ精励シ素行佳良ナリ）
二、品行不良注意人物及無職業者ノ官等級氏名並其ノ素行ノ概要（該当事実ナシ）
三、処刑者ノ官等級氏名並其ノ罪名、刑名、刑期（該当事実ナシ）
四、勲章、記章褫奪《ちだつ》者ノ官等級氏名並其ノ褫奪ノ原因（該当事実ナシ）
五、廃兵ノ状態（廃兵ナシ）
六、善行奇特者ノ官等級氏名並其ノ善行ノ概要（該当事実ナシ）
七、戦没者墓碑ノ所在地、戦没者遺族ノ状態就中其ノ貧困者ノ住所氏名及生活状態（〔所在地は略〕遺族ノ貧困者ナシ）
八、被軍事救護者ノ状態並ニ之ニ対スル郷党救護ノ概要（被軍事救護者ナシ）
九、在郷軍人ト地方トノ関係（地方公共ノ為メ尽力シ其ノ中軸タリ）
十、在郷軍人会ト青年団及青年訓練所トノ関係（互ニ連絡ヲ図リ各々其ノ発展ヲ期ス）

このような形式の調書は毎年提出されている。木津村からの回答を見ると、一九三二年に墓碑が三カ所に増えたという変更があるほかは、ほぼ同じ内容が日中戦争前まで繰り返されている。その意味

**表1－6　在郷軍人状態調査表（1928.5.23調）**

（単位：人）

| 種類 | | 調査事項細別 | 人員 |
|---|---|---|---|
| 在郷軍人 | 陸軍 | 将校同相当官准士官 | 1 |
| | | 下士兵卒 | 56<br>既教1、未教49 |
| | | 計 | 107 |
| | 海軍 | 海軍在郷軍人 | 3 |
| 陸軍在郷軍人事故者 | | 住所不明者 | — |
| | | 品行不良注意人物 | — |
| | | 無職業者 | — |
| | | 処刑処罰者 | — |
| | | 勲章記章褫脱者 | — |
| | | 計 | — |
| 廃兵 | | | — |
| 善行奇特者 | | | — |

出典：木津村役場文書104『昭和三年兵事・日支事変』。
注：既教とは既教育、未教とは未教育の意。

では、多分に形式的であるが、地域社会における在郷軍人の動向を漏らさず監視する役割が、役場に課されていることを改めて確認することができる。

また、この調書には、**表1－6**のような調査表が添付されている。一九二八年時点で、在郷軍人は陸軍が一〇七名、海軍が三名となっている。下士兵卒の内訳五六名という数値は、現役兵を終わり、予備・後備役となっている人数である。その下の既教とは教育召集を受けた第一補充兵、未教とあるのが教育召集を受けていない第一補充兵である。一口に在郷軍人といっても、現役を経験している予備・後備役兵と未教育の第一補充兵では、軍事教育の点でも軍人精神の浸透度においても、かなり大きな格差があった。藤井忠俊が指摘しているように、簡閲点呼参会者の服装に大きな差異があったことは[36]、そのようなところにも原因があったと思われる。

在郷軍人に関わってもう一つ補足しなければならないのは、先述の簡閲点呼などによっても、彼らを完全に掌握することは困難を極めたという点である。木津村では、一九二九年七月、連隊区司令部の指示により、在郷軍人の「他行者調査」を行っている。「他行者」とは、本籍のある場所に、何らかの理由で現住していない者のことである。調査によれば、「他行者」の人数は四四名で、在籍九九名に対する割合は約四四％となる。
「他行者」が多ければ、それだけ兵事係の業務は煩雑さを増し、中には掌握不能となる事例も発生する。この年の四月半ば、東京府北豊島郡王子町長から、木津村出身のある在郷軍人に寄留地での点呼参会が許可されたが、同人が現住所にいないため許可指令が交付できないという知らせが入った。王子町長は、本籍地である木津村役場に召集通報人や現住所などについて情報提供を求めている(37)。これに対し、木津村役場は現住地不明と回答し、王子町長に再調査を依頼した。しばらくあとに、東京市芝区長から、同人の転寄留届が提出されたという連絡が木津村役場にあり(38)、六月に本件は解決した。この場合は一時的な交付不能ですんだが、人の移動が激しくなれば恒常的に現住地不明者が発生したであろうことが推測される。

## 結節点としての警察署

ここで文書のやりとりという観点から、勤務演習召集と簡閲点呼を見直してみる。本節の冒頭でふれたように、召集・点呼は（b）ルート（警察署を経由して連隊区司令部へ送付されるルート）をとるという特徴があった。注目すべきは、このルートの結節点に警察署が位置していることである。役場の業務を直接統括しているのは警察署であり、戦時にはこのルートが充員召集に素早く転化することになる。その意味で、先に見たように、勤務演習召集・簡閲点呼を通じて平時においても毎年何回かそれを作動させておくことが必要だったのである。

警察署の役割は次の通りである。警察署は役場に対して、連隊区司令部から受領した召集・点呼の召集令状を送付し、役場は令状を対象者に交付したら、交付日時と交付数を記した交付通知を警察署に出さなくてはならない。これは戦時の充員召集と基本的に同じ手続きである。警察署の関与は文書のやりとりだけにとどまらない。簡閲点呼には必ず市町村長とともに警察署長が参列しなければならないし、兵事担当の警察官は、参会者に諸注意を行うなど、点呼が円滑に行われるよう取りはからうことが求められた。また、これを機会に役場と連携して所在不明者を捜索することも重要な業務であった。木津村の場合も、行方不明者が毎年のように報告されている。「所在不明ニ付不参届」というのがそれで、警察による証明書を添付して連隊区司令部に提出しなければならなかった。[39]徴兵逃ればかりでなく、在郷軍人の住所を正確に把握し、行方不明者を捜索するためには警察のネットワークとの協力が不可欠であった。

さらに、警察署が関わる兵事に関する業務の一つに、召集事務の検閲があった。それは周到に二段階で行われた。第一段階では、警察署が管内町村の陸海軍召集・徴発事務文書を検閲した。たとえば、一九三三年には、五月末から六月初めにかけて、網野警察署管内を五つのグループに分け、それぞれのグループごとに決められた役場に書類をもち込んで検閲が行われた。これについては、一九一六年に京都府訓令第七四号に規定されている。

検閲についての警察署長の所見を見ると、細部にわたる指摘が行われていることがわかる。所見は、毎年同じことを重ねて注意するのは遺憾であるとしながら、次の一五点にわたって注意を促している。①戦時名簿から兵役を終わった者の削除がなされていない。②国民兵人員表用紙が改正前のものになっている。③国民兵召集令状用紙も改正前のものを用いている場合がある。④発来翰綴において、永年保存とそうでないものの区分がきちんとなされていない。⑤令状配達順序が適切でないものがある。⑥「自動車実施業務書」を未提出のところがある。⑦昨年実施された動員関係の日誌が削除されているものがあるが、後日の参考のため綴じ込んでおくこと。⑧「乗車証明書」の準備がないところがある。⑨動員用封筒の不備。⑩「急使心得書」の表紙が不完全なものがある。⑪電報来信紙の不備。⑫

急使派遣区分表に地図がついていないものがある。⑬諸契約（召集のための急使派遣）が更新されていない。⑭「事故証明書」に凡例がない。⑮「当直員心得」を書類箱に格納せず平素から見やすいところに備え付けておくこと。[40] 書類の不備から用紙の使用法にいたるまで、些末とも思われるほど細かな指摘が行われていることがわかる。

　これが終わると、次に第二段階の検閲がある。今度は陸海軍別々に行われ、警察署も対象となる。陸軍の場合、福知山連隊区司令部から検閲官が派遣され、六月、七月の二六日間にわたって検閲が順次行われた。[41] ただし、この検閲では、管下のすべての警察署・町村役場が対象となるわけではない。警察署の場合は、二年連続で受検しているところもあれば、そうでないところもある。町村役場の場合は、一年おきに受検することになっていたようである。木津村の場合は、奇数年に検閲を受けていた。先述の通り、警察署は召集・点呼業務の結節点であったから、町村を監督するとともに、連隊区司令部によって厳しい検閲を受けていたのである。

　検閲は日程表に定められた日時に行われるのだが、指定された一部の書類だけは、前日に検閲官の宿舎に持って行くのが普通であった。また、一九三四年の兵事簿冊には、試問事項を記した文書があり、各町村はそれに解答を記入して検閲前日にもってくるよう指示されている。試問事項は一三項目にわたり、第一六師団の規程に基づいて書類が作成されているかどうかを問うものである。書類の整備以外にも、「貴町（村）の配達区ハ何区ナリヤ　充員召集ノ場合　国民召集ノ場合」とか、「貴町（村）ノ動員事務室ハ役場ノ何ノ室ヲ使用スルヤ」といった項目もある。

　海軍の場合はどうだろうか。木津村の一九二九年の兵事簿冊で、海軍の召集事務検閲の状況を再現することができる。それによると、七月七日に網野警察署において、同署と管内全町村を対象とする検閲が行われた。検察官は呉海軍鎮守府から派遣された海軍大佐と海軍主計特務少尉の二名であった。

当日は充員召集実施演習も行われた。検閲を実施した上で全般的な指摘・注意がなされ、このうち町村に関係する事項についての記録も残っている。大部分が呉鎮守府の規程にそった文書の作成と整理が正確に行われていないことの指摘である。書類の様式が旧式で改められていないとか、付箋の貼り

**表1－7　海軍召集事務検閲成績表（1929年）**

京都府召集事務成績表（抜抄）

| 被検閲官衙公署 | | 総合成績 | 充員名簿 在郷軍人名簿 | 充員召集令状 | 実施業務書 | 其ノ他書類 | 物件器具 | 実習作業 | 兵事主任執務ノ状態 | 記事 |
|---|---|---|---|---|---|---|---|---|---|---|
| 網野署 | | 優 | 優 | 優 | 甲 | 甲 | 甲 | 優 | 優 | |
| 網野署内管 | 網野町 | 優 | 優 | | 甲 | 優 | 甲 | 甲 | 優 | |
| | 浜詰村 | 甲 | 甲 | | 甲 | 甲 | 甲 | | 甲 | |
| | 木津村 | 甲 | 丙 | | 甲 | 甲 | 甲 | | 甲 | |
| | 郷村 | 乙 | 丙 | | 甲 | 乙 | 甲 | 甲 | 乙 | |
| | 島津村 | 乙 | 丙 | | 乙 | 乙 | 甲 | | 乙 | |
| | 鳥取村 | 甲 | 乙 | | 甲 | 甲 | 甲 | | 甲 | |
| | 吉野村 | 甲 | 優 | | 乙 | 乙 | 甲 | 乙 | 甲 | |
| | 溝谷村 | 甲 | 乙 | | 甲 | 甲 | 甲 | | 甲 | |
| | 深田村 | 甲 | 乙 | | 甲 | 甲 | 甲 | | 甲 | |
| | 豊栄村 | 甲 | 甲 | | 優 | 甲 | 甲 | | 甲 | |
| | 間人町 | 甲 | 甲 | | 甲 | 甲 | 甲 | 甲 | 甲 | |
| | 竹野村 | 甲 | 乙 | | 甲 | 甲 | 甲 | | 甲 | |
| | 上宇川村 | 甲 | 甲 | | 甲 | 乙 | 甲 | | 甲 | |
| | 下宇川村 | 甲 | 甲 | | 丙 | 甲 | 甲 | | 甲 | |

出典：木津村役場文書105『昭和四年兵事』。

忘れ、添付すべき表の添付漏れなどの注意が多い。中には、兵役を終わった者が在郷軍人名簿から削除されていないなど、動員上致命的な誤りも指摘されている。

**表1−7**は、この検閲についての網野町管内町村の成績を通知したものである。これによると、充員名簿と在郷軍人名簿についての項目の評価の差が著しいことがわかる。名簿類の整備が大変困難な仕事だった実情を反映しているのだろう。成績の公表は、文書管理の意識を強め、警察による監督をやりやすくする効果をねらったものと思われる。

## 兵事研究会

文書管理とは別に、兵事事務全般を監督する組織も存在した。それは「兵事研究会」と呼ばれる。全国に先駆けて設立された堺連隊区の兵事研究会を分析した久保庭によれば、その目的は、郡役所の廃止（一九二六年）と兵役法施行による業務の混乱を防止することにあった(42)。郡役所は府県と町村の間にあって、兵事行政においても一定の役割を与えられていたので、それが廃止されれば代替措置が必要となる。また、徴兵令から兵役法への移行によって兵役期間が変更されたことは、兵事事務の大きな変更をもたらした。地方制度と徴兵制の改変がほぼ同時期に行われたことによって、兵事事務の混乱が憂慮され、対応を迫られたのであった。

堺連隊区の場合は、研究会の事務所は堺連隊区司令部に置かれた。規約によると、会長・副会長、常任委員などの主な役職には、連隊区司令部職員があてられていた。行政側では、大阪府知事が副会長となり、大阪府兵事官や大阪市・区の書記、一部の町村役場の兵事主任が委員になっている。会員には、管下すべての市区町村の首長と兵事主任が名を連ねている。実際には、連隊区司令部が市区町村の兵事関係者を直接掌握して兵事事務を監督する組織であったと性格づけられよう。

その活動の内容はいかなるものだったのだろうか。会の目的としては、兵事事務の研究を行い事務知識の向上をはかること、会員相互の親睦と意思の疎通をはかることが挙げられている。それに沿って、活動は二つの柱からなる。一つは、研究会報の発行であり、いま一つは研究会の開催である。前者については、『堺聯隊区管内兵事研究会報』が毎月発行されている。内容は、兵事事務に関係する勅令や省令などの通知を中心とし、二九年までの会報には質疑応答コーナーが設けられていた。連隊区司令部に寄せられた市区町村からの質問にまとめて回答するというのが、その趣旨である。質問の中には、兵事事務についての改善を要求する例もあり、市区町村からの意見を取り入れる導管としても機能していた。後者の研究会は、実際には「兵事事務研究会」として市区、各郡に区分して行われた。(43)

こうした性質をもつ兵事研究会が、すべての連隊区司令部によって組織されたかというと、そういうわけではない。少なくとも、京都府の場合は事情が異なる。たしかに、木津村には一九三〇年の兵事簿冊の中に、「兵事事務研究会規約」という文書が残されており、(44)堺連隊区司令部が作ったものと名称のよく似た組織があったことがわかる。前後の文書から、この年に作られた組織であることも推定できる。ところが、規約では、会の事務所は京都府庁内に置き、会長は京都府学務部兵事課長、理事は会長が兵事課員の中から選出して委嘱する、となっている。つまり、堺連隊区の兵事研究会との決定的な違いは、会の主体が軍ではなく行政であるという点である。それを除けば、会の性格はほとんど同じで、会員は京都府管内各町村兵事主任とされ、年間一円の会費を徴収すると規定されている。

会の目的を見ると、毎月一回、兵事事務研究に関する印刷物を刊行することだけが記されている。その印刷物がどのようなものかは、残念ながら史料が存在しないのでわからない。内容としては同じ性格の組織なのに、なぜ一方では連隊区司令部が組織し、他方では二つの連隊区(福知山連隊区と京都連隊区）にまたがって京都府が組織しているのか、疑問が沸いてくる。兵事研究会をどのように組織するかは、行政との連携を含めて連隊区ごとの裁量に任されていたと考えるべきなのだろうか。

## 竹野郡兵事研究会

京都府の兵事事務研究会とは別に、「竹野郡兵事研究会」なる組織も存在している。一九三一年の兵事簿冊には、一月末に網野町役場で竹野郡兵事研究会が開かれたことがわかる文書がある[45]。一九三二年六月初旬には、竹野郡兵事研究会から、同月中旬に行われる召集事務検閲の際に、各町村の兵事係も見学するよう通知が来ている。そして、この機会を利用して、検閲で出張してきた陸軍少佐の臨席を求めて、兵事事務について打合せをしようということになった[46]。

それからしばらくは竹野郡兵事研究会に関係する文書は残っていない。次に出てくるのは、一九三六年四月である。竹野郡島津村役場において近日行われる予定の仮設動員（動員の演習）について協議したいので兵事主任は出席してほしいという連絡である[47]。

残存する史料から推測すると、竹野郡兵事研究会もまた連隊区司令部が主導してできたものではないように思われる。竹野郡内の兵事係の横の協議・連絡組織と考えるのが妥当であろう。また、研究会の会長は、軍人でも警察署長でもなく、竹野郡町村会長であることにも注意しておきたい。史料は残存していないものの、府県の行政組織の一般的な動き方を考慮すれば、この組織は京都府庁からの指示によって作られた可能性が高い。京都府の兵事事務研究会の実質的な活動は市や郡の兵事研究会が担い、京都府庁はそれらを統括していたのが実状ではないかと思われる。そう考えれば、兵事研究会の目的が、毎月一回、兵事事務研究に関する印刷物を刊行することだけになっていたことにも納得がいく。

図1-5　海軍袋

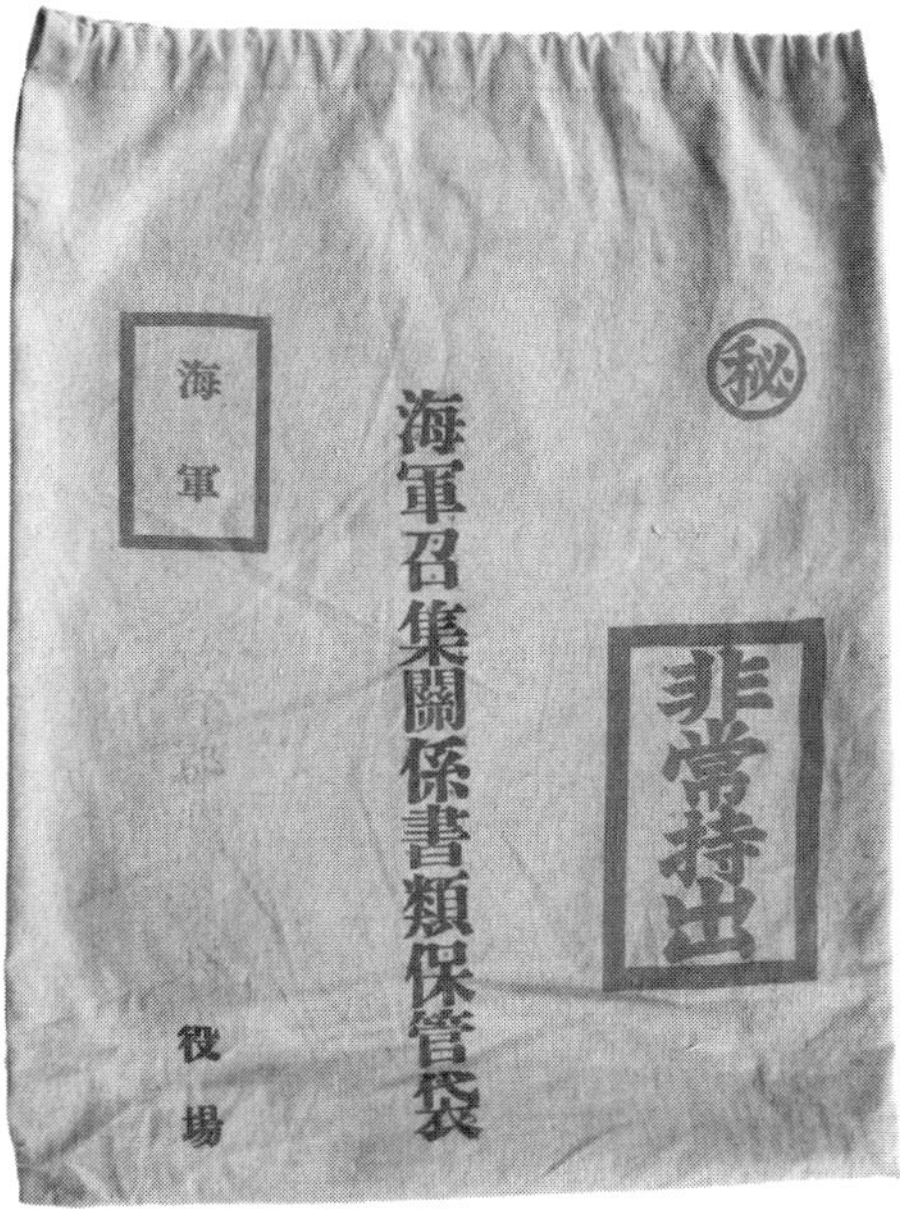


京丹後市教育委員会蔵

　一九三七年の日中戦争開始以降になると、兵事研究会の文書は多少多くなってくる。一九三七年一二月に行われた兵事研究会では、戦時動員に関する業務について九点にわたって協議が行われた。たとえば、出征志願は在郷軍人であれば誰でも可能で、出願書は町村役場を経由して司令官あてに出すこと、警察からの充員召集令状交付通知はまず電話で速報したのち速やかに通知書を送付すること、などである。この協議事項の記録は、網野警察署から各町村長に送付されており、警察署が深く関与していることも間違いない(48)。また、翌年三月の兵事研究会開催通知は、最初は網野警察署から、続いて竹野郡兵事研究会長から出されている(49)。こうした警察の関わり方が恒常的なものなのか、日中戦争によって強化されたのかは、にわかに断定しがたい。

　このように見てくると、兵事事務については、連隊区司令部と鎮守府の検閲や兵事研究会などによって、些末なことまで過剰とも思われるほど厳重に、何重ものチェックがなされていることがわかる。市町村役場の兵事係による正確な文書の作成・管理のあり方が、徴兵制度と動員の根幹にあることに改めて気づかされる。また、それらのチェックにあたっては、常に文書を移動させる必要があったことに注意が必要である。おそらく、これほど頻繁に外部にもち出さねばならない文書はほかになかったはずである。

図1―5を見てほしい。これは京丹後市に合併前の弥栄町役場に保存されていた弥栄村役場の「海軍袋」である。戦後も長らく、『海軍在郷軍人名簿』『海軍充員召集実施関係綴』『急使派遣記録』『充員召集準備関係綴』などの重要な簿冊が、この袋に入った状態で、つまり戦前の保管方法のまま引き継がれてきたのであろう。他の市町村でも同じように、命令があればいつでも取り出して持ち出せる特殊なものとして管理していたとすれば、皮肉にもそのことが敗戦時の一斉焼却を容易にすることにつながったのではないだろうか。

## 役場文書の諸相

ここまで兵事文書を中心に述べてきたが、本章の最後に役場文書全体の様相を概観し、兵事文書を位置づけ直しておこう。史料学的な分析を踏まえた上で役場文書の全体を俯瞰することが必要であろうが、ここでは、そのこと自体が目的ではない。暫定的に、すでに整理が施された役場文書を参照することは許されるだろう。

比較的新しい時期に整理され、量が多いものとして、鳥取県西伯郡大山村の文書がある。資料総数は二七九八点に及ぶ。鳥取県立公文書館が二〇〇〇年から整理に着手し、現在では目録がウェブ上に公開されている。表1―8はその目録を加工したものである。大山村役場文書は、古くは藩政期の文書や絵図面などを含み、明治から一九七〇年代に作成された文書である。

これらのうち、兵事関係文書として分類されているのは一三七点、全体の四・九％である。表1―8の兵事関係文書は、目録で確認してみると明治期のものは極めて少なく、大正期もそれほど残され

表１－８　大山村役場文書の概要

| 分類 | 簿冊名 | a　簿冊数 | a／b（%） |
|---|---|---|---|
| A | 藩政期及び絵図類 | 93 | 3.3 |
| B | 法令関係文書 | 11 | 0.4 |
| C | 庶務関係文書 | 298 | 10.7 |
| D | 戸籍関係文書 | 604 | 21.6 |
| E | 土地登記関係文書 | 182 | 6.5 |
| F | 租税関係文書 | 56 | 2.0 |
| G | 会計関係文書 | 6 | 0.2 |
| H | 財政関係文書 | 106 | 3.8 |
| I | 社会民生関係文書 | 77 | 2.8 |
| J | 衛生関係文書 | 247 | 8.8 |
| K | 社寺関係文書 | 51 | 1.8 |
| L | 学事関係文書 | 195 | 7.0 |
| M | 兵事関係文書 | 137 | 4.9 |
| N | 警察署・裁判所関係文書 | 1 | 0.0 |
| O | 消防・警防関係文書 | 30 | 1.1 |
| P | 勧業関係文書 | 363 | 13.0 |
| Q | 土木関係文書 | 152 | 5.4 |
| R | 区会町村会関係文書 | 163 | 5.8 |
| S | 選挙関係文書 | 26 | 0.9 |
| | 合計 | b　2,798 | 100 |

出典：鳥取県立公文書館「大山村役場文書目録」より作成。
http://www.pref.tottori.lg.jp/secure/638673/mokuroku_daisenson.pdf

ていない。ほとんどが昭和期のものとなっているのが特徴である。また、簿冊名を見て気づくことは、検閲の対象となる動員関係の文書がほとんど残存していないということである。おそらく、敗戦直後の命令によって処分されたと思われる。したがって、実際には戦前の役場に保管されていた兵事関係文書は一三七点よりずっと多かったはずである。

兵事関係文書として分類されている文書の内容はどうだろうか。大まかに分類してみると、次のような文書が残っている。壮丁名簿、徴用関係、在郷軍人名簿、国民体力法関係、青壮年国民登録名簿、防空、軍事援護（銃後奉公会を含む）、国防婦人会、引揚・復員関係、遺族会、以上が主なものである。兵事というよりも、総力戦の遂行にともなって村に課された業務を示す文書にほかならない。兵事行政から軍事行政への転換は、文書の側から見ると一目瞭然である。

**表１-９　木津村役場文書における総力戦体制関係の簿冊**

| 簿冊番号 | 年 | 簿冊名 |
|---|---|---|
| 117 | 1931（昭和6） | 昭和六年兵事 |
| 122 | 1932（昭和7） | 昭和七年兵事 |
| 126 | 1933（昭和8） | 昭和八年兵事 |
| 128 | 1934（昭和9） | 昭和九年兵事 |
| 139 | 1935（昭和10） | 昭和十年兵事 |
| 141 | 1936（昭和11） | 昭和十一年兵事 |
| 152 | 1937（昭和12） | 日支事変・統計・職業紹介 |
| 153 | | 方面委員会・軍事扶助・予算決算・予算台帳（…）指令 |
| 157 | | 村常会・勤労奉仕・馬糧乾燥調達 |
| 160 | 1938（昭和13） | 兵事・日支事変 |
| 161 | | 防空・軍事扶助 |
| 165 | | 勤労奉仕・経済更生実行成績・部落計画 |
| 167 | 1939（昭和14） | 金集中一件・家庭防護組合・防空 |
| 170 | | 統計・警防 |
| 173 | | 職業関係（職業紹介・満洲移民・職業能力申告） |
| 174 | | 兵事・日支事変 |
| 175 | | 軍事援護・生業扶助 |
| 179 | 1940（昭和15） | 国民体力法・土木・農地委員会 |
| 180 | | 総動員特報・防空・農村社会事業 |
| 181 | | 軍事援護・方面事業・労務動員・軍需供出 |
| 183 | | 方面委員会・軍事扶助指令・番号簿 |
| 186 | | 警防・経済更生（部落計画村内往復） |
| 187 | | 学事・大政翼賛・救護 |
| 189 | | 国民体力法・防空・海軍・警防・労務動員・金属類回収 |
| 191 | 1941（昭和16） | 部落常会・隣組状況・部落更生計画 |
| 192 | | 勤労奉仕・区長往復（…）国民貯蓄組合規約 |
| 196 | | 昭和十六年軍事援護・学事 |
| 197 | | 方面委員会書類（…）銃後奉公会書類 |
| 198 | | 労力調整調査・国民貯蓄組合台帳・現勢現況報告 |
| 200 | 1942（昭和17） | 兵事・軍事援護（木津村） |
| 205 | | 防空・金属回収 |
| 207 | | 大政翼賛 |
| 208 | | 翼賛選挙（～1946） |
| 209 | | 勤労奉仕・区長往復・総常会・部落常会・部落翼賛計画 |
| 209-b | | 軍事扶助・方面事業 |
| 211 | 1943（昭和18） | 国民健康保険・交付金指令・方面事業・警防・金属回収 |
| 212 | | 大政翼賛 |
| 213 | | 軍事援護 |
| 222 | 1944（昭和19） | 防空警防・交付金指令 |
| 224 | | 軍人援護 |
| 229 | | 農業要員・大政翼賛会一件 |
| 229-b | | 第二次食糧増産・軍事扶助 |
| 232 | | 人員疎開一件（～1945） |
| 233 | 1945（昭和20） | 区長往復・転出疎開証明・願届・選挙 |
| 234 | | 防空・兵事・貯蓄強調 |
| 234-b | | 在郷軍人分会書類 |
| 235 | | 国民義勇隊・勤労動員 |
| 278 | | 軍人援護・方面委員会（…）交付金指令 |
| 394～401 | 1937～1942 | 前線通信 |
| 438 | | 木津村銃後奉公会一件 |
| 457 | | 招魂祭・敬老会・慰安会・自治会一件 |
| 504 | 1938～46 | 戦病死者村葬一件 |
| 557 | 1939～45 | 村葬弔辞 |
| 557-b | 1943 | 村葬弔辞 |
| 558 | 1940～42 | 村葬弔辞 |

出典：京丹後市教育委員会『京都府竹野郡木津村役場文書目録』（2015年）より作成。
注：木津村役場文書の簿冊は戦後に編綴し直されており、いくつもの項目の文書が、一つの簿冊にまとめられている場合がある。簿冊名が長い場合は（…）で示した。

木津村役場文書にも、日中戦争期以降、同様の文書が数多く含まれている。**表1―9**を見てほしい。この表は、大山村役場文書の分類に準拠して、木津村役場文書の兵事関係文書を年代順に並べてみたものである。村役場における総力戦体制の展開を雄弁に物語っていると言えよう。これらの史料に基づきながら、次章以降、村の総力戦体制の仕組みを考察することにしよう。

註

（1）在郷軍人会規約（一九二八年改正）は、会員を次のように規定している。「予備役後備役退役将校同相当官准士官、予備役後備役下士兵卒、帰休兵、第一補充兵、海軍予備員、第一国民兵役ニ在ル者及六週間陸軍現役ヲ終リ第二国民兵役ニ在ル者」（第二三条）（大日本法令普及会『兵事関係法（下編）』一九三二年）。

（2）上越市史編さん委員会〔編〕『上越市史 別編7 兵事資料』（二〇〇〇年、以下『上越市史 別編7』とする）六五六～六五九頁。自治体史における兵事史料の活用については、山本和重「自治体史編纂と軍事史研究――十五年戦争期の町村兵事書類を中心に」（『季刊戦争責任研究』四五、二〇〇四年）が詳しい。

（3）服部卓四郎『大東亜戦争全史〔復刻版〕』（原書房、一九六五年）九五八頁。公文書の焼却については、吉田裕「公文書の焼却と隠匿」（『戦争責任研究』一四、一九九六年）を参照。

（4）黒田俊雄〔編〕『村と戦争――兵事係の証言』（桂書房、一九八八年）九〇頁。

（5）吉田敏浩『赤紙と徴兵――105歳最後の兵事係の証言から』（彩流社、二〇一一年）五頁。

（6）『上越市史 別編7』「解説　総説」（山本和重担当）解説九～一二頁。

（7）黒田前掲『村と戦争』九一頁。

（8）『上越市史 別編7』解説一〇～一一頁。

（9）黒田前掲『村と戦争』九一頁。

（10）吉田前掲『赤紙と徴兵』六頁。

（11）長岡健一郎『銃後の風景――ある兵事主任の回想』（STEP、一九九二年）i～ii頁。

（12）井口和起「十五年戦争期の京都府下における軍事動員体制――峰山町立図書館所蔵「兵事関係文書」の紹介

（Ｉ）」（『京都府立大学生活文化センター年報』一三、一九八八年）八頁。
(13)黒田前掲『村と戦争』九一〜九二頁。
(14)吉田前掲『赤紙と徴兵』五、六頁。
(15)黒田前掲『村と戦争』四一頁。以下の徴兵人員配当までの経過については、小澤眞人・ＮＨＫ取材班『赤紙──男たちはこうして戦場へ送られた』（創元社、一九九七年）に依拠した。
(16)木津村役場文書113『昭和五年兵事』。
(17)清川郁子「「壮丁教育調査」にみる義務制就学の普及──近代日本におけるリテラシーと公教育制度の成立」（『教育社会学研究』五一、一九九二年）一一四頁。
(18)木津村役場文書113『昭和五年兵事』。
(19)『木津村報』四一号（一九三〇年五月一日）。
(20)抽籤については、秋山博志「徴兵検査における抽籤制度の一考察」（『佛教大学大学院紀要　文学研究科篇』三九、二〇一一年）を参照。
(21)『木津村報』四五号（一九三〇年九月一日）。
(22)木津村役場文書113『昭和五年兵事』。傍点は著者。以下、特にことわらないかぎり著者による。
(23)新田和幸「１９３０年代における青年教育に関する研究──勤労青少年にたいする軍事的訓練組織の実態について」（『北海道大學教育學部紀要』二三、一九七四年）。
(24)木津村役場文書113『昭和五年兵事』。
(25)新田前掲「１９３０年代における青年教育に関する研究」二五一頁。
(26)『上越市史 別編７』三七〜三九頁。
(27)同前、三九〜四〇頁。
(28)同前、二二八頁。
(29)『海軍制度沿革５』七四一頁。北海道の場合は支庁があるため、兵事行政のシステムが府県とは若干異なる。以下の叙述では、陸軍についても、府県を基準に説明する。
(30)木津村役場文書113『昭和五年兵事』。

(31)『上越市史 別編7』七八頁。
(32)木津村役場文書117『昭和六年兵事』。
(33)『上越市史 別編7』七九~八一頁。
(34)木津村役場文書104『昭和三年兵事』。
(35)木津村役場文書122『昭和七年兵事』。
(36)藤井忠俊『在郷軍人会――良兵良民から赤紙・玉砕へ』(岩波書店、二〇〇九年)四頁。なお、一九二八年の「在郷軍人状態調書」の出典は、注(34)に同じ。
(37)木津村役場文書105『昭和四年兵事』。
(38)同前。
(39)木津村役場文書113『昭和五年兵事』。
(40)木津村役場文書126『昭和八年兵事』。⑩と⑫にある急使とは、召集令状の配達人のことである。
(41)同前。
(42)久保庭萌「昭和初期における兵事行政の構造」(『洛北史学』一四、二〇一二年)五~七頁。『堺聯隊区管内兵事研究会会員名簿』(一九三五年)。
(43)同前。
(44)木津村役場文書113『昭和五年兵事』。
(45)木津村役場文書117『昭和六年兵事』。
(46)木津村役場文書122『昭和七年兵事』。
(47)木津村役場文書141『昭和十一年兵事』。
(48)木津村役場文書154『昭和十二年兵事』。
(49)木津村役場文書160『昭和十三年兵事・日支事変』。

# 第2章　統合と自治の併進

## 1　満洲事変の余燼――画期としての一九三四年

### 満洲事変の影響

一九三一年九月一八日、日本軍の謀略によって柳条湖事件が引き起こされ、大陸への軍事侵略が開始される。ここから始まる軍事侵略が日中戦争を必然化し、それがまたアジア・太平洋戦争へと導いていくとし、一九四五年の敗戦にいたる足かけ一五年を一体の戦争と見る考え方がある。一九八〇年代には、江口圭一『十五年戦争小史』をはじめとして「十五年戦争」を冠する書物が数多く発刊された。「十五年戦争」というとらえ方が学界では一定の支持を得たといってよい。しかし、その後、満洲事変以降の政治史を戦争とファシズムへの一方向的展開としてとらえることに対して問題が指摘され(1)、日中戦争開始以前は日・米・中の間で協調の可能性が失われていないこと、国内政治においてもさまざまな選択肢が模索されていたことなどに着目し、三〇年代史についての新たな歴史像が模索されてきた。デモクラシー体制の崩壊という政治史的な観点から一九二〇年代と一九三〇年代を統一的に理解しようとする酒井哲哉の研究は、そうした批判から生まれた成果である。

しかし、批判が多くなったからといって、「十五年戦争」という把握の仕方が、まったく無意味なものになったわけではない。三〇年代をすべて戦争で覆いつくしてしまうかのようなイメージを与えたとするなら適切ではないが、アジア・太平洋戦争につながる侵略戦争の連関の過程に着目すれば、「十五年戦争」という把握には一定の妥当性がある。要は、何を問題とするかによって、説明の枠組みは異なってこざるをえないということである。

その点、本書が課題とするのは、村役場文書を通じて地方行政が総力戦体制にどのように包摂されていくかということだから、その観点から三〇年代を見たときにどのような理解が可能かを提示しておく責任があるだろう。簡潔に言えば、著者は、満洲事変が地域社会の軍事的組織化に対してもたらしたインパクトは相当大きい、と考えている。日中戦争をきっかけに一挙に総力戦体制が構築されるのは、その地ならしが三七年以前にある程度進んでいたからだと思われる。その際、注意しなければならないのは、上からの軍事的組織化が進展する一方で、一九三〇年代半ばの多くの農村は、恐慌からいかに立ち直るかという目前の課題に必死に取り組んでいたことである。軍事的組織化の進展と、経済更生運動という二つの側面から日中戦争以前の地域社会を考えていく必要がある。その意味で、単純に「十五年戦争」というとらえ方をしているわけではないことをことわっておきたい。以下、この章では軍事的組織化を前半で取り扱い、経済更生運動については後半で検討を加えたい。

軍事的動員、すなわち兵士の召集について言えば、満洲事変はのちの日中戦争とは比べものにならないほど小規模なものである。一九三八年に発行された『木津村自治五十年誌』には、柳条湖事件から塘沽停戦協定（一九三三年五月）までの間に、満洲事変に直接関わる事項は二つしかない。その一つは、一九三一年一二月二五日の「満洲派遣将兵慰問並に軍資献金を村内より募集し五七円八九銭を得て其筋へ納付した」というものである。いま一つは、充員召集者二名に関するものである。一九三二年二月三日に予備役歩兵少尉佐々木成範、二四日に予備役一等兵松本千代吉が、それぞれ第九師団歩兵第三六連隊（鯖江）、第一六師団歩兵第三三連隊（津）に召集され、「上海方面に出動」と記されている。この二名の召集は短期間で終わり、後者が五月三日、前者が六月二日に召集解除となっている。

この時期は、京都府内の丹波・丹後地域に、葛野《かどの》郡（現在、京都市の西部）と乙訓《おとくに》郡（現在、長岡京市・向日市・京都市の一部）を加えた地域が福知山連隊区の管轄となり、第一六師管に属していた。満洲事変では、第一六師団そのものは動員されていないので、役場文書にも満洲事変の動員関係の史料はごくわずかしかない。その中に、中舞鶴憲兵分隊長からの出征軍人の身上調査照会（一九三二年三月一日）がある。役場からは、松本千代吉についてのみ回答がなされており、「本人ハ福知山聯隊区管下ニ属シ出征ニ際シテ歩兵第三三聯隊ニ編入サル[2]」と記されている。なぜ第三三連隊なのか、その理由はよくわからない。佐々木成範の場合は、本籍が鯖江連隊区の管轄内にあったと思われる。ともあれ、木津村での応召者は二名だけだったため、召集による満洲事変の影響は行政のレベルではかなり限定的なものだったと考えてよいだろう。

とはいえ、思想統制や国防思想の普及など精神的な面では、満洲事変の影響は無視できないものがあった。残された史料の中でそれが顕著に見られるのは、国際連盟でリットン報告書の審議が混迷を深めた一九三三年初頭のことである。一月一九日、「帝国在郷軍人会福知山支部管下小牧大佐以下二万人」の名義で、次のような声明が発せられた。「国際時局の一喜一憂の如きは已に吾人の関心事に非ず。〔中略〕我等は益々其操守を堅くし、一意奉公の誠を尽し、国防軍備の充実を図り、只管皇道宣布の大義に則り、奮て国策の貫徹に邁進を期す[3]」。二月四日には、福知山公会堂で「時局有志大会」が開かれ、連盟規約第一五条第四項適用の場合は「連盟脱退の一途あるのみ」、とする決議を上げている。[4] 木津村でも、三月一二日に、村長の依頼によって第一九旅団長を講師とする「国防思想普及講演会」が開かれている。[5]

こうした国防思想の普及運動は、この時期以降、全国レベルで急速に進んだ思想統制や弾圧と表裏一体の動きである。二月の小林多喜二の拷問死、二月から四月にかけての長野県赤化教員事件に象徴される共産党の徹底的弾圧、四月に起こった滝川事件などがその顕著な事例である。京都市からは遠方にある丹後地域では、滝川事件の影響はかぎられたものであっただろう。むしろ、直接的な思想弾圧よりも福知山連隊区が主導する国防思想の普及という形で、予防的な思想動員が推進されたと考えるべきである。それを端的に示すのが、七月半ばに、福知山連隊区司令長官から各町村長あてに出された通牒である。この通牒は、「国家総動員準備ヲ完成スルコトハ我国方今ノ急務ニシテ之カ実現ノ手段トシテ国体的国民訓練ノ向上ヲ図ルコトハ最モ緊要」として、町村ごとに「警備団」を設立することを要請している。[6] 連隊区司令部としては、九月一八日の満洲事変二周年前後を機に、一斉に設立することを目指していたと思われる。

## 京都府国防協会

一九三三年の段階では、総力戦体制の組織作りはまだほとんど進んでいない。日中戦争にいたる過程で重要な意味をもったのは、その翌年、一九三四年ではないかと思われる。この年に、さまざまな動きがあり、新たな組織化が始動する。

時系列で見ていこう。まず、財団法人京都府国防協会の設立である。この団体は前年から準備され、三月九日に認可された。**表2−1**はその構成を示したものである。会長には京都府知事、総務理事・常務理事には京都府庁の部長・課長をあて、表には示していないが、事務所は京都府庁内に置かれて

**表2－1　京都府国防協会の役員**

| | |
|---|---|
| 理事 | 15名<br>会長（京都府知事）、副会長（京都市長・京都商工会議所会頭・帝国在郷軍人会第16師管連合支部長・京都府町村長会長）<br>総務理事（京都府学務部長）、常務理事（京都府兵事課長・京都府会計課長を含む） |
| 監事 | 5名（京都府内務部長、京都市助役、京都商工会議所副会頭、第16師団参謀長を含む） |
| 評議員 | 若干名（帝国在郷軍人会京都支部長、同福知山支部長、京都市庶務部長、京都市各区長、京都商工会議所理事、京都府町村長会副会長、京都市各区連合公同組合幹事長、帝国在郷軍人会各郡区連合分会長を含む） |
| 参事 | 若干名（京都府兵事課長、京都府学務課長、京都市社会教育課長、京都商工会議所庶務課長、第16師団司令部附佐官、京都・福知山各連隊区司令部部員を含む） |

出典：本章註（7）より作成。

いることからわかるように、京都府が中心的な役割を担って組織されている。[7] 会の目的として挙がっているのは、「国民精神ヲ作興シテ国防観念ノ涵養ニ努メ国防智識ノ普及徹底ヲ図リテ以テ帝国国防ノ完備充実ニ寄与スル」ことである。設立趣意書を見ると、京都府国防協会の設立は満洲事変と国際連盟の脱退を契機としていることが明らかである。「国際聯盟脱退ノ詔書」が国民の進むべき道を示しているように、国民は「粉骨砕身協力一致皇国ノ大使命ヲ達成」することに努めなくてはならない、という説明がそれをよく物語っている。

では、京都でこのような会を作る意義はどこにあるのか。趣意書は、この地が桓武天皇奠都以来、「一千年ノ旧都」にして「文化夙ニ啓ケ府民ハ至誠奉公ノ念特ニ厚キモノアリ」としか述べていない。あとは次のような一般的な説明である。満洲事変に際しては、「戦士」の後援、遺家族の慰安・救護、金品の献納、「自主的外交」の支持などに見られるように「興国ノ気運」が高まった。ところが、時間の経過とともに熱意の減退が憂慮されるようになり、国際情勢が多難となる中、片時も偸安《とうあん》は許されない。したがって、国防の知識を普及・徹底し、有事の際に処する「国民訓練ヲ施ス」必要がある。これが、京都府国防協会の設立趣旨である。

会の事業として、具体的に次のような事柄が列挙されている。①国防に関する諸般の調査、②講演会・映画会の開催、③展覧会の開設、④各種印刷物の刊行・頒布、⑤警備・防空など国防上必要な国民訓練の実施、⑥国防のための金品の献納と取り扱い、⑦管内における同種団体の助成。

このような多岐にわたる内容がどのように実施されたのか、詳しいことはよくわからない。ただ**表2-1**によって会の構成をより詳しく見てみると、行政と陸軍・在郷軍人会とが密接に協力して「国防観念」の浸透と「国民訓練」の実施をはかろうとした組織であることは疑いない。これまでの研究では、陸軍や在郷軍人会による国防体制へ向けての組織化が強調されてきたが、この事例では、行政も主体的な役割を果たしていることが注目される。木津村役場文書によれば、二月下旬、京都府国防協会長（京都府知事）は竹野郡町村会長にあてて、三月一一日に平安神宮前で発会式を行うから、府民は洩れなく国旗掲揚せよという通知を出している。木津村は、京都府国防協会に対して、第一回寄付金として一三二円九二銭を送金していることも付け加えておく。(8)

## 満洲駐屯部隊の送り出し

一九三四年の第二に重要なできごとは、第一六師団から満洲駐屯部隊が送り出されたことである。歩兵第二〇連隊からも渡満部隊が編成されて、四月下旬、舞鶴駅で見送りが行われている。木津村からは七名の現役兵が渡満した。同月、福地山連隊区司令部は、郷土部隊の渡満を契機として、村内に傷痍軍人・軍人遺家族に対する慰恤業務を担う世話係を名誉職として設けるよう要請してきている。従来、被慰恤者からの申請によって処置されていた状況を改善するため、世話係は「直接ノ手足」となることが期待されていた。(9)

部隊の渡満が終わると、その家族についての状況把握が始まった。八月半ば、京都府から村長あてに渡満部隊下士官兵の家族状況を調査するよう通牒があり、個人別に詳細な「状況調査書」が報告されている[10]。「家族ノ状態」欄には、家族構成と年齢、「生活ノ状態」欄には年収と所有田地・山林、宅地面積とともに、たとえば「生活程度ハ本村ニ於テ中位以上ノ生計ヲ営ムヲ以テ現在ノ生活ハ困難ナラズ」といった一定の判断が記述されている。調査全体を通じて、渡満兵七名中五名の家族については困難はないと判断されているが、残り二名については問題があることが記されている。

そのうちの一名Ｆについては、家族欄には兄弟とその妻子一一名が記されているが、備考欄によると実際に同居しているのは父母のみであることがわかる。生活の状態は、中位の生計を営むが、本人の入営によって現金収入がなくなり、年間二五〇円程度の負債が発生する見込みがあると記されている。

もう一名のＹについては、この調査以前の六月、村長から京都府知事あてに「軍事救護者交付金増額願」が出ている。「増額願」とあるように、すでにこの家族は、前年に軍事救護法に基づく救護を受けていた。この時期では唯一の事例なので[11]、少し立ち入ってその事情を見てみる。Ｙの家は、田・畑をそれぞれ約二反所有する零細な自小作で、妻と子供の三名からなる。妻は、この地域ではよくあるように織物職工で、その収入によって家計を補充していた。Ｙは一九三二年に現役兵となるが、妻は出産後に体調を崩してしまい、職工として働けなくなった。病身の妻一人では、農作業も不可能なので、この年に申請をして翌年から軍事救護を受けていた。それでも生活が困難で、生活費は月一五円程度必要なため、一〇円に増額してほしい、というのが増額願の趣旨であった。

それにしてもＹが軍事救護を受けているにもかかわらず、なぜＦはそうではないのか。これは推測にすぎないが、Ｆの場合、兄家族が同村内の別の区に居住していて、そのことが救護を受けていない理由ではないかと思われる。

ここで、Yが申請した軍事救護法について簡単にふれておこう。この法は一九一七年に制定されたもので、救護の対象となるのは、①傷病兵本人、②傷病兵の家族、③傷病兵の遺族、④応召下士兵卒の家族・現役兵の家族、⑤戦病死した下士兵卒の遺族である。ただし、「生活スルコト能ハサル者」という条件が付いている。この法の意味については、現役兵の家族が救護の対象となったことに着目して、現役兵の要員確保をはかることと結びつけて理解する見解[12]、あるいは、陸軍よりも、軍事救護に積極的であった議会の主導性を強調する見解などがあるが[13]、ここでは深入りしない。

本章と関わるのは、それがどのように運用されたかという点である。施行状況を分析した郡司淳の研究によれば、一九二〇年で被救護戸数は約一万二〇〇〇戸、救護額は一戸あたりで年額約七三円（月額約六円）、一九三〇年では、戸数が約一万六四〇〇戸、救護額は年額約九六円（月額約八円）であった[14]。法案の審議過程では、市区町村に置かれた救護委員が審査するという案もあったが、結局、出願を受けて地方長官が裁決するという方法をとったことや、共同体規制のもとで国費救護を恥とみなす心性も手伝って、実際に救護が必要な戸数と比較すると抑制的な数値であった。

しかし、三〇年代になるとこれらの数値は急増していくことになる。一九三一年に支給限度額が引き上げられたこともあり、先ほどのYが適用になる一九三三年には、被救護戸数は約三万戸に増加している[15]。木津村の事例は、こうした全国的な動向と一致していることがわかる。ともあれ、渡満部隊の派遣を契機として、傷痍軍人、軍人遺家族、現役兵の家族の生活状態を掌握し、困窮者を発見することを、軍や京都府が村に要請してきたことに注目しておきたい。

## 帝国軍人後援会の活動

帝国軍人後援会の活動が見えてくるのも、渡満部隊の派遣と関わっている。八月半ば、同会京都支会長から、満洲駐箚兵の家族に同会の規定する保護金の受給対象者がいるかどうか調査するよう通知があった。その保護金とは次のような場合に支給される。[16] ①一時保護（軍事救護を受けるまで、あるいは軍事救護を受けるほどではないが困っている場合、軍事救護を受けていても不意の出費があったとき）、②継続保護（内縁の妻、戸籍の異なる親子など、軍事救護法の対象とならない者、救護を受けていても生活が困難な場合）、③医療保護（軍事救護を受けているか否か、後援会から保護を受けているかどうかに関わりなく、医療費を要するとき）、④生業扶助（事業を行うにあたって資本が必要な場合、あるいは職業が見つからない場合）、⑤弔慰（戦病死者に対して）、⑥見舞（戦傷病者に対して）、⑦その他（一四歳未満の必要ある者への保育費、天災地変の場合など）。

ここからわかる通り、軍事救護法は、内縁の妻や戸籍の異なる親子などを対象から除外し、また、その救護も十分とはいえなかった。したがって、法と現実の間にある隙間を埋めていかなければ、徴兵制はさまざまな障害に直面することになる。そこで活動するのが、帝国軍人後援会などの組織なのであった。

少し横道にそれるようだが、日中戦争開始後の軍事援護活動と関連するので、ここで帝国軍人後援会について簡単に説明しておこう。この組織は、日清戦後に設立された軍人遺族救護義会を起源とする。当初は戦病死者の遺族、平時の兵役で死亡した者の遺家族を救護することを目的としていたが、社団法人として組織を整え、北清事変・日露戦争を通じて遺族ばかりでなく軍人全体を後援するようになった。日露戦争中の活動の拡大を反映して、一九〇六年に帝国軍人後援会と改称し、さらなる組織の発展を目指した。一九一二年には、在郷軍人会との提携が成立し、翌年、本部顧問に各師団長、その管下における支会の顧問に、各師団参謀長・連隊区司令長官を迎えることになった。さらに一九一四年には、内務省からの通牒によって地方長官を支会長嘱託とすることになった。実際に各支会の組織が整備されるのも、ちょうどこの頃である。[17]

その後、第一次世界大戦、シベリア出兵、関東大震災など、戦争や災害時の活動を通じて、会員を順調に増やしている。例を挙げると、一九〇一年に三万七〇〇〇名（以下いずれも概数）、一九一一年に一一万八〇〇〇名、一九二一年に一五万一〇〇〇名、一九三一年に一八万九〇〇〇名といった調子である。日露戦争をはさんだ一九〇〇年代の伸びは大きく、その後伸び率は下がっていくものの、一〇年代、二〇年代とも会員数は着実に拡大を続けていることがわかる。(18)

満洲事変は同会の活動に大きな転機をもたらした。満洲事変における活動は、「表弔慰藉」(19)、恤兵金の献納や軍隊慰問、出征軍隊の見送りなどが主なものであった。満洲事変の前後で比較してみると、一九二八年の生活保護戸数が約三〇〇〇戸（以下いずれも概数）、保護費が約五万六〇〇〇円であったのに対して、一九三二年には保護戸数が約一万一八〇〇戸、保護費が約二九万六〇〇〇円になっている。保護戸数は約四倍となり、保護費は五倍をこえる増加である。一九三五年になるとさらに増加し、保護戸数が約三万三〇〇〇戸、保護費は約五八万八〇〇〇円に激増している。(20) この間、一九三二年には、活動を活性化させるために組織の改編も行われ、各支会（府県単位）に専任の主事が置かれて本部との連絡の円滑化がはかられた。この組織は、府県を拠点にして、行政ルートを通じて地域社会に根を下ろしたと言えるだろう。

さて、話を渡満兵とその後援に戻そう。帝国軍人後援会は、保護金の給付対象者調査の依頼に続いて、九月、渡満兵家族に対して慰問品送付を通知してきている。その際、「其の筋」への報告の必要があるから、慰問品の贈呈かたがた慰問の状況を報告するよう要請していることに注意したい。慰問品の贈呈は、渡満兵家族の状況観察とセットになっており、帝国軍人後援会の活動には府県行政が深く関与していることがわかる。

一九三四年末には、三四年入営兵の渡満と三二年入営兵の帰還によって、第一九師管内で総計一万五〇〇〇名程度の将兵の移動が行われた[21]。木津村では、一一月末に、渡満兵の出発に合わせて「入営兵武運長久祈願祭」が小学校校庭で執行されている[22]。全国的に見れば、軍隊は戦時でなくても、どこかの師団が交代で満洲に駐屯兵を送り出しており、そのたびに地域社会は軍隊の送出や帰還の行事に動員されている。同時にそれが、植民地や権益の意味、それを守る軍隊の存在意義を国民に認識させていくのであった。

## 近畿防空演習

第三に注目されるのは、七月二六日から二八日の三日間、二府六県を対象とし、空前の規模で実施された近畿防空演習である。その目的は、「京都、大阪、神戸の三都市並に其の付近要地の防衛に関し防衛部隊を訓練すると共に、関係官公衙諸団体及一般官民の防衛に関する施設訓練の向上[23]」にあるとされていた。大都市の防空を重視するなら、これだけ広域にわたって一斉に訓練をする必要はない。目的の後半部分から読み取れるのは、この演習の意味が、各地域の師団司令部の指導・監督のもとに府県以下の行政機構を、末端にいたるまでシステマチックに作動させることと自体にあったということであろう。実際、京都市ではこの防空演習に合わせて、学区ごとに一一五、大学や会社などに一九、計一三四の防護団が結成された[24]。

東京では、すでに一九三〇年から「東京非常変災要務規約」に基づき、関東大震災のような自然災害と空襲に対して国民を動員するための組織として、区ごとに防護団を編成することが決められていた[25]。それから二年後の九月一日（震災記念日）、代々木練兵場で東京市連合防護団の発団式が挙行された。各区の防護団下には分団があり、たとえば中野区の場合で見ると一四の分団が作られている[26]。また、豊島区池袋分団の場合、「統裁部」を中枢とし、演習員は警護班・警報班・防水班・交通整理班・

避難所管理班・工作班・防毒班・救護班・配給班に分かれて訓練を行っている。[27]

京都府の場合は、全域が三つに区分され、舞鶴要塞司令官がその一つである丹後地域を統括した。さらに丹後地域は三つに分けられ、三名の配属将校が分担して「指導将校」となり、演習を監督した。五月初め、京都府庁は防護団の設置されていない各町村に近畿防空演習委員会を組織することを指示した。委員会規約準則によれば、役場内に委員会を置き、町村長が委員長、助役が副委員長をつとめ、役場吏員はもちろん、区長、町村会議員、警察官吏、中等学校長、小学校長、消防組頭、在郷軍人分会長、青年団長、女子青年団長、その他各種団体長を委員とし、重要事項を審議することになっていた。[28] 以上を図示したものが、**図2―1**である。こののち、総力戦体制の構築にあたって同じような構成メンバーの組織がいくつもできていく。その意味で、この組織は市町村の総力戦体制の先駆けと言ってよい。

木津村周辺の地域では、演習の準備過程において、次のようなことが連続的に行われている。六月初め、舞鶴要塞副官から、近畿防空演習統監部より「近畿防空演習規約規定集第一巻」が実費で配布されるという連絡がはいった。六月二三日、網野小学校において、京都府国防協会主催のもとで配属将校が派遣されて講演会・映写会が催された。七月に入ると竹野郡内の青年団長・消防組頭・在郷軍人分会長を集めて打合せ会が行われ、これを受けて七月初旬には、これらの団体長と小学校長・巡査を集めて村内打合せ会が行われている。そのあと木津村防空演習委員会が開催され、同月一九日には道路の灯火管制などの予行演習が実施された。[29] さらに、村長から各区長あてに、区民を集めて防空演習の知識を普及させるよう指示が出されている。

こうした準備を積み重ねて、いよいよ七月二六日から近畿防空演習が行われた。防空演習の終了後、役場は京都府に「近畿防空演習所見報告」を提出している。[30] それによると、警戒警報・空襲警報は、

**図2－1　近畿防空演習組織図（京都府）**

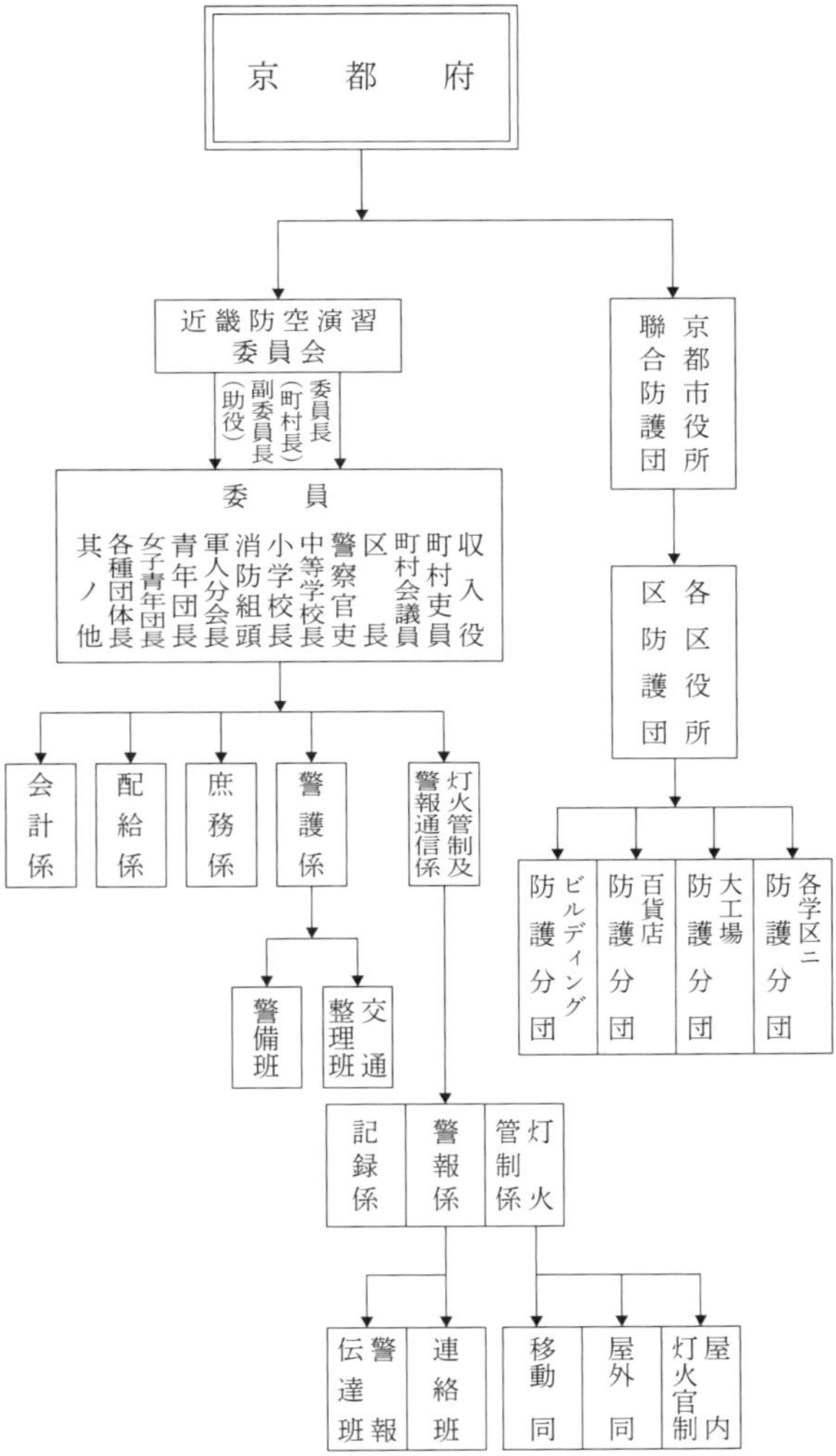


出典：京都府［編］『近畿防空演習京都府記録』（1935年）162頁。

二六日に五回、二七日に八回出されて夜まで続き、日付が変わって二八日午前一時半から七時過ぎにかけて三回にわたって出されている。訓練は警報解除の伝達も含むから、実際にはこの約二倍の回数で行われたことになる。村では、ボール紙を購入して小学校児童に村内全部の電灯隠蔽用カバーを作成させた。役場は、これによって経費が節約できたと報告しているが、それは京都府の指示に忠実にしたがったものにほかならない。京都府の「指導要領」では、小学校・青年訓練所は児童・生徒に「防空演習実施要領」を周知させ、防空思想の普及をはかるとともに、電灯覆を作らせるよう指示していたのである。(31) 防空演習は大人ばかりでなく子供にも何らかの参加を働きかけている点に、注目しておきたい。

## 防空演習と戦略爆撃論

木津村役場文書の一九三四年の兵事簿冊には、陸軍技術本部が発行していた『軍事と技術』という雑誌の、近畿防空演習に関する特集号の広告がはさみ込まれている。簿冊の中にあって、なかなか鮮烈な印象を残しているので引用しよう。

○今年七月近畿地方全円は**大空襲**を受ける。〔近畿防空演習想定〕
○戦慄！　恐怖！　の試練の前に立つわれ〳〵。吾々は防空に就て自らを根本的に**教育**せねばならぬ――危険を知るもの丶みが之に対して自己を防衛し得る。
○これからの戦争は国民の全面的戦闘だ。空襲下に於て吾々は如何にして**軍需動員**をやればいゝのだ。国民よ！　**銃後の用意**は大丈夫か？〔太字は原文〕

大空襲という想定自体、この段階では動員を正当化するための誇大な状況設定であるが、陸軍によるプロパガンダとして重視しておきたい。

『近畿防空演習京都府記録』の冒頭にある斎藤宗宜京都府知事の訓示も、この演習の意味を考える際に重要なヒントを提供している。知事は、各国がなぜ大都市空襲を強行するのかと自問し、次のように答えを示している。すなわち、大都市は一国の心臓部であり、その中枢をなす各種機関を破壊して国内の統制を乱せば、国民を極度に畏怖せしめて戦意を失わせ、戦局を有利に導くことができるからだという。また、将来戦においては、敵の空襲が開戦の「第一警鐘」であり、その際の行動が、武力戦にも国内産業の活力にも甚大な影響を及ぼすことになる、とも述べている。

この訓示の認識は、戦略爆撃論といわれる考え方をそのまま受け入れたものである。それがどのような意味をもっているのかを考えるために、少し寄り道をしよう。戦略爆撃論とは、第一次世界大戦における航空機の軍事的役割を検討することによって導き出されたもので、イタリアのジュリオ・ドゥーエによって体系化された。彼は大戦中の陸軍航空本部長としての経験をもとに、退職後の一九二一年に出版した『制空』という著書でこの考え方を体系化している。かいつまんで言うと、今後想定される総力戦においては制空権を握るものが勝利者になり、敵国民の物理的・精神的な抵抗を撃破するために、軍事攻撃目標は敵国の一般市民を含む国家全体となる、という主張である(32)。

この理論がただちに大きな影響力をもったわけではないが、イギリスやアメリカでも同じような考え方をもつ軍関係者が現れたことは無視できない。その一人がアメリカ陸軍（航空部隊）のウィリアム・ミッチェルである。ミッチェルは空軍の独立を唱え、一九二〇年代後半から航空戦力を本土防衛から戦略爆撃に使用することを主張するようになった。ミッチェルの戦略爆撃論は、手法に違いは見られるものの、ドゥーエのそれと根幹はほぼ同じである。両者ともに、敵の経済と産業施設に対する攻撃が最良の効果をもつことを主張し、優勢な航空兵力が長期戦を不可能にし、迅速な戦争の終結をもたらすと予測した。[33] このような論法が、無差別爆撃の正当化につながっていくのを読み取ることはたやすい。[34]

日本でもミッチェルの名は二〇年代から知られていて、国際問題研究会『米国空軍の世界的飛躍』（一九二六年）が「所謂ミッチエル問題」として彼の言動が巻き起こした波紋を紹介している。ミッチェルは下院航空委員会で、日本はハワイ、フィリピンを二週間で占領する実力をもっているが、アメリカではそれを阻止する空軍力がまったく等閑視されているとして、空軍の独立を力説した、というのがその内容である。同書はまた、ミッチェルが仮想敵国として日本を挙げ、多数の商船に数百の飛行機と平服の軍人を積載して、アメリカ沿岸で突如爆撃を敢行するといった荒唐無稽の話を新聞に発表した、と非難している。[35]

そのミッチェルが広く日本で知られるようになるのは、満洲事変が始まって約四ヵ月後、上海での戦闘が一触即発状態にあった頃のことである。一九三二年一月二四日の『大阪毎日新聞』が、アメリカの雑誌『リバティー』にミッチェルが発表した論文の大要を伝えている。それによれば、海岸線に沿って存在する日本の市街は、世界のどこにもないほど格好の空軍の標的で、爆弾は市街を焼き払い、村々に流れ込んだ毒ガスは人々を抹殺するだろう、というのである。その少しあと、東京市は一九三二年三月から各区を巡回して防護観念の宣伝普及活動を行っている。そこでは、日米戦争は不可避であるとの認識のもと、米軍機の焼夷弾・毒ガス弾攻撃に対する備えが力説されている。東京空襲の方法として可能性が高いのは、航空母艦から飛び立った航空機による爆撃だとされていた。[36]

いったん大都市を中心に防空演習が始まれば、敵はいたるところに発見されるようになる。一九三四年の陸軍航空兵中尉黒田榮次『空襲下の祖国』は、中国におけるアメリカ航空勢力の進出を警戒している。黒田は、中国で開発されている民間航空路を列挙し、実際の航空権は「全く米露〔ソ連〕の手に握られて」おり、それらが軍事用に転用されることを考えなければならない、と警告する。[37] 防空演習を正当化し効果を上げるためには、敵の脅威と危機感は大きければ大きいほどよいわけだ。

いずれにしても、防空演習は事実上の無差別爆撃を想定しているが、実はそうした戦略爆撃論の内容が疑問の余地なく受け入れられたわけではない。各国の航空部隊や空軍の中には一定の支持者があり潜在的な影響力があったが、その背景には陸・海軍との関係において組織的独自性や優越性を確保したいとする思惑があったことに留意しなければならない。さらに重要なのは、無差別爆撃という手法については、人道的見地から厳しい批判があったという事実である。それが最も顕著に見られるのは、一九三二年二月からジュネーブで開かれた一般軍縮会議である。結果的にこの会議は成功しなかったので、ほとんど注目されることはないが、そこで重要な争点の一つとなったのは「空襲禁止」であった。

この軍縮会議は、一九二五年末の国際連盟理事会の決議をもとに準備委員会の五年間にわたる活動を経て開かれ、連盟規約第八条に基づく実質的な軍備の縮小を目指していた。アメリカなどの非加盟国も含めて、約六〇ヵ国が参加している点で画期的でもあった。この会議に向けて準備委員会が作成した軍縮条約案は、焼夷兵器の生産・所有ならびに使用禁止を規定していたが、[38] 実際の会議ではそれにとどまらず「空襲禁止」へと論点は動いていった。七月の軍縮会議一般委員会決議は、「一般住民に対する空襲は絶対に禁止されねばならない」と述べている。さらに、空軍特別委員会では、空襲を禁止するために軍用航空機ないし爆撃機を禁止するか、それだけでは不十分で民用航空機も何らかの国際監督制度の下に置くべきではないかという議論も行われていた。つまり空襲禁止という原則を共有しつつ、その手段をめぐる論争が展開されていたのである。[39] ちなみに、この段階でのアメリカの主張は、陸海軍の軍備が「目」としての航空機の発達を前提に構築されている以上、軍用機全体の廃止は現実的でないから、空襲と爆撃機の廃止でよい、というものであった。第二次世界大戦から現在までのアメリカの軍事行動から考えると、驚くべき主張である。

歴史にｉｆはないというが、仮にこの会議が成功していれば、多くの民間人の命を奪う空襲に対して強い歯止めがかかったであろう。ところがいかんせん、ジュネーブ軍縮会議は結局成果を見ることなく挫折した。ドイツが列国と同等な空軍力の保持を主張し、容れられないと見るや、一〇月に軍縮会議から脱退したからである。

このような空軍統制や空襲禁止の世界的な動きをよそに、日本国内では軍と行政が一体となって無差別爆撃を前提とした防空演習を推進していた。地方行政の長が自ら、こうした戦略爆撃論を開陳し都市防空の必要性を語っていたことは、記憶されてしかるべきである。少なく見積もっても、防空演習の主導者や演習に参加した人たちの間に、防空と戦略爆撃論がセットになって拡散していくことになったのではないか。日中戦争の初発の段階から、爆撃が当たり前のように実施され、重慶爆撃に顕著に見られる無差別爆撃に疑問さえ抱かぬ意識が着々と作られていったと言えよう。また、一九三四年一〇月に発刊された、陸軍パンフレット「国防の本義と其強化の提唱」は、こうした動きと連動していたととらえるべきである。

## 警備団と国防婦人会

さて、一九三四年の地域社会に話を戻そう。軍による組織化という点で、この年の木津村で目に付くのは、警備団の設置と国防婦人会木津村分会の発足である。前者については、前述の通り前年七月に福知山連隊区司令官から要請されていたが、木津村でそれが実現したのは一年以上経った九月のことである。「木津村警備団服務細則」によれば、同団は役場内に置かれ、戦時、事変、天災に際して「国家総動員ノ見地ヨリ官憲ヲ援助シ、国内ノ警備防護ニ当ル」ことを使命としている。また、「自治観念ノ発動ニ依リ災害ニ対シ、自衛的活動能力ヲ増進シ、秩序ヲ保チ協力一致シテ奉仕スル」とも規定されていた。この細則は、おそらく福知山連隊区司令官の指示した準則に依拠して作られていると思われる。

木津村警備団の編成表は**表2-2**の通りである。これを見ると、村の諸団体が各係に割り当てられ、団体員や若干の一般村民が「隊員」として配置されていることがわかる。このような組織をどのように位置づけたらよいのだろうか。これとよく似たものに、一九三七年に作成されたと思われる「宮城県市町村防護団規程準則」(40)という史料がある。そこに示された防護団には、庶務係・会計係・警防係・衛生係・工作係・配給係があり、係の構成については木津村警備団とあまり変わらない。ただよく見ると、一つだけ異なる点がある。木津村警備団には「思想善導、国防思想普及宣伝、不穏取締、流言ノ取締、機密ノ保持」を業務とする思想係が存在していることである。学務委員二名、僧侶三名、学校職員五名が、思想係の「隊員」となっている。

組織の目的についてはどうか。宮城県の準則では、第一条で「防空及防空訓練ノ実施並ニ之ニ伴フ事務ヲ処理スル」ためと明確に規定している。たしかに、木津村警備団の細則にも「訓練ノ重点ヲ要地警備及防空ニ置ク」という規定がある。しかし、防空という言葉が出てくるのは、細則ではここだけであり、木津村警備団の目的は「国内ノ警備防護ニ当ル」こととなっていて、防空に特化されていないのが特徴である。

もう一つ注目すべき点は、木津村の細則には「本団ハ在郷軍人骨幹トナルモ其ノ他ノ団体モ平時ヨリ之ガ訓練ヲ実施シ」とあり、在郷軍人が組織の担い手として重視されていることである。宮城県の

表2－2　木津村警防団業務分担表

| 係別 | 係長 | 役員 | 業務概要 | 隊長 | 隊員 |
|---|---|---|---|---|---|
| 庶務係 | 助役 | 収入役<br>庶務係<br>書記<br>兵事係書記 | 内務、外務、会計、文書、通信、連絡 | | 伝令<br>青訓四名 |
| 思想係 | 小学校長 | 主席訓導<br>次席訓導 | 思想善導、国防思想普及宣伝、不穏取締、流言ノ取締、機密ノ保持 | | 学務委員二名<br>僧侶三名<br>学校職員五名 |
| 警備係 | 在郷軍人分会長 | 副分会長 | 要地警備 | 分会長 | 在郷軍人十五名<br>青訓九名 |
| 防空係 | M・S | H・G | 防空監視警報、灯火管制、避難 | M・S | 警報在郷軍人八名<br>防空監視仝五名<br>灯火管制仝九名、青訓一八名、青年九名 |
| 工作係 | 青年団長 | 副団長 | 建築物交通路ノ補習〔修〕偽装、遮蔽、防空監視哨ノ構築 | 青年団長 | 青年団員二十名 |
| 消防係 | 消防組頭 | 副組頭 | 防火、防水、避難救助、夜警 | 組頭 | 消防組員百六十一名 |
| 衛生係 | 村医 | 女教員<br>看護兵（一名） | 防毒、防疫、清潔、救護、消毒 | 実業補習学校教諭 | 婦人会員、女子青年団員、看護兵、担架兵、在郷軍人七名 |
| 配給係 | 信、販、購、利、組合専務理事 | 婦人会長<br>女教員 | 諸物資ノ運搬、生活必需品ノ蒐集作成、配給、炊爨、食事分配 | 婦人会長 | 婦人会員 |
| 運輸係 | 村技術員 | 区長（八名） | 汽車、車馬等ノ運輸 | 村技術員 | 一般八名 |

出典：木津村役場文書126『昭和九年兵事』。
注：人名のみ記されているところはイニシャルとした。役職とともに人名が記されている場合は、人名を省略した。

準則では、各団体は並列されていて、特に在郷軍人を「骨幹」とするという意味の規定はない。木津村の警備団は防空を立て前とした国家総動員のための組織作りと考えた方が妥当であろう。なぜこうした違いが生まれるのか。おそらく、組織の作られ方にその原因がある。そもそも木津村警備団が結成されたのは、福知山連隊区司令部の直接の指示によっていた。これに対して、宮城県の準則は、元警保局理事官種村一男の残した史料の中にあることも加味すると、軍よりも内務省の関与を推定すべきである。警備団は防護団よりも、地域の組織化に軍が深く関与した形態と見ることができよう。

　軍による組織化に関わって、最後に指摘しておきたいのは、九月の大日本国防婦人会福知山地方本部の設立と一〇月の国防婦人会木津村分会（以下、木津村分会とする）の発足である。福知山地方本部会則によれば、同地方本部は「大日本国防婦人会会則」と「第十六師管本部会則」に基づいて組織されており、管下の郡に支部を置き町村ごとに分会を設けることになっていた。その結果、木津村では一〇月六日に国防婦人会木津村分会発会式が木津小学校で挙行された[41]。

『木津村自治五十年誌』には、会長以下の役員は「村婦人会役員と兼任」したとされている。従来の婦人会が国防婦人会にそのまま移行したとするなら、「兼任」とは記さないはずだが、詳しい事情はよくわからない。木津村分会会則には、「婦人会員及女子青年団員を以て会員とす」とあることから、両団体を維持したまま国防婦人会が成立したと解釈される。成立の経過からして、木津村分会は上からの統制を強く受けた団体であった。会則には、本部と福知山支部の監督を受け、木津村長、木津小学校長、在郷軍人分会長を顧問とすると明記されている[42]。

　ちなみに、一九三六年三月末日の調査によると、第一六師管内での国防婦人会の設置数は、本部四（四連隊区に相当か）、支部一一、分会七一六となっている[43]。第一六師管内の郡は五〇弱あるから、支部の設置数でさえ四分の一に届いていない。木津村分会は比較的早い時期に発足したと言えよう。

　以上に列挙した事柄が相互に連関しながら生起し、総力戦体制に向けての組織作りが急速に進んだのが一九三四年であった。満洲事変と国際連盟からの脱退という事態が原動力となって、地域社会の軍事的組織化が進行していったのである。しかし、その推進力は一九三五年にはいったん弱くなった。役場文書を見るかぎり、これといった軍事的な動きは見られない。九月に、福知山連隊区司令部から、日露戦争三〇周年を機とした戦没者慰霊祭、戦没軍人遺家族・傷痍軍人慰安会を郡単位で施行することを促した通知が来ているが、実際にどうなったのかは不明である。

## 軍による地域社会の組織化

翌一九三六年には、二・二六事件が起こり、鎮圧の結果、陸軍統制派が軍を掌握し、事件の威圧効果を利用することによって軍の政治力が強化された。岡田啓介内閣は総辞職し、代わった広田弘毅内閣は八月の五相会議で「国策の基準」を決定した。その内容は、「日満国防」を安固にしてソ連の脅威を除去し、南方への「民族的経済的発展」を目指す南北併進を国策として提示するものであった。この方針を根拠に、ソ連に対抗できる陸軍軍備と、西太平洋での制海権掌握を視野に入れた海軍軍備を盛り込んだ大規模な軍拡予算が組まれ、「広義国防国家」の樹立が目標とされた。

地域社会でも、この年からゆっくりとではあるが再び軍による組織化の動きが見られるようになる。木津村では、三月一〇日、新たな組織として「木津村軍友会」が発会式を挙行した。軍友会とは、兵役を終わって帝国在郷軍人会を抜けた者（七〇歳まで）および傷痍軍人、「軍事後援者」をもって構成される団体である。これも福知山連隊区司令部の指示によってできたもので、福知山連隊区軍友会―竹野郡軍友会連合会―木津村軍友会として系列化されている。連隊区司令長官の次の説明がこの組織の意義を明らかにしている。

> 申す迄もなく国防婦人会が老若婦人を含めるに対し、在郷軍人会が青壮年のみなるは会其者〔ママ〕としては何等の不足なきも、老年者に及ひ居らざる点は何となく物足らざる憾有之候。即ち老若を含める国防婦人会に対し、青壮年の郷軍〔在郷軍人会〕と円熟せる軍友会と合せ聳立せしめ度き存

念に外ならず候。此の軍友会の設立に依りて、在郷軍人会に対する後援か全く真に軍友郷軍一体となりて始めて国防に対する働き全しと云ふを得べくと存候。(44)

実際の活動内容はともかく、この説明の通り、軍友会によって軍事関係団体が男女ともに広範な年齢をカバーするように組織されたことが重要である。

続いて六月には、三四年に渡満した部隊の「凱旋」が行われた。帰還は何次にもわたって行われる。歩兵第二〇連隊留守隊は、それぞれの部隊の福知山駅到着時間を各町村役場に連絡し、町村長、関係家族、在郷軍人分会長、学校長、諸団体代表などによる出迎えを要請している。七月には在郷軍人会福知山支部主催の「凱旋記念展覧会」が福知山公会堂で開催され、第一六師団の活躍や満洲国の統治についての宣伝が行われた。木津村では、七月二日に、諸団体の長と休暇帰郷していた在営兵が役場に集合し、「凱旋」を祝い慰安の意を表すとともに、彼らから満洲国の実情を聞く集まりがあった。(45)

一一月には、懸案となっていた奉安殿が竣工し落成式が行われたことも、地域における「皇道精神」の具体化として、精神動員の重要な一里塚となった。建設経費は物品寄付も含めて一八五六円九五銭であった。同年の木津村の国税徴収額は一五六〇円だからそれを上回る額である。奉安殿の建設計画は、一九三四年三月の村会で決定されていたが、寄付金が少ないので繰り延べとなっていたのであった。(46)

以上に見られるように、木津村の事例では、福知山連隊区司令部の指令によって、軍事的な組織化は日中戦争以前の段階でかなり進展していたと思われる。ただし、こうした軍事的組織化が全国どこでも均一に進んで行ったわけではない。師団司令部や連隊区司令部がどの程度積極的にそれを進めようとしたのか、それらと府県の行政とがどのような関係を取り結んでいたかによって、軍事的組織化の進展度はかなり異なっていたであろう。

## 2　経済更生運動の展開——自治と国策の交錯

### 経済更生運動の開始

日中戦争以前の時期において、総力戦体制のための軍事的組織化が進展していることは事実なのだが、それを過大評価することは禁物である。村役場から見て、圧倒的な比重が置かれたのは経済更生に関わる業務であった。したがって、この問題を抜きにして、一路、軍事的組織化が進んだかのように考えるわけにはいかない。

この時期、日本全国の農村で最も重要な課題となっていたのは、農村不況にどう対処するかであった。一九二七年の金融恐慌以降、地域経済は徐々に不況に陥っていたが、それを決定的にしたのは二九年の世界恐慌と金解禁であった。一九三〇年、生糸暴落と豊作による米価の下落によって、農業恐慌が本格化した。翌三一年は一転して凶作となり、東北を中心に窮乏は深刻化した。

農業技術の普及や農政活動を担うために、全国の農村に組織されていた農会は、危機的状況に直面して一九三二年に全国農会大会を開催し、農村匡救対策と自力更生助成を決議した。これが町村長会や産業組合、農村諸団体の動きとあいまって政府を動かし、一九三二年八月、「時局匡救」のための臨時議会（六三議会）が開かれた。その結果、農村救済のための諸法案が可決され、時局匡救事業と経済更生への助成が行われることになった[47]。この時期は満洲事変の真っただ中で、三月には「満洲国」の建国が宣言され、九月には日満議定書が調印される。

同じ九月、農林省に経済厚生部が設置され、六三議会で成立した時局匡救事業予算の中に計上された農村経済更生施設費をもとに、農村経済更生運動が始まっていく。経済更生中央委員会で一般的な計画・方針を策定し、その下に置かれた道府県経済更生委員会が町村の経済更生運動を監督・指導して、町村の経済更生委員会が実際の更生計画を作成するというやり方で運動は進んでいった。ただし、財政的には国家の助成は極めて少なく、一九三二年度で見ると三〇〇万円を超える程度であった。

時局匡救事業のための追加予算は、国家負担が約一億七六〇〇万円（ほかに地方費負担が約八七〇〇万円）であるから、[48]そのうち経済更生計画に投下されたのはごくわずかでしかない。多くは、内務省農村振興土木事業、農林省農業土木事業として支出された。支出は内務省関係では、港湾・道路・橋梁・河川の整備に、農業土木事業では、開墾、排水改良、暗渠排水などにあてられた。その意義について、同時代の猪俣津南雄は「救農工事で儲かった者は、地主、監督、セメント会社、鉄材料店だ」という証言を記録している。[49]しかし、農業土木事業の主体は府県町村のほか、部落、農家小組合などを含む小規模なものが多く、土地基盤整備を中心として農業の生産性を高め、貧農・失業者などに労賃収入を与えるという側面があったことも無視できない。

経済更生計画の方は、当初の計画では毎年一〇〇〇町村ずつ指定して、五年間に五〇〇〇町村を更生計画指定町村とすることを目的としていた。補助金は一町村あたり一〇〇円だったから、町村財政にとっては微々たる額にすぎなかった。指定町村の数はのちに拡大され、一九四〇年までに全国町村の八割をこえる九一五三町村が指定された。この間、一九三五年には更生計画の見直しが行われ、三六年から農山漁村経済更生特別助成施設が追加され、重点的な選別助成が行われることになった。こうして、一九四一年までに一五九五町村が特別指定村となった。[50]

実際の経済更生運動は、次のようにスタートした。まず、一九三二年一〇月に出された農林省訓令および一二月の「農山漁村経済更生計画樹立方針」によって大枠が示された。その方針を概括すると、①統制による農業経済の集約化・合理化、②支出の節約と現金収入の増加、③産業団体の活動促進、

④農村教育・生活の改善、に分類できる。[51] これに基づいて道府県は要綱や方針を発表し、村単位の計画に盛り込む内容が指示される。指定を受けようとする村は、その指示にしたがって計画を作成し、チェックを受けるわけである。こうして、国家―道府県と降りてくる経済更生運動の大方針が貫徹されることになる。

## 経済更生運動の評価

更生運動を政策的に見た場合、その目標はどこにあったのだろうか。森武麿は次の四点を挙げている。第一は、農村中堅人物の養成、第二は産業組合の拡充、第三は負債整理、第四は満洲移民である。のちに木津村の経済更生計画を考えるにあたって参考となるので、第一と第二の点について補足しておこう。第一の点について森が指摘しているのは、一九二〇年代の小作争議の指導者（自小作・小作上層）が、恐慌克服の過程で対地主闘争から方向転換して、国家的な農家経営救済策の「中堅人物」に転化する事例が広範に見られるということである。また、その中堅人物の動員を指導する村落の頂点的指導者として、彼らよりも上層の「農村中心人物」が存在することを説く。そこに見られる農本主義、生産力主義を媒介にして日本ファシズムが形成されるという見解が示されている。

第二の点については、「産業組合の未設置町村をなくし、区域内の全戸加入を実現し、部落農家組合を農事実行組合として産業組合の下部組織として加入させた」と説明している。つまり、政府―町村役場―産業組合―農事実行組合―農民大衆という、産業組合を中核とした農民の全機構的再編が戦時期に実現するというのである。そして、先の人的支配体系〈中心人物―中堅人物―農民大衆〉が地域的序列〈町村―部落―家〉に照応するというのが森説[52]のエッセンスである。

論理的に整然とした見解であるが、更生運動をファシズム体制の社会的基盤として理解することが妥当かどうかが問題となる。経済更生運動にかぎらず農村社会史・村落史研究へと視野を広げてみると、森自身も整理しているように、かなり異なる観点から研究が進められてきている。[53]それらのうち、本書にとって最も重要な論点は、斎藤仁の研究[54]を端緒とする自治村落論だと思われる。自治村落とは、一定の行政・司法・立法・財産権を有する近世の村であり、自治村落論では、それが近代になって解体されるのではなく、存続して日本の資本主義体制と農村問題を規定するものとしてとらえ直される。[55]森の整理によれば、斎藤の提起を受けて展開される村落「共同体」再評価論の背景には、自治村落を、一般道路・農道・用排水の管理を通じて土地・作物の共同管理・保全などの機能を果たすものとして、積極的に評価しようとする志向があった。[56]

自治村落論については、その成果を高く評価しつつも、農村の構造は多様かつ重層的で、大字を自治村落に比定してしまうことには問題があるという指摘もある。[57]その点についてはさておき、本書の視点から問題となるのは、大字を内部に含み込んだ行政村をどう評価すべきかという問題である。この点に関わって、自治村落論では産業組合の町村組合化や町村の役割が軽視されると批判する庄司俊作の研究が大変参考になる。庄司は、いくつかの地域における実証研究を通じて、「一九三〇年代を日本資本主義の現代化に対応して、完成という意味での行政村の現代化した時代」ととらえ、「政府と町村と村落」の関係の構造変化に注目する。町村の現代化とは、「町村の成熟・自立と同義」であり、「町村の自治・行政の発展拡大」を意味し、「経済更生運動がその画期をなす」と主張している。[58]もっと端的に、「一九三〇年代は、町村の自治と行政が飛躍的に発展拡大し、村民の経済と生活に大きな影響を与えるようになった時代である」とも述べている。

分析の対象として、庄司は長野県小県郡浦里村（現上田市）の負債整理事業を取り上げ、それを通じて村は劇的に変化し、宿痾であった部落間対立が乗り越えられ、村の一体性が確保されるとともに、行政村は村民に身近な存在になったとする。また、京都府天田郡雲原村長西原亀三の事績を分析し、貧困からの解放に向けて、村が一体となって経済更生運動に取り組んだことを評価している。更生運動は「そもそも町村が規定的役割を果たすことを制度的に織り込んだ政策であり、村づくりの運動であった」[59]（傍点は原文）ことを重視している。

このほか、平賀明彦も、村内の団体的統合を前提とした挙村一致の運動化が、生産や流通改善などの成果をあげるための重要な前提であったとし、経営改善による生産力維持・安定策としての側面にも注意を傾けるべきことを主張している。[60]このように、総合的農政という観点から三〇年代の農村をとらえようとする研究動向は、更生運動にかぎらず一つの潮流になっている。

最新のものとして、坂口正彦の研究にもふれておく。坂口は農村の多様性に着目し、いくつかの類型を抽出している。たとえば、農村中心人物や中堅人物の動向を契機として経済更生運動が執行される模範村的事例、県の介入を契機として行われる権力的統合が顕著なパターン、さらには経済更生運動に挫折する場合、などである。また、経済更生運動などの「家」の「深部」に介入するような政策を可能にする強い統合力をもつ行政村は、一定程度しか存在しなかったと指摘している。[61]この類型にしたがえば、木津村は明らかに模範村ということになる。こうした類型差を認めつつも、軍事的組織化という面に着目すると、国家的要請として強制される画一性を重視しなければならない。

このように、経済更生運動に関する評価、もっと広く言えば三〇年代の農村社会のとらえかたは、観点の変化にともなって大きく変遷していることがわかる。誤解を恐れず簡潔にまとめると、近年の研究はファシズム化や総力戦体制などの概念に対していったん距離をとって、農業政策そのもの、あるいは経営再建に向けての地域の再編といった側面を重視しているのが特徴だと言えよう。[62]こうした研究動向を踏まえつつ、改めて行政村に視点を据えて総力戦体制をとらえ直そうというのが本書のスタンスである。そのことを確認して木津村の事例に話を戻そう。

## 木津村の経済更生運動

ここまで、木津村の経済的特徴についてはふれてこなかったので、簡潔に紹介しておこう。木津村の戸数は二九六戸、人口は一七〇一名（一九三五年）であることは序章でふれた。戸数でいうと、そのほぼ八割は農家である。しかし、生産額においてはその比率は三割を占めるにすぎない。生産額で最も大きいのは工産物で約六割に達し、その大部分は縮緬である。一九三二年の統計で土地所有規模を見ると、一町以上の耕地を所有する農家戸数は全体の三割にも満たず、五反未満の層が四六％を占め、全体として所有の零細性が特徴である。また、農家戸数の約半分が小作をしていて、全体の約一六％が自作地をもたない純小作農である。地主は二戸、地主兼自作は一二戸で、地主のうち一戸は一〇町をこえる耕地を保有している。農家一戸あたりの平均耕地面積は、田が四・三反、畑が四・一反であるから、それによっても零細性は顕著である[63]。

『木津村誌』は木津村の地主・小作関係について、「親方、子方の関係に似た封建的な関係が存続していたので、小作人の心情としても、万が一困るとき、いつまた援助をお願いするか知れないといった弱さもあって、他の地方で見られるようなはなばなしい争議に発展したことはなかった」としている。しかし、一八九九年に一ヵ月程度の争論があり、一九一五年にも紛議が起こり、地主・小作合わせて六七名が協議の上で「申し合わせ規定」を定めている[64]。

一つだけ補足しておくと、所得額で他を圧するのは谷口家で、一八八二～一八八九年までの四ヵ村組戸長六名のうち、谷口仁平とその息子の六兵衛とが半数を占め（仁平が二度）、一八八九年以降の木津村では、仁平が一度、六兵衛が二度、その息子源太が二度村長をつとめている[65]。また、仁平にしても源太にしても農業経営に極めて熱心で、仁平の場合は養蚕の導入に力を入れ、村長時代（一八八九〜一九〇〇年）には竹野郡蚕糸業組合の養蚕伝習所を郡内でもいち早く設置した。また、機械製糸の導入にも熱心で、一八九一年には木津村農会を組織し、その中核体として「木津村同志会」を作り、青壮年二〇〇余名をもって農事の改良研究の機関とした。さらに、一八九二年には従来の若連中を改編して「木津村青年夜学会」を作っている。その孫、源太は二〇代後半に近くの砂丘地帯で桃の栽培を始め、それが成功したことによって近隣農家もこれに見習い、網野町から熊野郡にいたる海岸の砂丘では、以後三〇年間に三〇〇町歩の桃園が開かれたと言われる。[66]以下で見る木津村の農産業は、谷口家の強い指導力によって基礎が据えられたと言えよう。

さて、本題である木津村の経済更生運動に進もう。まず、農業恐慌によって木津村がどの程度打撃を受けたかを確認しておきたい。木津村の農業生産は、米、繭、桃の三大生産物によって支えられており、それらの生産額の比率は米を基準にすると、繭はその四分の三、桃は三分の一となる。当然のことながら、前二者は昭和恐慌下に大幅な減少を見た。

一九二〇年代の米の生産額は一九二四年が最高で、八万一一七二円（一九二四年）であったが、その後漸落傾向が続き、一九二九年には五万三三七四円になった。一九三一年には、二四年の約四二％、恐慌前の一九二九年と比べても約六五％に下落している。繭はこの村の農家に最大の現金収入をもたらしていたが、二〇年代の最高額と比べると、一九三一年はその三分の一となり、二九年と比べても二分の一以下にすぎなかった。他方で、桃だけは恐慌下でも生産額は漸増した。しかし、前二者の減少を補うには遠く及ばなかった。[67]

この間、全国的に農村部では負債額が上昇し、農林省の発表ではこの時期の負債総額は推計で一戸あたり約九〇〇円であった。[68]これまでの事例研究をいくつか参照すると、恐慌の打撃を強く受けた山形県の場合、一戸あたり一二五〇円（一九三〇年）[69]、長野県浦里村では一戸あたり一〇九八円（一九三七年）[70]、などの数値がある。木津村の場合、一九三一年においては、農家の生活費は年間六九七円で、一戸あたりの負債残高は八一〇円となっているから、それらよりは大分少ない額である。

とはいえ、木津村を含む奥丹後地域において注意しなければならないのは、一九二七年に起こった丹後震災の影響である。木津村の場合、住家の被害が二六〇棟、土蔵・付属住家・納屋を含めて私有建物全体の被害は四九九棟にのぼった。うち全焼・全壊は住家で七六棟、私有建物全体では一七九棟であった[71]。その被害からやっと立ち上がろうとした時期に、この恐慌に襲われたのである。恐慌から経済更生運動までの事情について、『木津村誌』は次のように記している。少し長くなるが引用しておく。

当時の木津村は米と養蚕の二本柱の単純な農村であったが（括弧内省略）米は全収量の一戸当たりが六石五斗余にしかならない。村全体としては自給程度であり、その上、現金収入の主とする繭価は暴落のままで立ち直るけはいはない。果実の生産はまだこれからというところ。農外収入の大きなものは、娘たちが機屋から貰ってくる給料で、村内見込二万円余、ただしその恩恵をうけるのはごく一部の家であった。

ちょうどその頃、政府は「自力更生運動」を呼びかけていたし、京都府も昭和七年に一〇数町村を指定村に選定した。口のわるい人は「自力更生などとは、政府がその無策を国民に責任転嫁する口実だ」などと批判する向きもあったが、それは腹のよい人の言い草である。スキ腹をかかえた村民の生活を思う村幹部としては「理屈言って居てもどこからもお金は降ってこない。村を救う途は自分たちの力で協力立ち上がるよりテはない」と確信し、昭和八年京都府の経済更生指

導〔ママ〕村に加えてもらったわけである。(72)

指定を受けることに消極的な意見もあったが、村役場が主導して経済更生運動に乗り出していったという時代の雰囲気がうかがえる記述になっている。『木津村誌』の編集委員には、この運動を積極的に推進した役場吏員の井上正一が含まれているため、この引用は当事者の証言としての側面ももっている。

こうした経緯によって、一九三三年二月、木津村は京都府の経済更生村に指定された。(73)木津村では、事前の資料作成作業を行い、草案の検討を経て四月に「自力更生計画」（以下、更生計画とする）を作成している。

### 自力更生委員会

この更生計画を立案・改定し、実行するための中心機関として、「木津村自力更生委員会」が設けられた。委員会規程の根幹部分は次の通りである。

第一条　本村経済更生計画、更生ノ教育計画ノ樹立並ニ実行統制ノ為メ、木津村自力更生委員会ヲ置ク

第二条　委員会ハ村長ノ諮問ニ応シテ更生計画ニ関スル重要事項ヲ調査審議シ、且ツ実行機関ノ指導督励ノ任ニ当ル

第三条　委員会ノ処理スベキ事項左ノ如シ

一、更生計画上諸般ノ調査ニ関スル事項

**表2-3　木津村自力更生委員会の構成と分担**

| 部名 | 活動内容 | 分担者 |
|---|---|---|
| 統制部 | ・各種事業の研究調査・計画<br>・各部の連絡統制<br>・各部に属しない事項 | 村長・助役・収入役・書記2名 |
| 生産部 | ・農業（蚕業を含む）の改良に関する事項<br>・経営組織の改善に関する事項<br>・その他生産に関する事項 | 補習学校教諭・農会評議員8名・部落養蚕組合長8名 |
| 経済部 | ・金融の改善に関する事項<br>・負債整理に関する事項<br>・購買販売利用事業に関する事項 | 助役・収入役・村会議員1名・信用組合長・信用組合常務理事1名 |
| 社会部 | ・社会教育に関する事項<br>・実業教育に関する事項<br>・生活改善に関する事項<br>・各教化団体の連絡統制<br>・その他更生の教育計画に関する事項 | 小学校長兼実業補習学校長・僧侶1名・農業委員兼学務委員2名・村会議員3名・小学校訓導・補習学校教諭・在郷軍人分会長・青年団長・婦人会長・婦人会副会長・区長8名（うち兼村会議員2名） |

出典：『木津村報』55号（1933年6月15日）、「自力更生計画」（木津村役場文書127『昭和八年区長往復』）より作成。
注：生産部を担当する「農業評議員8名」については、「自力更生計画」に依拠した。『木津村報』では名前が7名しか挙がっておらず、1名脱落していると考えられる。

一、更生計画ノ樹立並実行機関ノ指導督励ニ関スル事項[74]

このほか、村長を委員長とし、委員長が委員を任命し、その任期は二ヵ年とすること、委員会のもとに統制部、生産部、経済部、社会部を設け、委員が各部の任務を分担することが規定されている。委員会を構成する各部の名称や構成は地域によって異なるが、農林省が標準的な組織のあり方を示しているから、それほど大きな相違はないはずである[75]。

自力更生委員には、**表2-3**のような役職者が任命された[76]。役場を中心に、八つの区の代表と各種団体の長を委員とすることによって、全村的に更生計画を実行する体制が整えられたことがわかる。**図2-2**は、更生計画のための全村的取り組みを図示したものである。

**図2-2　木津村の自力更生組織**

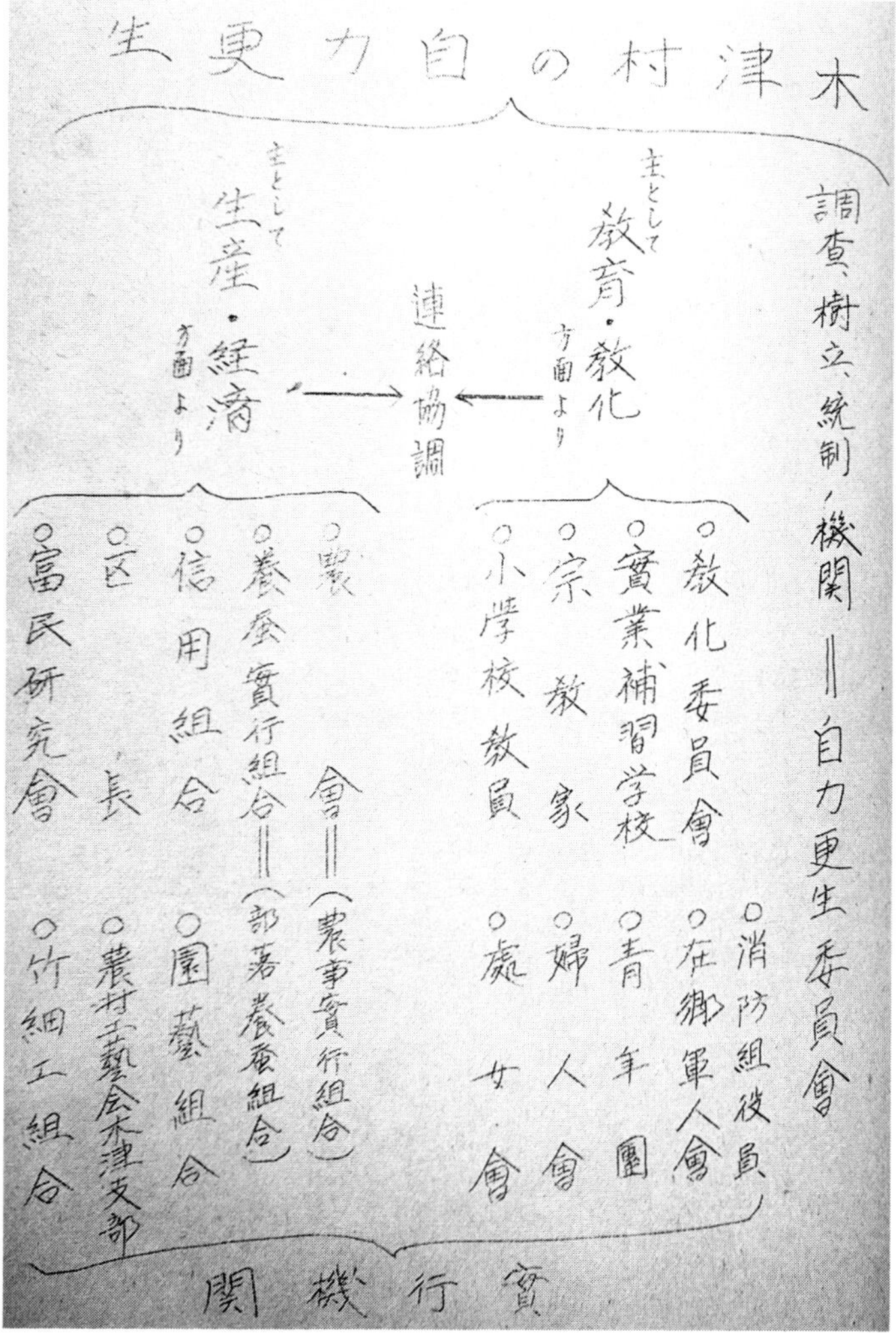


出典：木津村役場文書127『昭和八年区長往復』。

## 更生計画の概要

表２−４はこの更生計画の全体の構成を、表２−５は概要を示したものである。表２−４を見ると、「生産に関する更生計画」が圧倒的に多くの分量を占めているので、この部分から詳しく見てみよう。表２−５の概要も参照すれば、その重点は次の三点に置かれている。第一に、耕地面積の増加や反当たりの収量の増大によって生産を拡大させること、第二に、少しずつ定着してきた果樹栽培に力を入れ多角経営を推進すること、第三に、自給肥料・経営用品の共同化などによって現金支出を抑えること、である。以上によって、負債を減少させていくというのがこの計画の論理であった。

これと関わって、土木事業にも力を入れ、現金収入の機会を増加し生活困難に対処すると同時に、農業の生産基盤の整備・拡充に言及していることも重要な特徴である。耕作道や溜池、林道などの築造がそれにあたるし、また災害対策用の砂防工事も見逃せない。

木津村の農業生産の三本柱の一つ、養蚕については、多くの頁があてられているが、生産の拡大よりも合理化が重視されている。繭価の良くなることばかりを望むのではなく、「ムシロ現在ノ経営ヲ基礎トシテ経営法ヲ改善シ、繭ガ安クテモ引合フト云フ経営ニ改メル」ことを目標としている。具体的には、繭の質の改良によって経済的価値を高めること、桑園一反あたりの収繭量三割増進を目指すこと、家族労働を集約的に投下して賃労働を減じ、桑の自給によって生産費の六割を自給する（現在四割五分）ことなどが提起されている。また、経営については、各戸の経営の確立をはかるとともに、共同事業の振興や共同作業による能率の増進も推奨されている。

養蚕だけでなくその他の項目でも共同性が重視されていることがわかる。「一、土地改良」「二、産米改良」についてはいうまでもなく、「十一、生産物販売の統制」における「共同施設の充実」や「生産物の統一検査」、「十二、農業経営の合理化」における「共同経営の普及と徹底」などがそれである。

## 表2－4　木津村「自立更生計画（確定案)」(1933年4月）の構成

<table>
<tr><th>大項目</th><th>中項目</th><th>小項目</th></tr>
<tr><td>村の概況(3)</td><td></td><td></td></tr>
<tr><td>計画の概要(4)</td><td>表2-5参照</td><td></td></tr>
<tr><td rowspan="9">更生計画の樹立と実行方法 (10)</td><td>一、村計画案の樹立</td><td></td></tr>
<tr><td>二、自力更生委員会の規程</td><td></td></tr>
<tr><td>三、各部の分担事項</td><td></td></tr>
<tr><td>四、自力更生委員の嘱託</td><td></td></tr>
<tr><td>五、優良区の選定</td><td>木津村優良区選奨規程</td></tr>
<tr><td>六、部落及団体更生計画の樹立と実行</td><td></td></tr>
<tr><td>七、戸主会及部落巡回講話会の開催</td><td></td></tr>
<tr><td>八、文書による指導と督励</td><td></td></tr>
<tr><td>九、優良区の審査内規</td><td></td></tr>
<tr><td rowspan="7">更生の教育計画 (10)</td><td>更生教育目標（一～七）</td><td></td></tr>
<tr><td>A　小学校教育</td><td>1　教授方面　2　訓練方面　3　養護方面　4　其他参考事項　児童自戒（一～七）</td></tr>
<tr><td>B　実業補習学校（青訓）教育</td><td></td></tr>
<tr><td>C　青年団</td><td></td></tr>
<tr><td>D　処女会</td><td></td></tr>
<tr><td>E　婦人会</td><td></td></tr>
<tr><td>F　一般成人教育</td><td>A　精神更生の方面（一～九）<br>B　身体的方面の更生計画（一～五）</td></tr>
<tr><td rowspan="13">生産に関する更生計画 (26)</td><td>一、土地改良</td><td>(土壌調査、有機質肥料の奨励、耕地整理など）</td></tr>
<tr><td>二、産米改良</td><td>(品種統一、採種田設置＝販売用種籾の自給と斡旋、特産米生産など）</td></tr>
<tr><td>三、麦の増産計画</td><td>(小麦増産）</td></tr>
<tr><td>四、裏作の栽培奨励</td><td>(未利用21町の利用）</td></tr>
<tr><td>五、宅地利用の改善</td><td>(青年団による利用状況調査、空閑地で果実・野菜栽培）</td></tr>
<tr><td>六、果樹栽培の改善</td><td>(桃・柿・梅・ブドウなどの増収）</td></tr>
<tr><td>七、蔬菜栽培改良</td><td>(品種統一による特産物化、温泉を利用した促成栽培）</td></tr>
<tr><td>八、特用作物栽培改良</td><td>(菜種増収、ハブ草・除虫菊・へちまなどの栽培）</td></tr>
<tr><td>九、養畜改良</td><td>(養鶏の増殖、牛の改良・増殖）</td></tr>
<tr><td>十、養蚕経営の合理化</td><td>・養蚕経営の目標─優質本位・能率発揮・労作経営・必要品の自家製作<br>・養蚕経営の改善事項─（1）各戸経営の確立（2）桑園の整理（3）共同事業の確立</td></tr>
<tr><td>十一、生産物販売の統制</td><td>1．共同施設の充実　2．生産物の統一検査　3．新販路の拡張　4．販売斡旋品目　5．出荷の合理化　6．販売の統制　7．調査研究</td></tr>
<tr><td>十二、農業経営の合理化</td><td>1．経営組織の改善　2．共同経営の普及と徹底　3．農業簿記の励行　4．肥料の自給　5．金肥使用の合理化　6．農業経営用品の自給　7．農業経営用品の購入斡旋　8．労力利用の合理化</td></tr>
<tr><td>十三、指導奨励計画</td><td>1．指導奨励の方法として品評会、共進会、講習会、講話会等実施　2．農事関係者の幹部講習会　3．指導農家の設置　4．農業図書の購入　5．実地指導会の開催　6．農業研究会の開催　7．印刷物の利用　8．部落掲示板の利用　9．村報の利用</td></tr>
</table>

出典:「自立更生計画」(木津村役場文書127『昭和八年区長往復』）より作成。

注1）大項目の（　）内は頁数。中項目・小項目の（　）内の数字は、項目数を示し内容を省略した。それ以外の（　）は、内容を要約したことを示す。

2）原文は片仮名が用いられている。

**表２－５　木津村「自力更生計画（確定案）」（1933年４月）の概要**

| | | |
|---|---|---|
| 1 | 教育計画 | 「更生の精神教育を重視し、村に於て教育計画を立てると共に、村内各教化団体に対しても夫々計画を立てしめ、以て農民精神の作興、農村生活に対する自覚喚起、公民教育・職業教育、等の実施をするに必要な施設を講じ、村を中心として各種団体間の緊密な連絡提携を図り、道徳と経済、教育と産業との一致融合に力め、全村一丸となって統制ある活動を為さうとするのである」。 |
| 2 | 土木事業 | 耕作道、砂防工事、用排水施設、溜池、小開墾、林道などの築造・改修事業をおこし、余剰労働力の利用によって現金収入の機会を増加させる（村民の中産以下の者を就労せしめる）。 |
| 3 | 耕地面積の増加 | 灌漑排水不良なため生産力の薄弱な土地の耕地整理。開墾、開拓、不良桑園・雑穀畑の利用換、間作、裏作、宅地利用などによる耕地の立体的活用。排水、深耕、客土による地力の増進。 |
| 4 | 生産物の増産 | 米については、自給自足の現状を脱する。桃は年々３割の増収をはかる。繭は合理的経営を行い堅実な経営に移す（かつては一戸あたり300円以上の粗収入があったが1931、２年は200円に満たない）。 |
| 5 | 経営の改善 | 徒費労力・余剰労力の利用〔自家労働力の活用の意〕。多角経営の推進（養畜、果樹、蔬菜）。裏作・間作による緑肥の栽培、養畜の副産物（厩肥・糞・堆肥）などによる自給肥料の増産。経営用品の自給・共同化。 |
| 6 | 生産物販売の改善 | 販売改善のための研究・調査。販売機関が完備するまで農会において斡旋。 |
| 7 | 負債の償還 | 増産計画、消費経済の緊縮、肥料の自給計画によってえた余剰金によって負債の償還、貯金の蓄積をはかる。産業組合の活動を促し負債整理を行う。 |
| 8 | 生活の改善 | 冠婚葬祭費の改善、日常生活における無駄の廃止、廃物利用、生活の合理化（台所、器具の改善、食物の栄養価の研究）。 |
| 9 | 基本調査 | 「経営状態、生産、消費額、負債等の周密な基本調査を行って、本計画の資料とし、昭和九年に確定案を樹立する」。 |

出典：「自力更生計画」の「計画の概要」（木津村役場文書127『昭和八年区長往復』）より作成。
注）原文は片仮名が用いられている。

次に、表2-4の「更生の教育計画」（以下、「教育計画」とする）を見てみよう。表2-5の1「教育計画」もこれと関係している。実は、この概要の順番については次のような経過があった。一九三三年四月に作成された更生計画は、草案、修正案、第二次修正案を経て確定されたが、その間に大きく変化したのは、「教育計画」の位置づけである。草案では、農業生産・経営の項目がほとんどを占め、「教育計画」にあたるものは目次の最後にあるものの未作成であった。第二次修正案では、「計画の概要」は「(一) 経済更生計画の概要」と「(二) 更生の教育計画の概要」とに分かれていた。確定案では、両者は一本化され、「先ヅ更生ノ教育計画カラ」（表2-5の「教育計画」に該当）という項目となって冒頭に移された。内容に大きな変更はないが、確定案では「連絡提携」「一致融合」「全村一丸」といった言葉で挙村体制がより強調されている。

つまり、確定案にいたる過程で、「教育計画」は「経済更生計画」と結合され、しかも後者を進めるための前提あるいは基礎に据えられたのである。では、一体その内容はどのようなものだったのだろうか。

## 更生計画の精神的基盤

「教育計画」は、まず「更生教育目標」を次の七点にわたって列挙している。原文を引用する。

一、日本精神ノ涵養発揮ニツトム
二、信仰心ヲ涵養シ感恩報謝ノ念ト確固タル人生観ニ立脚シテ日々ノ生活ヲ讃美セシム
三、共存共栄全村一体ノ精神ヲ養ヒ、村民意識ヲ熾烈ナラシメ、純美ナル村風ノ作興ヲ期ス
四、本村ノ実状ヲ熟知シ、本村自治ノ真義ヲ体シテ其ノ真面目ヲ発揮スルコト

五、実業教育ヲ振興シ農村生活ニ対スル自覚ト歓喜トヲ体得セシメ以テ本村百年ノ基礎ヲ確立ス
六、経済生活ノ真諦ヲ弁ヘ、生産販売消費ノ合理化ヲ図リ、家庭経済、本村経済ノ確立ヲ期ス
七、知見ヲ開発シ、国家社会ノ現状ヲ大観シテ世ニ処シ、時世ニ遅レザル村民タルコトを期ス

これらのうち三から六までは、「村民意識」を養い、村全体で更生運動を進めるための精神的基盤づくりといってよい。ところが、一の「日本精神ノ涵養」はそれらとまったく趣を異にする。「日本精神」はこの時期にはよく使われる言葉だが、他の項目との関連性もなく、取って付けた印象が強い。二の信仰心は、家の統合や部落・村の統合に関わるが、後半部の「確固タル人生観」とは何だろうか。おそらく農本主義的な人生観だと思われるが、これについては次章で詳しく分析しよう。

「更生教育目標」に続いて、「A小学校」から「F一般成人教育」まで、個別の記述がある（表2-4の中項目）。表では省略したが、小学校については、「教育勅語ノ聖旨ヲ奉戴シ」とか、「忠孝益世」「君国ニ奉ジ」などの言葉が出てくる。しかし、教育に関する具体的な内容は、「教育ノ郷土化」や郷土研究のための施設を設けるなど、村民意識の涵養につながる内容が重視されている。B～Eは、いずれの小項目でも「中堅」人物の養成や「修養」が重視され、「日本精神」は現れていない。Fの小項目「精神更生の方面」の五項目に、「日本精神ノ発揮寛容、公民教育、経済更生、生活改善等ノ目的ヲ以テ」講演会を二ヵ月に一回くらい行うこと、とあるのが唯一の「日本精神」への言及である。また、同じく九項目は「日常生活ノ実行事項」となっていて、祝祭日に必ず国旗を掲揚すること、毎日宮城を遥拝すること、四大節には学校行事に参列すること、などが列挙されている。

山形県八四ヵ村の更生計画を対象として、「精神綱領」あるいは「更生綱領」に含まれる項目を分析した大鎌邦雄によれば、一九三三年の時点で建国精神・国体明徴などを掲げているのは三〇%、皇

道精神・勅語が一〇％、敬神崇祖・宗教が三五％であるという[77]。木津村の「日本精神」はどれに該当するとも言えないが、いずれにしても国家主義的言説が計画に入り込んでいることに注目しておきたい。ただし、それが経済更生を目的とする計画の中に有機的に結びつけられているかというと、その点は疑わしい。むしろ、経済更生とは内的な結びつきがないまま、計画に挿入されていると考えるべきだろう。

なぜそうなるのかについて、大鎌は、次の二点を指摘している。第一に、家や村（部落）の精神を象徴する「敬神崇祖」とその延長に「天皇崇拝」を接続するというやり方は、明治以来の地方行政においてしばしば見られるところで、更生運動もそれを引き継いでいるという点である。木津村の場合、一九二一年に「戸主会規約」が作られていて、すでにその中に、「敬神崇祖ノ民風作興」「勅語詔書ヲ拝読シテ御主旨ノ徹底ヲ図ル[78]」、神仏の礼拝などが定められている。「戸主会規約」は民力涵養運動の一環として作られたもので、「更生計画」にもそのまま取り込まれている。

第二に、教化の部面を担当した小学校、補習学校、婦人会、青年団、在郷軍人分会など、各団体の「精神」が、「国家主義的、皇国主義的思想を計画書に接ぎ木する役割を果たした[79]」という点である。それらの団体は、県そして国家レベルの指導・統制を受けており、そのルートを通じて国家主義が注入されるというわけである。木津村の「教育計画」作成の担当者を見ると、この指摘はよく当てはまる。

ただし木津村の「教育計画」作成過程を見ると、一つだけ興味深いことがある。第二次修正案の「更生教育計画」には、「本村更生の精神教育」という項目があり、その中に「日本精神の発揮涵養に努むること」として、「国体の尊厳、皇国の真義を弁へ常に日本国民たるの自覚に立ちて身を持し事にあたるは日本国民としての第一義である」と述べられている。具体的には、「聖旨を奉体〔戴〕し勅語詔書の御旨を遵奉服膺する」行為（七項目[80]）、「敬神崇祖の精神発揚」に関わる行為（九項目[81]）が列挙されている（「更生教育計画」のみ平仮名が使用されている）。ところが確定案では、これらはほとんど削除され、前述の通り「更生教育目標」の一項のみに簡略化された。この間、どのような議論があったのかは不明であるが、少なくとも国家主義的イデオロギーをきっちりと更生計画に書き込もうとする動きと、それには消極的な意見とがあり、結局、後者が前者を抑え込んだことが推測できる。更生計画においては「日本精神」の具体化は省略可能なものであり、その意味で「日本精神」は外在的なものであったと言えよう。

## 更生計画は村の憲法

「草案」には、計画樹立の方途を示した図があり[82]、それによれば、村の計画と並んで、各区（部落）の経済更生計画、各農家の更生計画の樹立が予定されている。区の更生計画については、村の計画を基礎として樹立し、木津村更生委員会長の審査を経て確定するとされている。また、各農家は、村および区の計画案を基礎として更生計画を樹立することとなっている。前者については、実際に各区が作成したものが残されている。区によって疎密の差があるが、基本的に村の更生計画を参照し、取捨選択したものが区の計画となっている。両者を比べてみて気づくのは、村の更生計画が緻密に作成され、区に対する村の側の指導性が顕著なことである。

こうした手順で作成された区の更生計画は、意外なことに、農業生産や経営よりも生活改善に関する事柄が多くの分量を占めている。それらのもとになっているのは「木津村生活改善申合規約」で、「日常生活ノ改善」二一項目、社交上の改善事項（時間の尊重、婚礼の改善、葬儀の改善、仏事の改善、その他社交上の改善）六三項目からなる。おおよそ消費の節約と生活の簡素化に収斂する内容である。この規約は「第二次修正案」に含まれているが、なぜか確定案には含まれていない。しかし、各区がこの規約を選択・踏襲して区の「生活改善案」を作っており、また、次章で取り扱う『木津村報』にもこの規約が掲載されているから、明らかにそれは効力をもっていたと考えられる。

区の位置づけに関わって、木津村の更生運動で重要なことは、有力区選奨規定が設けられたことである。優良区選奨とは、たとえば納税期日遵守、共進会の成績、諸会合の時刻励行などの運動目標について、各区ごとの実績を点数化して採点し、総合点が一等から三等までの区に奨励金を交付する制度である。審査項目とその点数は固定されたものではなく、経済更生運動の重点の置きどころによって改定された。こうした部落間の競争は在郷軍人分会や運動会でも取り入れられ、赤澤史朗はそうした方法が「日常的に村民を緊張させ、村の設定した目標に向けて駆り立てるシステムとして機能していく」と指摘している[83]。

木津村の場合、区以外の各種団体にも「自力更生計画」の作成を要請している。史料として残っているのは、婦人会・青年団・処女会のものである。これらについても、村の「教育計画」(表2-4)に基づき、各団体が具体的に計画を作成した。

さて、こうした更生計画は村によってどのように意義づけられ、いかなる問題を抱えていたかを確認しておこう。これまで見てきた『昭和八年区長往復』の中に興味深い史料がある。「昭和九年ノ更生計画樹立ニ先テ考ヘタルコト」というのがそれである。誰が書いたのかは不明だが、初年度の更生計画とその実行を反省して書かれていることは明白である。この文書は一二項目にわたって留意すべきことを列挙し、一貫して村長の統制のもとに、各種団体が有機的に結びついて計画を樹立・実行すべきことを強調している。

留意事項として、たとえば、「社会教育案」は小学校長または関係者の「スキナコト」を記述した学校本位のものであってはならず、「生産部計画」も「技手サンノ代ル毎に代ル案」であってはならないとし、いずれも「土地ト人情」に合致していなければならないとしている。どこまでも「村中心」に、村長のもとで諸機関・団体が「有機的ニ結合シ統制アル活動」をすることが求められている。「更生計画ハ村長ノ名ニ依リテ村中心ノ観念ヲ以テ計画樹立セラレタル村ノ憲法」という表現が、それをよく示している。一〜六項まで、繰り返しこのことが強調され、「自己本位」「自己ノ団体本位」が戒められている。裏を返せば、全村挙げての取り組みはそれほど困難で、容易ではなかったことがうかがわれる。

次に反省点として挙げられているのは、計画を実行する主体となる部落・農事実行組合・個人が実行すべき具体案が、うまく立てられなかったということである。計画の趣旨を村民一人ひとりに徹底させるために、村民大会や講演会、各種団体の総会・集会、部落巡回座談会などの会合を開き、村報・ポスター・リーフレットなどを配布することが提案されている。

さらに、「村民ノ精神教育」の根源となるべき規範を確定するために、他の優良村の事例について、次のように列挙している。①自村より輩出した偉人の教えを遵奉する、②報徳会、報徳社、修養団などの団体の精神を採用する、③教育会、矯風会などを新たに設置する、④山崎延吉、青木一法などの人格者を村の顧問に推戴する、⑤宗教に依拠する。木津村がいかなる方法を選択したかは、次章で明らかにしよう。

## 国家の指導・教化と自治

経済更生運動については、さまざまな事例研究が蓄積されているが、それらを見ても、計画の根幹部分はほぼ同じである。たとえば、村内各機関・団体の一致協力を不可欠としていること、経済更生委員会は、統制部・経営部・経済部・社会部などの各部によって構成されていること、内容は精神更生、生産増加、経済統制、生産・販売・購入の共同化、生活改善を柱としていること、などである。

前述したように、経済更生運動がそもそも国家的政策として推進されたことを考えれば、その内容が画一的になりがちなのは当然である。これまでふれてこなかったが、当時、内務省は独自に「国民更生運動」を展開しており、これが経済更生運動にも流れ込んでいるという指摘がある。[84] 国民更生運動は、時局の困難を打開するために自力更生を目標として掲げる精神運動であった。経済の組織化・計画化や自力更生のほかに、建国の精神に則った挙国一致・国難打開への協力とか、「社会公共」への「奉仕」といった国家主義的な統合のイデオロギーを外部から注入しようとした。それが典型的に現れているのが、木津村の事例では、更生計画の中の「教育計画」である。

この点について、大鎌は「更生運動の精神更生〔に〕は、農林省の農本主義的で農村内部に内在する思想と、内務省の農村に基盤をもたない国家主義的な思想の、二種の思想が併存していた」[85] としている。国家主義的な思想が農村に基盤を持たないのかどうかは検討の余地があるが、少なくとも「更生計画」にとっては、外部から「接ぎ木」されたものであったという点は首肯できる。

このように木津村の更生計画を概観した上で、改めて課題として提起しておきたいのは、こうした国家による指導・教化と、対象となる村の側の主体性とをどのような関係としてとらえるべきかという点である。

先に見た「昭和九年ノ更生計画樹立ニ先テ考ヘタルコト」には、次のような一文がある。

更生計画ハ作ツテ知事ニ報告スルガ最後ノ目標ニハ非ズ。之ガ実行ニヨリテ村民ノ福祉ヲ増進セシメントスルノ計画ナリ。故ニ人ニ見セル為メノモノニ非ズ。自己（村）ガ実行上ノ目標ト実行方法ヲ記述セル筈ナリ。第一ニ実行ト云フコトヲ念頭ニ置イテ樹立スベキモノトス。[86]

また、計画の樹立・実行上の責任は村長にあり、村長を補助する役場吏員の責任は重く、更生計画を継続・実行するためには、「役場吏員ハ一致シテ其ノ原動力タルノ覚悟ヲ要シ、如何ニ多忙ナル共夜フカシスル共不平ヲ申サズ、一路此ノ方針ニテ進ムノ覚悟ヲ定ムルコト」とも記されている。[87]更生計画の責任の所在と村当局の主体性が強く意識されている点が印象的である。

更生計画を構成する「教育計画」や「産業計画」においても、「村中心」が強調されていたように、国家主義や皇道精神がストレートに貫徹したわけではない。むしろ、木津村では更生計画は主体的にとらえ返され、「わが村の計画」として樹立されたことを重視しておきたい。

とはいえ、このような「村中心」主義の確立がいかに難しかったかも、繰り返しになるが強調しておかなくてはならない。そのことを示す木津村の一吏員（井上正一）の略歴を引用しておこう。

大正十四年木津村役場書記トシテ就職、〔中略〕昭和八年、経済更生ノ唱導セラルヽヤ〔中略〕同志ト相計リ〔中略〕本村自力更生計画ノ立案ヲナセリ、〔中略〕其ノ後ノ実行ニ当タリテハ各種機関統制活動意ノ如クナラズ其ノ地位困難ナル立場ニアルタメ如何トモ致シ難ク時ニ自亡〔暴〕自棄ニ陥ラントセルコトアリシモ万難ヲ廃〔排〕シ今尚之ガ成績ヲ挙グルニ尽力シツヽアリ[88]

本章では、軍事的組織化ないし軍事的統合と経済更生運動という二側面から、一九三三、三四年までの木津村の状況を見てきた。軍事的統合は、仮に主体的にそれを受容したとしても自治ではなく、国家の論理そのものである。それに対して、経済更生運動は国家政策としての側面と、自らの生活改善・向上を共同で進めるという点で自治の論理を合わせもっている。村を取り巻くこのような論理の重層・癒着・対抗の関係がどのように展開していくのか、章を改めて考えてみよう。

註

（1）酒井哲哉『大正デモクラシー体制の崩壊』（東京大学出版会、一九九二年）二頁。同「一九三〇年代の日本政治——方法論的考察」（『年報・近代日本研究10 近代日本研究の検討と課題』山川出版社、一九八八年）も参照。
（2）木津村役場文書117『昭和六年兵事』。
（3）『京都日出新聞』一九三三年一月一九日。
（4）同前、一九三三年二月四日。
（5）木津村役場文書126『昭和八年兵事』。
（6）木津村役場文書128『昭和九年兵事』。この文書の作成日付は一九三三年七月一七日であるが、一連の文書とともに翌年の簿冊に保存されている。
（7）京都府国防協会については、以下に依拠した。「財団法人京都国防協会監事（理事）ニ就職ノ件」、JACAR（アジア歴史資料センター）：C01006522200（第6画像目〜12画像目）、陸軍省大日記乙輯、昭和九年（防衛省防衛研究所）。
（8）京都府竹野郡木津村役場［編］『木津村自治五十年誌』（一九三八年）八九頁。
（9）木津村役場文書128『昭和九年兵事』。
（10）同前。
（11）一九三二年の在郷軍人状態調査には、救護対象者は「なし」となっている。
（12）郡司淳「軍事救護法の成立と陸軍」（『日本史研究』三九七、一九九五年）。
（13）小栗勝也「軍事救護法の成立と議会——大正前期社会政策史の一齣」（『日本法政学会法政論叢』三五（二）、一九九九年五月）。
（14）郡司淳『近代日本の国民動員——「隣保相扶」と地域統合』（刀水書房、二〇〇九年）一七四〜一七五頁。

(15)同前。
(16)木津村役場文書128『昭和九年兵事』。
(17)帝国軍人後援会［編］『社団法人帝国軍人後援会史』(一九四〇年)一七八～一八〇頁。
(18)同前、一七七～一八一頁。
(19)戦死者に弔慰金、負傷者に慰問金を贈ること、出征軍人の家族に慰問状や慰問金を贈ること、生計困難な家族に救護金を贈ること、など。
(20)『社団法人帝国軍人後援会史』一八六頁～一八八頁。
(21)木津村役場文書128『昭和九年兵事』。
(22)同前。
(23)京都府［編］『近畿防空演習京都府記録』(一九三五年)一頁。
(24)同前、二三頁。
(25)原田勝正「総力戦体制と防空演習――「国民動員」と民衆の再編成」(原田勝正・塩崎文雄［編］『東京・関東大震災前後』日本経済評論社、一九九七年)三六八頁。
(26)自治研究会［編］『区政之跡』(自治研究会、一九三四年)一三～一四頁。なお、この時点で、中野区には約八〇の町会があった。
(27)『昭和八年度関東防空演習　豊島区防護団池袋分団演習実施記事』一～五頁。
(28)『近畿防空演習京都府記録』一一、一五九～一六一頁。
(29)木津村役場文書128『昭和九年兵事』。
(30)同前。
(31)『近畿防空演習京都府記録』一五九頁。
(32)田中利幸『空の戦争史』(講談社、二〇〇八年)五三～五七頁。
(33)ドゥーエの戦略は、最初に敵の飛行基地を叩いてその航空戦力を壊滅させ、制空権を獲得したあと敵の人口密集地に爆撃を行うというものであった。これに対して、ミッチェルの場合は、空軍による攻撃目標をいくつかの「枢要中心部」に絞り、それらを集中的に攻撃することによって敵国の戦争持続能力に打撃を与えるというものであった（同前、一一二頁）。ドゥーエとミッチェルについては、エドワード・ワーナー「航空戦理論」（エドワード・ミード・アール［編著］（山田ほか訳）『新戦略の創始者――マキャベリーからヒットラーまで　下』（原書房、一九七九年　原著は一九四三年）二〇七～二一九頁）も参照。

（34）田中前掲『空の戦争史』は、ミッチェルの戦略論には「枢要中心部」に攻撃目標を絞るという点で、その後の精密爆撃の概念へと発展していく理論的萌芽があるとしている（一一三頁）。

（35）国際問題研究会『米国空軍の世界的飛躍』（一九二六年）一一三～一二三頁。

（36）土田宏成『近代日本の「国民防空」体制』（神田外語大学出版局、二〇一〇年）一五九～一六二頁に依拠した。

（37）黒田榮次『空襲下の祖国』（防空思想普及会、一九三四年）一一～一三頁。

（38）田中前掲『空の戦争史』六五頁。

（39）拙稿「日中戦争と「空襲法」――軍事目標主義の形成とその矛盾」（『神戸薬科大学研究論集Ｌｉｂｒａ』一、一九九九年）三〇～三六頁。

（40）JACAR：A05020209000（第1・第2画像目）、種村氏警察参考資料第58集（国立公文書館）。

（41）国防婦人会については次を参照。藤井忠俊『国防婦人会――日の丸とカッポウ着』（岩波書店、一九八五年）、鈴木しづ子「福島県における国防婦人会の成立と展開」（福島大学『行政社会論集』九（一）、一九九六年）。後者は、福島県内の事例を分析しており、木津村との比較の対象になる。

（42）木津村役場文書128『昭和九年兵事』。

（43）「愛国婦人会々勢一覧表」、JACAR：C05035381900（第4画像目）、公文備考 昭和一一年 S 団体・法人 巻一（防衛省防衛研究所）。

（44）木津村役場文書141『昭和十一年兵事』。

（45）同前。

（46）『木津村自治五十年誌』八九、九六頁。

（47）森芳三『昭和初期の経済更生運動と農村計画』（東北大学出版会、一九九八年）七七～七八頁。

（48）『官報』号外（衆議院議事速記録第三号）一九三二年八月二六日、一四～一五頁。

（49）猪俣津南雄『踏査報告　窮乏の農村』（改造社、一九三四年。岩波書店から一九八二年に復刊）一四九～一五

○頁（岩波文庫版）。土木事業費は地方費による半額負担をともなっていたから、地方財政の圧迫となり、農民負担を加重させた側面も見逃せない。
(50)大石嘉一郎『近代日本地方自治の歩み』（大月書店、二〇〇七年）一九三～一九四頁。
(51)今田幸枝「農村経済更生運動の政策意図と農村における展開」（大阪教育大学歴史学研究室『歴史研究』二八、一九九一年）六～七頁。
(52)森武麿『戦間期の日本農村社会――農民運動と産業組合』（日本経済評論社、二〇〇五年）一九六～一九八頁。
(53)次のものを挙げておく。森武麿「戦間期の村落「共同体」」（歴史科学協議会［編］『歴史における家族と共同体』（青木書店、一九九二年、のち森前掲書に所収）。庄司俊作『日本の村落と主体形成――協同と自治』序章「課題と方法」（日本経済評論社、二〇一二年）。
(54)自治村落に関する斎藤仁の主要な研究は、一九七〇年代半ばに発表され、のちに『農業問題の展開と自治村落』（日本経済評論社、一九八九年）にまとめられた。
(55)庄司前掲『日本の村落と主体形成』三頁。
(56)森前掲『戦間期の日本農村社会』二八八頁。森は、斎藤の提起を引き継いだ研究は、自治村落が近代にも生き残り、「生産と生活の共同単位」として「反資本」「反（不在）地主」「反革新」的性格を強調して「むら」を抵抗と防衛の拠点と位置づけ、支配と統合のかなめとして議論を展開してきた、と総括している。例として挙がっているのは、牛山敬二『農民層分解の構造――戦前期』（御茶の水書房、一九七五年）、同「経済更生運動下の「むら」の機能と構成」（『歴史評論』四三五、一九八六年）、長原豊『天皇制国家と農民――合意形成の組織論』（日本経済評論社、一九八九年）、庄司俊作『近代日本農村社会の展開――国家と農村』（ミネルヴァ書房、一九九一年）である。
(57)庄司前掲『日本の村落と主体形成』第一章「近現代の村落と地域的基盤機能」三五～六四頁。
(58)同前、一九頁、二八九頁。
(59)同前、三七八頁。
(60)平賀明彦「経済更生計画と町村指導の特質」（『白梅学園短期大学紀要』三七、二〇〇一年）。
(61)坂口正彦『近現代日本の村と政策――長野県下伊那地方1910～60年代』（日本経済評論社、二〇一四年）

二九四〜二九五頁、三〇〇頁。
(62) 近年の研究では、総力戦体制が旧来の村のあり方を動揺させ、場合によっては破壊する傾向ももったことが指摘されている。伊藤淳史『日本農民政策史論——開拓・移民・教育訓練』(京都大学学術出版会、二〇一三年)第一章は農業労働力の不足や食糧増産などに対応するため、都市から送り込まれた食糧増産隊などによる勤労奉仕が、農村にもたらした軋轢を分析している。また、安岡健一『「他者」たちの農業史——在日朝鮮人・疎開者・開拓農民・海外移民』(京都大学学術出版会、二〇一四年)第一章第三節は、農業労働不足を背景に導入された朝鮮人農業労働者が、小作農民になっていく事例を明らかにしている。
(63) 松野周治「京都における農村経済更生運動の一事例——旧竹野郡木津村」(『立命館大学人文科学研究所紀要』五二、一九九一年)四〇〜四三頁。なお、地主のうちもう一戸は、耕地と山林を合わせて一〇町を保有している。
(64)『木津村誌』二六二頁。
(65) 同前、五三〜五四頁。本書の対象とする時期において、一九三五年二月から一九四一年一月まで村長をつとめたのは谷口源太である。この谷口家こそ、おそらくは一〇町以上をもつ地主であろう。谷口源太は、それ以前、一九二六年から一九二八年にも村長をつとめている。また、谷口のあとを襲い一九四一年四月まで村長をつとめた友松米治の所得額は村内で三ないし四番目である。所得額では二番目の杉本家も村長を二代にわたって出していることも付け加えておく(木津村役場文書480B『特別税戸数割賦課額表』)。要するに、村内上層が交代で村長を出すという分かりやすい構造だが、谷口家は所得額だけではなく、農業経営の手腕と指導力でも一頭地を抜いていたとみられる。
(66) 同前、一一八〜一二〇、一二七〜一三〇頁。
(67) 松野前掲「京都における農村経済更生運動の一事例」四六〜四七頁。
(68) 庄司前掲『日本の村落と主体形成』二五〇頁。
(69) 森前掲『昭和初期の経済更生運動と農村計画』一二九頁。
(70) 庄司前掲『日本の村落と主体形成』二八〇頁。
(71)『木津村誌』一三六頁。

(72)同前、二八二頁。
(73)『木津村自治五十年誌』八七頁。
(74)竹野郡木津村「昭和八年四月　自力更生計画」(木津村役場文書127『昭和八年区長往復・願届・証明・公示・告知・指令・辞令・自力更生計画・部落計画』、以下『昭和八年区長往復』とする)。
(75)経済更生委員会について、いくつか事例を挙げておく。大阪府豊能郡東能勢村(一九三二年度指定)の場合は、統制・生産・経済・教育・社会の五部で構成されていた(今田前掲論文、二三三頁)。茨城県結城郡五箇村(一九三四年度指定)の場合は、生産部・社会部・経済部の三部で構成されていた(雨宮昭一『総力戦体制と地域自治』青木書店、一九九九年、九〇頁)。
(76)木津村役場文書127『昭和八年区長往復』。
(77)大鎌邦雄「経済更生計画書に見る国家と自治村落――精神更生と生活改善を中心に」(同［編］『日本とアジアの農業集落――組織と機能』(清文堂出版、二〇〇九年)九二頁。
(78)木津村役場文書127『昭和八年区長往復』。
(79)大鎌前掲「経済更生計画書に見る国家と自治村落」九七頁。
(80)「御真影奉戴(小学校)／四大節奉賀／国旗掲揚(各戸)／宮城遥拝／勅語詔書奉読及び謹話／御尊影御写真等の取扱を特に留意する／国史教育の徹底を期す」(木津村役場文書127『昭和八年区長往復』)。
(81)「各戸必ず皇大神宮大麻を拝受奉祭すべし／大神宮講、代参等の古式を尊重継続す／国家重大日及び毎月一日氏神参拝をなし毎日各部落一名づゝ代参をなす／村又は部落の重大事に際しては必ず氏神に奉告すること／氏神祭礼古式は崇厳盛大に執行す／毎日神仏を礼拝し一家の重大事は必ず奉告すること／祖先の祭祀は丁重に扱ひ菩提寺参拝を怠らぬこと／盂蘭盆会などの行事を丁重に行ふこと／神社境内墓地の清掃」(同前)。
(82)同前。
(83)赤澤史朗「村と民衆統合――『木津村報』の分析」(『立命館大学人文科学研究所紀要』五二、一九九一年)、八四〜八五頁。
(84)大鎌前掲「経済更生計画書に見る国家と自治村落」八七〜八九頁。
(85)同前、八九頁。

(86) 木津村役場文書127『昭和八年区長往復』。
(87) 同前。
(88) 木津村役場文書147『昭和十一年経済更生特別町村一件』。この略歴は「農村経済更生実行状況調書」の「中心人物」の項に記されていて、松野前掲論文が紹介している。

第3章

# 村のメディアから見た三〇年代

## 1 『木津村報』の発刊とあゆみ

### 『木津村報』の誕生

一九三三年から始動する木津村の経済更生運動は、その後どのように展開していくのだろうか。本章では、一九三四年に急速に進んだ軍事的組織化と経済更生運動との関係、日中戦争の開始が経済更生運動を進めてきた木津村にもたらした影響に注目しながら、総力戦体制に組み込まれていく村の姿を明らかにしたい。その際に、貴重な手がかりを与えてくれるのは、序章でふれた『木津村報』である。これについては赤澤史朗が時期区分しながら分析を加えているので、[1]それを参照しつつ村報の内容を詳しく検討してみたい。

『木津村報』一号は、一九二五年八月に発刊された。冒頭に掲載された「刊行の辞」によれば、刊行の趣旨は以下のようにまとめることができる。

一、村の自治行政上に関わる事柄を細大漏らさず村民に周知する。
二、「国民精神作興ニ関スル詔書」に基づき勤倹奨励を進める。
三、村民の希望など、投稿を歓迎する。

「国民精神作興ニ関スル詔書」とは、関東大震災後の一九二三年一一月一〇日に出されたものである。この詔書は、個人主義や社会主義の浸透、都市におけるモダニズム文化、社会運動や社会改造の動きを、「浮華放縦ノ習」「軽佻詭激ノ風」として排し、「醇厚中正」「質実剛健」の精神の確立と「忠孝義勇ノ美」を挙げることを国民に要求したものである。「刊行の辞」を見れば、『木津村報』はこの詔書の示す方向にしたがおうとしていることが、まずは確認できる。とはいえ、刊行の趣旨をこの詔書との関わりのみで解釈するのは、あまりに一面的である。村の行政上の事柄や課題を村民に周知し、村民の意向も反映するといった双方向的なメディアになることが志向されていたことも、それに劣らず重要である。このことを念頭におきつつ、まず『木津村報』の刊行形態について概観しておきたい。

『木津村報』は全部で一四一号を数え、最後の号は、敗戦直前の一九四五年八月一日に発行されているが、その間、三回にわたって休刊となった時期がある。発行の頻度は時期によって異なり、多い年はほぼ毎月、一番少ない年は二回と、発行回数には幅がある。『木津村報』の発行に深く関わった人物は、一号から九八号（一九三九年一月二〇日）までの間、役場書記をつとめた井上正一である。四七号（一九三〇年一一月一日）には、「編輯員は自分の仕事の余暇を以て相当苦心して編輯しております」とある通り、『木津村報』の発行は、井上の個人的努力によるところが大きい。

赤澤論文は、『木津村報』を分析することによって、昭和戦前期における木津村の「民衆統合の諸相」を三期に時期区分しつつ論じている。それによると、第一期は『木津村報』発行前の一九二〇年代初頭から三二年までの「教化運動期」、第二期は一九三三年から四〇年にいたる経済更生運動期、第三期は一九四一年から四五年までの翼賛体制期とされている。『木津村報』の内容分析もこの時期区分に沿って行われており、大づかみに『木津村報』の歴史を理解するためには有効な時期区分だと思われる。ただ、著者としては、赤澤論文が日中戦争開始前後で区別しつつもひとまとまりにしている第二期を、第二期・第三期とした方がよいのではないかと考えている。その理由は、本章を通じて次第に明らかにされよう。

## 民力涵養運動と自治

さて、時間的には前章と逆転するが、第一期すなわち一九二〇年代にさかのぼって『木津村報』の歴史的性格を考えることから始めよう。赤澤論文は『木津村報』発行の前提として、一九二〇年の民力涵養運動を挙げている。民力涵養運動とは、一九一九年、床次《とこなみ》竹《たけ》二郎《じろう》内相の地方長官に対する訓示をきっかけに始まった国民教化運動である。その訓示と、内務省における協議会での提案や補足意見をまとめたものが**表3-1**である。デモクラシー思想・運動の普及、階級闘争的な社会運動を、天皇中心的な国家観念を媒介にしていかに体制内に馴化させるかがこの運動の目的であった。

表に見られるように、天皇中心的な国家観念の養成が第一に掲げられているが、それは必ずしも「外来の思想」を頭から排除するものではなく、「自主的選択」や「咀嚼同化」が推奨されている。また、「科学の研究心」の促進や外国語の習得が奨励されるなど、「世界の大勢」への順応も強調されている。さらに、「隣保相助」や「共済諧和」を進めることによって、階級間の対立の顕在化を抑え込み、勤倹と同時に生活改善や合理化をはかるというねらいも読み取ることができる。

各道府県はこれに沿って実行要目や細目を作成した。京都府が編纂した『民力涵養第一年』には、

## 表3－1　内務省民力涵養協議会の議論

| 項目 | 内相訓示 | 内務省私案 | 民力涵養協議会委員による補足意見 |
|---|---|---|---|
| 1 | 立国の大義を闡明し、国体の精華を発揚して健全なる国家観念を養成すること | イ．国民教化の普及徹底を期すること<br>ロ．先祖崇敬の実を挙くること<br>ハ．教育、思想、道徳、宗教に関する諸家及諸団体の意思の疎通を図り其の奮起を促すこと | ・神社崇敬の実を挙ぐること<br>・大麻を政府より授与せられたきこと<br>・伊勢の神城近傍に国民的精神を涵養する設備をなすこと<br>・町村の地理歴史を小学校の正課に入れられたきこと<br>・史跡保存の途を講ずること<br>・神職の養成に最も力を用ひること<br>・歴史教育を盛にすること |
| 2 | 立憲の思想を明瞭にし、自治の観念を陶冶して公共心を涵養し犠牲の精神を旺盛ならしむること | イ．公徳心公共心の養成に努むること<br>ロ．共同作業の奨励をなすこと<br>ハ．奉公感謝の観念を旺ならしむること<br>ニ．自治制の要義を了得せしめ其の実績を挙くるに努むること | ・憲法発布の由来を明にすること<br>・憲法発布に関する勅語を紀元節の式に奉読すること<br>・地方の中心人物の養成に勉むること<br>・幹部の養成に勉むること<br>・立憲思想を明瞭にするには<br>イ　理性的判断を養成すること<br>ロ　人格を尊重すること<br>ハ　雅量を大にすること<br>ニ　言論を尊重し責任心を強くすること<br>ホ　正義の観念を強くすること<br>・自治の観念を陶冶するには<br>イ　国体の精神を知悉せしむること<br>ロ　部落感情を打破すること<br>ハ　党派心を打破すること<br>ニ　愛村心を養成すること<br>・市町村の予算決算を公示すること<br>イ　大臣地方長官等自治功労者を招待し其の他の優遇をなすこと<br>ロ　公民教育を勧奨すること |
| 3 | 世界の大勢に順応して鋭意日新の修養を積ましむること | イ．外来の思想に対しては自主的選択の態度を執り之か咀嚼同化に努むること<br>ロ．青年の教導を実際的ならしめ其の効果を挙くるに努むること<br>ハ．科学の研究心を促進し発明工夫の趣味を助長せしむる方法を講ずること | ・新旧思想の調和を図ること<br>・外国語の習得を奨励すること<br>・旧弊を打破すること<br>・国民の体格の向上を図ること |
| 4 | 相互諧話して彼此共済の実を挙げしめ以て軽信妄作の憾みなからしむること | イ．社会的事業の発達に注意し其の善導に努むること<br>ロ．隣保相助の方法を講ずること<br>ハ．資本主と労働者、地主と小作人の関係に留意し共済諧和の実を挙くるに努むること<br>ニ．付和雷同の弊風あるものは之ヲ矯め自重自制の精神を養成すること<br>ホ．部落の改善方法を講ずること | |
| 5 | 勤倹力行の美風を作興し生産の資金を増殖して生活の安定を期せしむること | イ．勤労の趣味を助長する方法を講ずること<br>ロ．貯蓄の奨励に努むること<br>ハ．時間を確守する方法を講ずること<br>ニ．能率増進の方法を講ずること<br>ホ．衣食住の改善を計り簡易生活を奨むること<br>ヘ．冠婚葬祭送迎等の弊害あるものは之を改良すること<br>ト．娯楽改良の途を講ずること | ・社会生活を改善すること<br>・生活を合理的ならしむること<br>・産業組合、農業倉庫等の改善普及を図ること<br>・国民一般に通用し得る礼服の制定を得たきこと |

出典：京都府［編］『民力涵養第一年』（1920年）2〜7頁より作成。

表3－2　京都府の民力涵養実行要目・細目

| | 実行要目 | 細目の項目数 |
|---|---|---|
| 1 | 教育勅語の趣旨徹底を図ること | |
| 2 | 戊申詔書の趣旨徹底を図ること | |
| 3 | 五ヶ条の御誓文及憲法発布詔勅の趣旨を敷衍すること | 4 |
| 4 | 敬神崇祖の実を挙ぐること | 13 |
| 5 | 国史の訓育的教授の普及徹底を図ること | 11 |
| 6 | 公民教育の普及徹底を図ること | 12 |
| 7 | 補習教育を旺ならしむること | 12 |
| 8 | 理化学の研究心を促進し独創的精神を涵養すること | 6 |
| 9 | 社会政策に関する事業の発達を図ること | 7 |
| 10 | 隣保相助の方法を講ずること | 3 |
| 11 | 資本主と労働者、地主と小作人の関係に留意し共済諧和の実を挙ぐること | 7 |
| 12 | 細民生活の美風を助長する方法を講ずること | 12 |
| 13 | 勤労の美風を助長する方法を講ずること | 10 |
| 14 | 貯蓄の奨励に努むること | 4 |
| 15 | 時間を確守する方法を講ずること | 2 |
| 16 | 能率の増進の方法を講ずること | |
| 17 | 衣食住の改善を計り簡易生活を奨むること | |

出典：京都府［編］『民力涵養第一年』（1920年）124〜134頁より作成。

京都府の作成した実行要目が掲載されているが、その内容は、**表3－2**の通りである。要目ごとに細目が付けられていて、その総数は一〇三に及ぶ。特徴的なことは、細目のうち、敬神崇祖と教育に関わるものの比率がかなり高くなっていることである。中でも注目されるのは、内務省の民力涵養協議会委員の補足意見（項目1）にあった「歴史教育」（**表3－1**）が、「国史の訓育的教授」として具体化されていることである。細目の内容は表では省略してあるが、師範学校や中学校、高等女学校などで「訓育的国史」教育を行うべきことが強調されている。また、「国体の精華」を内容とし国民的情操を陶冶する唱歌を児童・生徒・青年などに歌わせる、といった項目もあり、京都府の指導は、国体論的な方向へと傾斜していることがわかる。

京都府は、こうした細目に基づいて府下の市町村に民力涵養運動の実行を迫った。『民力涵養第一年』には、府下の市・郡ごとに詳細な実行要目・事項が記されているが、その内容については割愛せざるをえない。ここでは、民力涵養運動について次のことを確認しておくにとどめる。

第一に、自治の観念の陶冶や公民教育の勧奨が提示されていることである。部落感情を打破することによって愛村心を養成し、市町村の予算・決算の公示を求めていることは、町村の地理・歴史教育への言及とともに注目しておいてよい。自治の担い手として、市町村民の主体化が求められていると言えよう。だが、注意しなければならないのは、自治の観念が国体の精神に周到に関連づけられていることである。

第二に、**表3-1**の1と5の項目では、経済更生運動につながるさまざまな事項がすでに提起されていることである。とはいえ、接続しないものにも目を向けておかなくてはならない。項目2の補足意見にある「立憲思想を明鬯《めいちょう》にするには」で列挙されている事項は、経済更生運動においてはほとんど脱落している。それらは一九二〇年代の社会状況を反映したものだからである。世界恐慌後の政治・経済情勢に対応すべく、民力涵養運動で提起された項目を取捨選択および補足して、経済更生運動は開始されたと見るべきだろう。

全国の市町村報の発行と民力涵養運動との関わりについては、第一の点、つまり**表3-1**の2の項目が重要である。京都府の事例では、実行要目六（**表3-2**）「公民教育の普及徹底を図ること」の細目で「市町村報等ノ発行ヲ奨励シ参考事例ノ周知ヲ図ルコト」と規定されている。『木津村報』の発行は決して遅いとは言えないが、民力涵養運動との時間のズレがある。

### 行政村の変容

その間、木津村では、自治や民主化を強化する方向で、村内の組織・団体のあり方が改変された。地方自治制の変更と合わせて、時系列的に整理しておこう。既述の通り、一九二一年の市町村制改正によって、公民の要件として直接国税納付が撤廃され、直接市町村税を納めることをもって足りるとされた。併せて、等級選挙制も改変され、町村会の場合は等級制が廃止された。

この年、木津村では、一四～二五歳までの未婚の女子有志をもって一九一六年に結成された婦人会が改組され、婦人会には一四～四〇歳以下の女性がすべて加入することになった。同時に、二五歳までの未婚の女子によって「木津村婦人会処女部」が作られた。同じく一九二一年、木津村で全戸主が加盟する「戸主会」が創設された。「戸主会規約」には、村民の修養、民力涵養、自治の振興をはかることが目的として掲げられている[2]。こうして木津村のいくつかの組織は、全員加入型となった。全員が参加するという意味では民主化されたと言えるが、その分、全体の統合が容易になった側面があることに留意しなければならない。

一九二三年には、青年会の組織が変更された。それまでは会長以下の役員は評議員会で決定されていたが、正会員の選挙によって選出されるようになった。役員についても、会計幹事・庶務幹事を改め、会計部長・文芸部長・体育部長が設置された。もともと青年会は、小学校訓導の指導のもとに夜学を目的として組織された青年夜学会から発展したものであったが（一八九八年に青年夜学会から青年会と改称）、一九一五年に小学校に夜学が付設されたことで独自の組織としての性格を強めていた。二三年の改組は、青年の要求に沿った活動に積極的に取り組む方向を強めることになったと思われる。それをよく示すのが、青年会報（のち『若橘《わかきつ》』）の発行である。それは、さまざまな青年の思いや要求、娯楽の記事であふれている。

自治制度の推移を見ると、一九二三年に郡制が廃止されて、郡会がなくなった。ただ、行政区画としての郡は残り、郡長と郡役所はそのままであった。郡役所が廃止されるのは二六年のことである。二四年には、木津村婦人会処女部が婦人会から分離独立し処女会となり、翌年には、青年会が青年団と改称された。

『木津村報』が発刊された一九二五年は、周知のごとく普通選挙法が成立した年である。こうした流れは、『木津村報』発刊の歴史的意味を考えるにあたって、「国民精神作興ニ関スル詔書」に見られる精神統合という側面だけではなく、一定の自治の拡大や村内組織の民主化といった背景を踏まえるべきことを示唆している。

では、実際に更生運動期までの『木津村報』の内容はどのようなものだったのだろうか。以下の①～⑩のように内容を分類してみると、わかりやすい。

①村勢、村行政―村財政（予算・決算）の報告、米などの農産物収穫高や収繭高、人口や戸数などの村勢、区長会の報告、役場の人事異動、村の日誌
②自治制度の解説―地方自治制改正の要点解説、選挙の解説
③催し物や行事、税務など広報的記事―各団体からの情報、各区の行事、納税期日や納税奨励規定の周知、各種税の課税率、消防組だより（消防演習など）、信用組合だより、青年団の総会・役員人事や行事、災害の被害や実態の情報
④農事関係の情報―農会や蚕糸小組などからの情報、桑園の管理法、米の害虫駆除法など
⑤学事―小学校行事、実業補習学校の出席状況
⑥生活改善に関わる記事―合理的炊事法、衛生に関する注意事項

⑦勤倹貯蓄—標語
⑧意見表明—行政方針に関わる論説
⑨国勢の解説
⑩国家的制度や行事に関わる記事—徴兵検査結果、簡閲点呼該当者、大喪・大礼の儀式と心構え

## 村報と公共性

この分類を参照しつつ、第一期の『木津村報』の役割をまとめると次の点が指摘できる。第一に、①に見られるように、行政村の自治を実質化するために、村の現状を広く知らせるという役割である。序章でも述べたが、自治のためにはまず自ら（村勢）を知るべきだという認識が基礎にあると思われる。自治の担い手として村民を主体化させていくために、普選にともなう制度改革の解説にも力が注がれた。

その際、特徴的なことは、最初の数号には国勢の解説が表やグラフつきで掲載されていることである。たとえば、「主要国ノ国富」「日本ノ国債」（一号）、「日本の〔ママ〕貿易」「全国煙草の〔ママ〕消費量」「正貨保有高」「米国貨幣ニ対スル日本貨幣ノ価値」（二号）などがそれである。このうち、欧米諸国との圧倒的な差をグラフ化した「主要国ノ国富」については、「御互ヒニ勤倹ニ努力シマシテ欧米各国ニ負ケナイヤウニ致シタイモノデス」との説明が加えられている。国家（国富）と自治が関係づけられており、その意味で民力涵養運動の理念に忠実にしたがったものである。しかし、こうした国勢の解説は、いったん四、五号で中断し、六、七号で復活したあとは消滅する。これをもって当初の方向性が変わったわけではないが、少なくとも後景に退いたと考えられる。

『木津村報』の役割として第二に指摘できることは、号を重ねるごとに、村内の各種団体の取り組

みや役場の業務などを報告・連絡する広報的側面が強まっていくことである。『木津村報』の発行によって各種団体・組織の情報が役場に集約されるようになったことがわかる。それらの情報が共有されること自体、行政村としての団体意識を強める効果はあったであろう。

一九二七年三月七日にこの地域を襲った丹後震災は、はからずもそうした村報の役割を改めて確認させるものとなった。地震発生から約三ヵ月後に発行された二一号（六月六日）は、それまでの約二倍の頁数で、村全体の被害状況、損害額、復興状況、復興費、税金減免などについて詳細な情報を提供した。木津村では、住家の全焼・全壊が九六棟、半壊四六棟、村内での死亡者は八名であった（『木津村誌』の統計とは数値が若干異なる）。震災によって村報の定期的発行には支障をきたしたが、翌年にはほぼ毎月刊行に復した。

第三に、農事関係の記事が量的に多いことが特徴である。農業技術や農法を伝達する「農会だより」や、養蚕技術や生産実績を詳細に伝える「〔蚕糸〕小組だより」のほかにも、農業関係の記事はいくつも見られる。赤澤論文も指摘しているように、この時期、商品作物の栽培と多角化を進めることによって経営の安定化を目指していた村の動向を反映している。

第四に、投稿を通じて村民の意見や要望をすくい上げることは困難だったことである。村民からの投稿は少なく、時たま村長の決意表明などが載る程度であった。その意味では、村のあり方について双方向的に公論を形成する場としては十分に機能していない。

第五に、国家的行事への参加を促し、国家的制度を円滑に機能させる媒体としての役割を果たしていることも重要である。先に示した内容の分類では⑩に該当する。この時期の国家的行事と言えば、大正天皇の大喪と昭和天皇の大礼が真っ先に挙げられる。一九二七年二月五日発行の『木津村報』一九号は、二月七、八日の「葬場殿の儀」と「陵所の儀」の次第について記述し、七日には小学校で遙拝式を執り行うこと、七、八両日には弔旗を掲げ歌舞音曲を慎むことを指示している。また、翌年一一月（日付不詳）発行の『木津村報』三二号は、昭和天皇の大礼に関わる村での奉祝行事について連絡や指示を載せている。それによると、木津村では一一月一〇日の即位礼に合わせて、奉祝式・「天杯並酒肴料伝達式」・旗行列・提灯行列などが行われ、一四、一六日も終日休業として村内神社で大祭が催されるなど、いくつかの行事が行われていることがわかる。

## 埋め込まれた徴兵制

さて、もう一つ、国家的制度として重要なのは、言うまでもなく徴兵制である。『木津村報』における徴兵制関係の記事の内容は、徴兵検査結果、入営者・退営者の一覧、勤務演習・簡閲点呼該当者の一覧などである。このうち、最も情報量が多いのは、徴兵検査結果である。たとえば一号には、徴兵検査結果として、一人ひとりの体格等位（甲種、第一乙種など）や兵種・役種ばかりでなく、身長・胸囲・体重まで記載されている。以後の号では身体の計測結果は載らなくなったが、基本的に毎年徴兵検査結果を掲載するという方針は維持された。

このように、受検者数、甲種合格者数などの統計的な数値ではなく、人名とともに体格等位が村報で公表されたことは、さまざまな意味をもったと思われる。徴兵忌避に対する監視としてはもちろん、兵士としての身体的資質の序列を村全体のレベルで可視化し、それによって当年の受検者ばかりでなく将来受検する男子の規律化につながったのではないか。また、当時の社会関係からすれば、そのようなプレッシャーは個人だけではなく家全体にのしかかってきたであろう。

なお、こうした徴兵検査結果の公表は、どこでも同じような形式で行われたわけではない。たとえば新潟県中蒲原郡石山村（現新潟市）の『石山村報』では、徴兵検査結果は統計的に処理されている。

一九二七年の記事を見ると、受検者総数七五人中、甲種が三七名で全体の四九・三%、第一乙種が一一名で一四・七%といった具合である。(3) 体格等位ばかりでなくトラホームや花柳病の百分比もあり、身長・体重・胸囲の平均値も掲載されている。この記事は統計に基づいて、「前年に比し受検人員の多いに反し之か〔ママ〕合格者の低下したるは遺憾なり」と評価し、郡内で一五位だったことも指摘している。石山村では、あくまでも村全体としての記述になっていることが特徴である。

とはいえ、『石山村報』の場合にも、徴兵検査に関わって人名が出てくる一覧表が一つだけある。「抽籤結果表」がそれで、体格等位ごとの抽籤番号と兵種・大字・氏名が記されている。この表に掲載されるのは、抽籤が行われた者すなわち甲種・第一乙種・第二乙種までであるから、丙種以下の人名は出てこない。ではなぜ村報によってこのような違いが発生するのか。一つの原因として村の人口と連動する受検者数の問題が挙げられるだろう。木津村の一九二八年の受検者数は二一名、甲種合格は一一名、現役入営者は六名であったから、(4) 木津村は石山村の三分の一以下なのである。

もう一つ長野県小県郡青木村の『青木時報』を見てみよう。長野県は青年運動が非常に活発であり、小県郡では多くの村で青年団が主導して村報類を発行していたことは序章でふれた。一九二一年に創刊された『青木時報』もその例に漏れず、青木村青年会の発行になるものである。そうした性格もあって、役場や村会とは一定の距離を保ち、議会批判など国政レベルに関する政治的な主張も頻繁に掲載されている。

こうした特徴をもつ『青木時報』では、徴兵制の記事はどうなっているのだろうか。実は、徴兵検査の扱いについては『木津村報』と同じなのである。正確に言うと、一九二二年までは合格者の人名が掲載されていたのだが、(5) その翌年から受検者すべての体格等位が記載されるようになり、(6) その後もこの形式が継承された。青年会の会員が徴兵検査を受け、合格者がより分けられ、さらにその中から入営者が出ていくわけだから、会自身にとっても徴兵検査が大変重要な意味をもっていたことは想像に難くない。

横道にそれるようだが、『青木時報』を用いて、地域社会に埋め込まれた徴兵制が自治にとってどのような意味をもったのかを今少し深めておきたい。『青木時報』は一九二〇年代のデモクラシー、無産運動、軍国主義批判の息吹を反映し、一九二八年一〇月一日発行の八三号で、済南事件を階級的見地から批判した『インタナショナル』の論説の一部を転載している。そのエッセンスは、済南事件の背後には、中国における政治的・経済的覇権を確立するために山東の植民地化を必要とする日本のブルジョアジーの意志がある、という指摘にある。しかし、実際に青年会の中から出征者が出た場合には、こうした批判的な姿勢は維持できるだろうか。

この地域では、木津村よりずっと早くそのときが訪れた。満洲事変に際して、一九三二年四月の段階で青木村からは三九名の出征者があった。[7] 翌年五月には最初の戦死者が出て、続いて年内に一名が戦死、一名が戦病死、さらに一名が負傷している。一〇月には三名の村葬が盛大に行われた。[8]『青木時報』の紙面にはそれらの記事がかなりのスペースをさいて掲載され、「非常時」意識の浸透に大きな役割を果たしたと思われる。一九三四年二月に発行された『青木時報』の一面トップに「時の問題非常時の正体とは」という記事があるが、そこには、陸の生命線（ソ満国境）、海の生命線（アメリカに対する太平洋の緊張）がいつ破れるか、「もはや絶対にそれを回避することのできない、必然的な運命にまで来ている」と記されている。[9] 地域社会に埋め込まれた徴兵制は、階級的見地や国家政策への批判的な視点を封じ込め、最低でも消極的な（表面的な）戦争支持へと誘導するにあたって、決定的な梃子となったのではあるまいか。

## 2　経済更生運動の媒体として

### 報徳精神と貧乏の克服

一九三一年八月から一九三三年四月まで、『木津村報』は発行されなかった。同年五月から一二月に一時的に復刊されるが、三四年初めから一年半にわたってまたも休刊となった。その原因は明らかではない。ただ、再刊を果たした六一号（一九三五年九月二五日）の冒頭に、「編輯子」名で『時局匡救事業や続いて昨年の水害の後始末で多忙だったに違ひない、もっともだ』と独り合点して下さるかたもありませう」と記されている。事情はおそらくこの言葉の通りだったと推測される。

それはともかく、再刊された村報は、『木津村報　更生時報』と改称され、改めて経済更生運動の媒体としての役割を自覚的に担うことになった。日中戦争開始までの第二期において、最も顕著なことは、随所で報徳精神が強調されていることである。報徳精神とは何か。さまざまな説明の仕方があるが、同時期に出版された『部落常会を中心としたる町村教化』（長崎県教化団体連合会）は次のように説明している。

一言を以て之を尽しますれば、「天は大徳を具備し、人間を始め宇宙の事々物々は無量無限の恩恵を受けて居る、之に報ゆる為に自己の途を行つて徳を立てる」と言ふことに帰するかと思ふのであります。(10)

こうした考え方を『木津村報』はどのように伝えているのだろうか。重要な役割を果たしたのは、一九三三年に木津小学校長として赴任してきた矢野治であった。矢野の前任校は、綴喜《つづき》郡八幡小学校

（現京都府八幡市）であるが、出身は木津村の属する竹野郡と隣り合う中郡の三重村（現京丹後市）である。

矢野は、再刊した六一号から七五号（一九三七年一月二〇日）まで、ほぼ毎号のように、二宮尊徳や報徳精神に関する文章を書いている。二宮尊徳の生い立ちから始めて、死ぬまでの言行録を三号にわたって事細かく解説し、四号目で報徳思想の概要をまとめている。それによれば、二宮が「一貫して主張し実行して来た報徳思想とは、宇宙一切の無限の天恵に報謝する為に常に善事を行ふといふ事である」[11]。更生運動は物的方面のみに集中しているから、いつまでも不安が残るわけで、それを克服するためにも報徳精神が不可欠だ、という位置づけになっている。

矢野の説くところをもう少し具体的にたどってみよう。一貫して中心的な位置を占めているのは、貧乏からいかに脱却するか、という課題である。矢野はまず貧乏の根元について次のように説く。貧乏の根元には自然的原因（自然災害など）と人為的原因がある。前者はなくすことはできないが、備えることはできる。後者は、人の不注意・不謹慎によるものだから反省して新しい生活に入ればよい。節約をしていると思っていても欠陥はあるものだから、木津村が今取り組んでいる「各戸計画及経済簿記帳」はどうしても欠くことができない[12]。

続いて、貧乏の原因を考察すること、すなわち、「貧」の種を播いた結果「貧」になったのだから、それがいつの代に播かれたのか原因を確かめることが必要であるとする。貧富も自然に基づく因果・輪廻だから、いかんともしがたいように思うかも知れないが、報徳の仕法は自然の方則に任せるということではない。「努力勤勉人道を立てゝ、茲に新しい輪廻を展開せしめやうとするのが報徳の仕法である」[13]。こうして矢野は、誰もが貧乏から脱却できる可能性をもつことを強調し、自発的に貧乏に立ち向かうべきことを主張する。

ただやみくもに努力し勤勉であればよいということではない。その心構えにこそ、報徳の報徳たるゆえんがある。「報徳の仕法精神は損得を離れて役立たうといふ。今まで儲けやうと考へてゐたのを役立たしてもらおう[14]」というふうに、発想を転換させねばならない。矢野は、掃除をするのは客が来るからではなく、この家に生活するお礼に掃除をする、といったわかりやすい事例を挙げる。もう少し進んで、報徳社で有名な静岡県杉山村（現静岡市）の例を挙げながら、農業は何のためにやるかというと、これまで農業という仕事で食べさせて戴いている、そのお礼に農業をやる、という具合に敷衍していく[15]。

## 佐々井信太郎の報徳思想

地域イデオローグとしての矢野の言説は、報徳精神がいかなる形で社会の末端に受容されていくのかを考える上で、大変興味深い事例である。ただ、報徳思想の普及の中心に位置する報徳社が、どのように報徳精神を説いているかを見てみないと、それを全体的に把握したことにならない。矢野の言説の背後にある、より構造的なイデオロギーを解析しておく必要がある[16]。

そこで、矢野の連載とほぼ同時期に刊行された、大日本報徳社の佐々井信太郎の著書『国民更生と報徳』を取り上げてみよう[17]。佐々井は、一九二二年から四八年まで、途中若干の期間を除き、大日本報徳社の副社長として同社を実質的に指導した人物である[18]。報徳思想の研究についても、一九二七年から刊行される『二宮尊徳全集』全三六巻（一九三二年完結）の編集に深く関与し、重要な業績を残している。

『国民更生と報徳』によれば、「報徳生活様式」の「基本様式」は、勤労、分度、推譲である。勤労については、健康状態に見合った労働時間の延長や能率の増進とともに、「計画経営」が重視されている。「計画経営」があってこそ勤労は十全たりうるという論理になっているととらえた方が正確かも知れない。

分度とは、天から授かった分限を知り、それに見合った生活を送ることを意味する。[19] 身体的特徴など変えられない分限と、金持ち・貧乏といった変えることできる分限とがあるが、ひとまずは現在の分限を正しく自覚することから出発しなければならない。その上で、分度を図3－1のように区分して生活の様式が定められる。図の内分とは、天分の中で使ってよい金で、外分とは使ってはならない金のことである。外分のうちの自譲とは、大病をしたときとか、娘の嫁入りのときなどに使うものであり、その残りが他譲ということになる。佐々井は他譲の例として、村が行う道路建設や学校の新築、寺の修繕、国家の重要な事柄などを挙げている。こうして、分度生活の中から生み出した余剰を各人が拠出する推譲が導き出される。

**図3－1　分度の図解**

出典：佐々井信太郎『国民更生と報徳』（改訂版、平凡社、1938年）297頁。

その上で、分度とは推譲をやることだとし、推譲によって分度が再定義されるのである。ここで、分度とは「自分で規則を定めて暮らして行くことであつて、さう云ふ暮しを自律生活と言ふ」とされていることに注目しておこう。

さらに、このような三つの概念をまとめて、次のように説明されている。人間は天・地・人から恩を受けている（恩徳）から、これに対して勤労によって報いお礼を言わなくてはならない。恩徳に報いるために行う勤労は作業推譲ともいう。作業推譲によってできた品物は公益を広め、世務を開くためにできたものである。人間はできた品物で食わなくてはならないが、それは分度に応じて推譲を行うためである。このようにして、三つの概念は一種の円環構造をなすものとして説明し直される。

佐々井の報徳思想については、すでにいくつかの研究がある。その流れを概観すると、政府主導の教化動員や更生運動と結びつくことによってファシズムの基盤となったという評価[20]を相対化し、単純にそうとは言えない多様な要素を探り出し、再評価しようという方向で進んでいることがわかる。佐々井が民衆の生活態度や生活の建て直しにまで踏み込み、町村による一円融合によって国民生活の再建をはかろうとしたことを評価する前田寿紀の研究はその代表的なものである。[21]経済更生運動の研究とよく似た構図である。

これらの評価は報徳思想のもつ二面性を反映したもので、なすべきことは、安易な折衷に陥らずに二側面の関係性を説明することであろう。本章でこれまで見てきたのは、農民の生活態度の改善や、生産・生活の再建のための論理と意識改革という側面であった。基本は二宮尊徳の経営・道徳思想に依拠しているものの、その解釈や論理にはこの時期の農村が直面した課題、すなわち恐慌による農村の窮乏化に向き合おうとする姿勢を見て取ることができる。

注意しておきたいのは、勤勉の無闇な強制ではなく、生活の悪化の原因を探り出し、計画性と一定の合理性をもってこれを克服する道筋を示そうとしていることである。また、窮乏からの脱却を一人ひとりが自律的に行うことを重視しつつも、すべてを個人の努力に帰することなく集団内の協力によって達成しようとした点、それが過度の生存競争への批判・対応として展開されていることが重要である。佐々井は、生存競争が激しくなれば、弱者が団結して強者に対抗し、「デモクラシイ、多数決と云ふやうなことにな」り、結局争いをすれば、両方が衰える、と述べている。[22]こうして村全体の共同・協力によって疲弊から立ち上がろうとする第三の途が提示されるわけである。報徳思想に、資本主義化の展開によって疲弊した地域の再建・復興の試みを読み取ることは、決して間違ってはいない。しかし、それは人々が自由に発言し討議することによって公論を形成し、民主主義的秩序を作っていくといった方向性とは異なるのではないか、という疑問を拭いきれないであろう。このことを、今まで捨象してきた「一円融合」論をもとに、さらに詳しく追究してみたい。

## 「一円融合」と日本精神

「一円融合」とは、読んで字のごとく「皆が融け合つて一つになる」ということであり、いくつもの力が一緒になって物ができる、という「天地の道理」である。ここで問題になるのは一円とは何かということである。佐々井は、「家中の人が同じ気持になること」「村中が同じ気持になること」「国民が皆同じ気持ちになること」と一円の範囲を次々に拡大させていく。矢野も『木津村報』の連載でまったく同じように述べている。

「一円融合」論の歴史的意味を考えるには、それがどのような背景のもとで、何を批判しつつ展開されているかを押さえておかなくてはならない。「一円融合」論の最大の特徴は、あらかじめ一切の争いを排除していることにある。佐々井が「一円融合」論を説く際に必ずもち出すのが、村の政治的紛争である。「或は政友、或は民政、或は組合とか団体とかで以て紛糾して居れば、その村の衰微は当然です」とか、「今、日本中の衰微して居る多くの村々に斯う云ふ紛争の為に、衰へて居る村がたくさんある」といった記述がそれである。[23] 一つは二大政党間の争い、いま一つは労働運動や小作争議などの社会運動、これらをひっくるめて「紛争」として排除することが、「一円融合」論のもう一つの思想的役割なのであった。

では、いかなる論理で「紛争」や「争い」を排除するのか。「紛争」や「争い」を経て公論を打ち立てることができない以上、そこでもち出されるのは、絶対的なるもの、無限なるものでしかありえない。少し長くなるが、『木津村報』七二号（一九三六年九月二〇日）から矢野の説くところを引用しておきたい。

それならば一円融合、即ち自分も他人も、損も徳も、何もない皆一つにとけ合つた姿とはどんなものかと申しますと、幸に我国の本来の姿がこれなんですから誠に都合がよろしい。即ち親と子の愛はどうです。実に自分も他人も何もかもない全くとけ合つた姿ではありませんか。〔中略〕この親子の愛が家庭を組立てる根本の精神に我国はなつてゐます。全く親子の愛は一元のものであります。然るに西洋の国風はどうかと申しますと、夫婦の愛が元になつてゐます。夫婦愛はどこまでも二元的なものであります。〔中略〕かくの如く絶対的、無限的、無条件的推譲である親子の愛は家族制度の発達と相伴つて次第に発展して、我国の文化をなし、相対的、有限的、条件的、交換的である夫婦の愛は個人制度の発達と相伴つて発展して、西洋の文化をなして来ました。だから西洋には階級的な争ひが絶えまなく起り、我国も明治以来西洋文化を入れた結果それに似た色々な争ひが絶えまなく起つたものです。が近年に至り漸くその弊に、こり〳〵〔ママ〕して日本本来の姿にならんとしつゝあります。即ち政党の争、工場の争議、小作争議、学校騒動等随分ひんぱんに起りましたが近来次第に面目をかへて漸く一円融合の道にかへりつゝある事は喜ばしいことであります。

ここに見られるように、「一円融合」論は、争いを起こす元凶として個人主義を否定し、親子の愛を「絶対的、無限的、無条件的推譲」と規定し、これをもって西洋と区別された日本文化の特質であるとする。矢野の説くところは、佐々井の報徳思想をなぞっていることが明瞭に見て取れる。佐々井はこの著書以前にも報徳思想に関していくつも著書を著しているから、矢野がそれらを通じて報徳思想を学んだことは疑いない。

こうした矢野の説明を、さらに大きな構図にはめ込んでいくのが佐々井の著書である。佐々井の表現を使えば、親子の愛は、損得勘定抜きの、「利益権利の争ひ」のない関係である。佐々井は、率直に、これを「日本精神」として語っている。(24) もちろん「富めるものは貴し」という考え方も広まっているが、それは中世日本に中国から輸入されたものである。(25) しかし、損得によらない精神がなくなったわけではないことは、戦争の際に発揮される「忠勇義烈」の精神が証明している。こうして、「一円融合」論は日本精神と結びつき、「忠勇義烈」を介して戦争を支持する論理にも容易に転じうることになる。

と言うよりも、実際の佐々井の著書は、**表3-3**の通り、まず「一円融合」の特殊な現れとしての日本精神から出発する。次に「一円融合」を「天地の道理」という普遍で説明し、そして具体的な「報徳生活様式」を提示する、という順番で展開していく。今まで本章で述べてきたのとは逆順で構成されている。だからといって、このような構成が報徳思想の本質をよく表現しているのかどうかは別問題である。むしろ貧乏や生活困難からの脱却を目指すことが、報徳思想の本来の目的であった。報徳思想を受容する側もそうした受け止め方をしてきたと思われる。(26) 報徳思想の論理から天皇制に結びつけられた日本精神を導き出すことは可能だが、報徳思想にとって日本精神は必要条件ではないのではなかろうか。(27)

だとすれば、日本精神を担保する何らかの仕組みが必要となる。報徳思想が推奨する常会の中にそれを見出すことができる。『木津村誌』は、経済更生運動について、「毎年、役場、農協、農会、学校の幹部で村民指導の中心となる者は報徳講習」を受講し、「毎月の村常会も部落会も「報徳常会」の

表３-３　佐々井信太郎『国民生活と報徳』の構成

| 章 | 章題 | 節題 |
|---|---|---|
| 序章 | 非常時匡済の諸方策と報徳生活 | |
| 第１章 | 日本精神の表現したる史実 | 全国一家族制と日本精神の表現<br>中間組織における利権文明の横流<br>開闢の大道と一円融合生活 |
| 第２章 | 宇宙間に表現したる事実 | 宇宙の実相と因果輪廻<br>一円融合による生々発展<br>天道の草昧と人道の開闢 |
| 第３章 | 報徳生活様式 | 指導原理<br>基本様式（勤労、分度、推譲）<br>実施様式（救急、復興、開発、永安、組織） |

出典：佐々井信太郎『国民生活と報徳』（改訂版、平凡社、1938年）目次より作成。

型によって実施した」と記述している。「報徳常会」の型とは、佐々井の著書で推奨された一定の様式を踏襲したものであろう。常会には部落常会と町村常会の二段階があるのだが、そのうち部落常会は、毎月一回行うこととされ、内容を順に挙げると、①皇大神宮に向かって遥拝、宮城に向かって遥拝、②勅語奉読、③報徳訓合唱、④報告（区長、役場、産業組合、農会）、⑤協議、⑥講話（「最後の話は必ず皇国精神の表現に努力する話で結ぶ」）となっている。[28]

常会の主たる目的は、用水の掃除、消防の演習、青年団・産業組合・養蚕組合の活動などを、全体で協議することによって「一円融合」を作り出すことにある。[29] 佐々井は、部落常会の構成は男だけでも女だけでもよくないとして、世帯主およびそれ以外のもう一名が参加することを推奨している。家父長制をも乗り越えて村の協力体制を築こうとしているのだが、常会の順番を見ると、一村融合の取り組みが皇国精神の身体的表現や語りによってサンドイッチされていることがわかる。この形式は、報徳思想が更生運動の下からのエネルギーを喚起しつつ、結果的に、皇国精神や日本精神の下にそれを吸収していく役割を果したことをみごとに表象していると言えよう。

## 特別助成村

本章の冒頭で述べたように、『木津村報』は経済更生運動の不可欠の媒体となったのだが、この間、経済更生運動は大まかに見て次のように進展した。一九三四年は、各種団体の活動に力を入れ、翌三五年には、各団体はもとより、部落計画の「指導督励」に重点的に取り組んだ。こうした積極的・組織的取り組みが認められ、三六年、木津村は特別助成村に選定された。三六年八月に発行された『木津村報』七一号は、選定の内報があったことを報じ、併せて農林省経済更生部長小平権一の説明をもとに、特別助成村の選定条件を掲載している。[30]その内容は、（一）経済更生計画樹立後一年以上経過していること、（二）町村内に計画実行邁進に熱意ある中心的な人物がいること、（三）村民がよく融和し更生の熱意旺盛であるにもかかわらず、資力が乏しいために自力で計画を実行できないこと、（四）役場、学校、産業団体などがよく連絡・協調していること、である。府下で特別助成村に選ばれたのは、木津村を含めた七ヵ村である。

これらの七ヵ村については、九月の『大阪朝日新聞』が「更生の村から村へ」という連載記事を組んでいて、一一月に発行された『木津村報』七四号は、それを転載している。[31]外から見た木津村はどのように描かれているか、内容を見てみよう。冒頭で、木津村は丹後震災、風水害、雪害と次々に天災に見舞われ、「重圧と戦ひながらも村人は雄々しく更生をめざして立ち上らうとしてゐる」と紹介されている。続いて、すでに時局匡救事業で二〇町歩の開墾を行い、今後も約一〇町の開墾を計画していること、普通農事や養蚕などから一〇種を選び、指導農家を指定して模範的経営にあたらせていること、特産物としての桃の生産は天災によって打撃を受けたが、今後二〇町歩の拡大を目指していること、竹細工の商品化に取り組んでいること、などが記されている。そして最後に、農村には珍しい事業として図書館の運営を取り上げ、村民学校も「注目を引く施設」だとしている。

これらのうち図書館は、以前から青年団が中心になって運営していた「風呂敷文庫」がもとになっている。[32] 一九三三年度の更生計画樹立の際に、青年団が担う事業として位置づけられ、「図書部拡充五ヵ年計画」が作成された。都市から遠いこの地域は、「世の進展」に遅れがちであるから、次代の農村を背負って立つべき青壮年の教育のため図書館の整備が必要であり、ひいてはそれが「豊かで幸福な村の建設」につながるという思いが背景にあった。他方で娯楽の少ないこの地域で、青年の意識を読書に導こうという意図も存在した。[33]

戦後に編纂された『橘青年会誌』によれば、村が運営の責任を負うことも考えられたが、合意形成に困難が予想されたようである。ともあれ、図書館の拡充は相当な熱意をもって推進され、村民からの古本・新刊本の寄贈などによって蔵書七六〇冊からスタートし、計画通り五年間で二〇〇〇冊に拡充された。[34] 京都府の認可によって正式に村立図書館になるのは、一九三九年のことである。[35]

もう一つ、『大阪朝日新聞』が紹介した村民学校とは、戸主会・婦人会・青年団の会合が行われる機会を利用して、学校教員や僧侶などを講師として村民の教化をはかるために設けられたもので一九三四年から開始されていた。教化の内容には、矢野が『木津村報』に連載していた報徳思想に関するものが当然含まれていたであろう。

ところで、特別助成村に選定されると、これまでとは格段に異なる額の助成金が交付される。木津村が受けた助成金額は五年間で約一万六六〇〇円であった。一九三六年の木津村の歳入は、予算で見ると約一万八〇〇〇円だから、ほぼこれに匹敵する額が交付されたことになる。この結果、自力更生計画は新たな基準のもとで一新され、昭和一一～一五年度における新規事業と経済更生計画が確定された。なお、一九三六年の経済更生運動は、各戸の計画にも力を入れ、初めて「個人計画用紙」を配布し、計画の樹立を勧奨した。翌三七年二月には、鈴木敬一京都府知事の臨席のもと、経済更生祈願祭、宣誓式を挙行し、実行誓約書を知事に提出している[36]。

以上、日中戦争以前の経済更生運動期における『木津村報』の役割を見てきたが、更生運動に関するもの以外にも、郷土の歴史に関する記事や生活訓など、紙面は以前にも増して工夫が施されている。民力涵養運動時に示された方針を着実に継承・具体化しつつ、それらを新たな課題である経済更生運動に収斂させる方向で編集されていると言えよう。

## 3　日中戦争の開始と村

### 進む軍事的組織化

前章で見た一九三四年以降、日中戦争開始までの時期において、経済更生運動が推進される一方で木津村の軍事的組織化はどのような状況になっていたのだろうか。前章で述べたように、総じて一九三五年にはこれといって大きな進展は見られない。いったんその動きは停滞したととらえた方が正確だろう。しかし、それでも一九三五年九月の『木津村報』再刊号[37]では、軍事と関わりの深い記事がかなり大きなスペースを占めている。その一つは、「青年学校制度の実施に際して」と題する記事の中の「連合演習所見」である。

この記事の前半部分では、約半年前に公布された青年学校令に基づき、九月から実施される青年学校の意義が解説されている。青年学校は、尋常高等小学校修了後の勤労青少年を対象とした教育機関で、従来の実業補習学校と青年訓練所を統一したものである。教育内容は、職能実務教育、修身・公民教育、軍事教練から構成されていた。記事の後半は「連合演習所見」という見出しで、八月に木津村で行われた竹野郡青年学校連合演習の様子を美文調の詩形式で伝えている。東西両軍に分かれて模擬戦闘を行うこの演習では、在郷軍人会はもちろん、国防婦人会、青年団、女子青年団なども食糧の配給や炊事に関わり、深夜まで、あるいは徹夜で「後援」したことがわかる。

この号には、もう一つ、ほぼ一年前に結成された木津村国防婦人会の会長による「国防婦人会分列式の所見」も掲載されている。この記事は、八月、木津村・浜詰村・郷村の三村在郷軍人の簡閲点呼に合わせて行われた木津村国防婦人会の閲団・分列式の様子を報告したものである。簡閲点呼のあと、純白の割烹着を付けた一八五名の会員は、青年学校生徒に続いて閲団を受けたのち、ラッパに合わせて分列行進を行った。会長は、「国防婦人会員たるの自覚と奮起は促されその尊き使命の認識を得て無上に興奮し感激の頂点に達した私達はます〳〵御奉公に邁進せんことを涙と共に誓つたのでございます」と記している。新たに作られた組織が着実に根をおろし、「国防」への使命感を培っていることがわかる。

この時期の『木津村報』に、こうした軍事的な事柄に関する記事はそれほど多いわけではないから、過大評価は禁物である。しかし、経済更生運動を促進するためのメディアとして復刊した『木津村報』の最初の号の構成は、やはり当該期の地域社会の軍事的組織化を反映しているととらえておくべきである。

## 軍事扶助法と防空法

ここまで、日中戦争以前の段階で、地域社会がどのように、またどの程度、軍事的に組織化されてきたかを見てきた。日中戦争期には、そうした軍事的組織化によって作られた指揮系統がフル稼働し、加えて内務省系列の組織化も同時に進行することによって、総力戦体制の構築が強行される。次にその経過をたどっていくことになるが、日中戦争開始以前に、総力戦体制の構築にあたって欠くことのできない重要な二つの法が成立しているので、それらについて言及しておこう。

その一つは、一九三七年三月に公布された軍事扶助法である。満洲事変以降、傷病兵や扶助を必要とする家族が増加したため、それまでの軍事救護法（一九一七年制定）が改正された。これによって傷病兵の範囲が拡張され、結核や胸膜炎などの疾病によって退役した者が含まれるようになった。また、被扶助者を「同一ノ家」から「同一ノ世帯」としたことによって、戸籍を異にする直系血族や庶子にまで対象が拡大された。さらに、扶助の条件が「生活スルコト能ハサル者」から「生活スルコト困難ナル者」と改められ、実質的に緩和された。この点に注目して、軍事扶助法は、絶対的窮乏者を対象とする軍事救護法や救護法（一九二九年制定）とは異なり、最低限度の生活を被扶助者の資格要件とするものであり、実質的に生存権（生活権）を保障する公的扶助としての性格をもつ、と評価されることがある。[38]しかし、この法はあくまでも兵役という国家的義務を果たすことが前提条件となっており、同法の被扶助者は一般貧困者とは隔絶した法的地位にあることに注意が必要である。なお、この法の施行は七月一日となっていたから、まさに日中戦争の開始とともに新しい軍事援護体制も始まったことになる。

いま一つ注目しなければならないのは、四月に公布された防空法である。防空法の骨子は次のようなものであった。①防空の実施はすべて防空計画に基づく、②地方長官、またはそれが指定する市町村長が防空計画を設定することを原則とし、計画設定者が実施の責任を負う、③防空計画遂行上必要な義務は特定の者に対して課され、それ以外の一般国民は灯火管制に際し「光の隠匿」を義務づけられる、④防空訓練は主務大臣の命令・統制下で実施される、⑤防空に関する費用負担、⑥防空実施にかかる損失補償、⑦中央・地方防空委員会の設置、以上である。

防空法については、つとに総力戦体制の推進という面で重要な意味をもっていたことが指摘されてきた。実際、その施行は一年後を予定していたが、日中戦争の開始にともなって一〇月一日に早められた。その結果、防空訓練は頻繁に行われるようになり、それを通じた統制が日常生活に入り込んでいった。そうした点は踏まえつつも、近年の研究では、右の骨子②に見られるように、それまで防空に関心をもっていなかった内務省が、警察行政をはじめとする国内行政権の陸軍による侵害の危険性に気づき、それに抵抗して国民防空を自己の主管としたことに防空法の意味を読み取っている。[39]

そうした側面があったことは首肯しうるが、最も重要なことは、なんといっても防空訓練と防空計画が国家レベルで法的な基礎づけを得たことにあった。骨子②・③に見られるように、地方長官または市町村長が防空計画の設定と実施の責任を負うことになり、一般国民には「光の隠匿」が義務づけられた。これ以後、年数回の防空訓練が常態化していくが、その役割と意味は戦争の推移にともなって少しずつ変化していった。そのことも含めて、日中戦争の開始によって地域社会がどう変わっていくのかを具体的に見ていくことにしよう。

## 日中戦争の開始と動員の特徴

一九三七年七月七日、北平（北京）西南にある盧溝橋付近で日中両軍の衝突事件が起こった。一一日、政府は五相会議（首相・外相・陸相・海相・蔵相）を開き、関東軍二個旅団・朝鮮軍一個師団・内地三個師団の華北派遣という陸軍の提案を、内地師団の動員は状況によるという留保つきで承認した。閣議はこれを認め、近衛文麿首相は「北支派兵に関し政府として採るべき所要の措置をなすことに決した」という政府声明を出した。ちょうどその頃、日中両軍の間では交渉がまとまり、現地協定が調印されようとしていた。しかし、その時には、すでに関東軍と朝鮮軍に対して出動の命が下っていた。

こうした政府の決定を受けてのことと推測されるが、翌一二日、福知山連隊区司令官から各郡の町村会長にあてて電報が発信されている。[40]電報の内容は、国論の統一と強化、国策の遂行に邁進するよう、各町村に伝達することを要請したものである。

その後しばらくは、停戦協定の細目の交渉が進んだために、内地部隊の派遣は見合わせられていた。しかし、二五日に北京と天津の中間にある郎坊で、二六日には北京の広安門で衝突事件が発生し、二七日、政府は保留していた内地師団の動員を決定した。ちょうどこの日の午後、木津村に最初の召集令状（二名分）が届いた。役場が網野警察署に提出した「動員実施状況報告」は、「事変以来在郷軍人ハ何レモ出征ノ覚悟ヲ定メ本人ハ潔ヨク応召出発セリ　尚動員以後一般民モ凡テ緊張シ来レリ[41]」と記している。

こうした文書は、あくまで建て前やあるべき姿を報告することが多く、決して実態そのものと受け取るべきではない。それでも、そこには、いくばくかの客観的な事実が反映されていると考えられる。この報告にはもう一ヵ所注目すべき記述がある。「応召員家族ノ状態」の項目に「応召員中ニハ日稼者モアリ、生計困難ナルモノアルヲ以テ、軍事扶助ヲ願出許可ヲ受ケツ〔ツ〕アリ」と記されている。早くも、生計困難者に対応する必要に迫られたわけである。

召集があったことは即座に村全体に伝えられたのだろう。『木津村自治五十年誌』は、八月一日、小学校校庭で「平和克復祈願祭並時局村民大会」が開かれたと記している。うっかり見過ごしてしまいそうだが、改めて確認すると「平和克復」という言葉が目にとまる。最初の召集令状が届いたばかりの頃、村民の願いは、何はともあれ「平和克復」にあったことを示しているのだろうか。

八月に入ると、日本軍は華北全域へと戦域を拡大し、上海にも居留民の保護を理由に大規模な軍事力を投入しようとした。八月一四日、三個師団に動員が下令され、二四日の閣議では、ついに一六師団を含む四個師団の動員が承認されたのである。これにともなって、八月二五日、木津村には三五名の召集令状が届いた。アジア・太平洋戦争終結までのほぼ八年間で見ても、一時にこれだけの数の動員が集中したことはない。こののち、年内の動員は九月一〇日に二名、二八日に一名、一〇月一二日に二名、一二月二一日に二名と、人数は少ないが続いていく。[42]

八月二五日の応召の状況について、「動員実施状況報告」は次のように記している。

> 応召員家族ハ報国ノ念ニ満チ相当ノ覚悟ガデキテヰル様見受ケラレルシ〔ママ〕各団体ハ労力奉仕ヲナス方針ヲ立テ、実施、活動ニ際シテハ総テ当該区長ノ統制下ニ行フ様申合ス[43]

また、村の状況については、「広範ナル動員ノタメイヨ〳〵重大時機ニ直面セルト云フ気分」が、男子はもとより女子にも広がっているとし、「千人針等モ急ニ作リ銃後ノ赤心ヲ一針ニコメテ出征軍人ニ送ラントスル真心ノ発露ハ認メテモヨイ」と述べている。[44]

八月二五日の動員によって、しばらくは連日のように丹後木津駅で応召者の見送りが行われた。三五名の応召者は、九月一日まで六回に分かれて出発したからである。役場は、丹後木津駅での出発日時一覧表を作成し、見送りには各団体の代表者、および応召者と同一の区民が集まるよう指示している。[45]

## 銃後の村

動員が決定されると、すぐに動き出したのは、応召者の家計や扶助の状況に関する調査、軍馬の動員準備である。前者については、中舞鶴憲兵分隊、福知山連隊区司令部、呉海軍人事部から照会があり、京都府学務部も、戦死者の遺家族について授業料免除・減額の資格がある者を調べ、併せて市町村または学校で取り扱っている恤兵金・慰問金の金額を報告するよう指示している。また、帝国軍人後援会からは、軍事援護の統一的活動を強化する旨の通知があった。八月下旬には、生活困窮者の救護を目的とする方面委員が設置され五名が委嘱されている。

軍馬の調査については、京都府総務部から市町村長・畜産組合連合会長・畜産組合長・郡農会長あてに、調査依頼や徴発にともなう善後処置に関する指示が来ている。徴発馬の代金は、共同積立や産業組合預金などにあてて徒費を防ぎ、できるだけ補充馬を共同購入すること、爾後の動員に支障をきたさぬよう二、三才馬をもって補充すること、などが指示されている。軍馬に関しては、産業・経済と軍事との矛盾が発生しやすいので、細心の注意が払われている。

戦争が拡大するにつれて、報道や情報に対する統制も強化された。網野警察署は、「事変」の進展にともない、「熱情ノ余リ」村報・団報・会報などに軍事機密事項を掲載し処分を受ける事例が相次いでいるから、できるだけ事前検閲を受けるよう指示している。[46] 網野警察署管内では、八月一日から二五日までの間に、発禁処分二件、注意処分数件に達したという。九月一〇日に発行された『木津村報』八三号は、「軍機、軍略に関する事項は広く掲載を禁止されてゐますのでこゝに発表ができません。応召軍人の氏名員数なども発表を遠慮しておきませう」と記している。ちなみに、八月七日に発行された八二号では応召軍人の氏名が掲載されているが、その部分は黒く塗りつぶされている。

木津村役場文書には、九月から一一月にかけての村の様子を日記風に記した文書が残っている。**表3-4**がそれである。この文書は、一一月半ばに慰問文とともに応召兵に送られたものである。これによると、木津村での軍事援護活動の基本線は、九月八日、村長・村会議員・区長・諸団体の長などを召集して開催された「非常時局対策協議会」で確定している。それ以後一一月半ばにいたる村の状況について注目すべきことを列挙しておこう。

まず、防空演習が早くも九月半ばと一〇月上旬に行われていることがわかる。戦時への移行にとも

**表3－4　日中戦争への動員開始後の村のできごと**

| | 九月以来の村の事件 |
|---|---|
| 九月二日 | 在営兵並に応召兵面会と慰問のため谷口村長は福知山聯隊に出張 |
| 九月八日 | 午前中役場にて非常時局対策協議会を開催<br>村会議員、区長、在郷軍人分会長、婦人会長、消防組頭、男女青年団長、小学校長、組合専務理事、役場吏員等集合、出征軍人家庭の生活安定其他につき協議す、午後、土地賃貸価格調査嘱託員の会合あり、晩軍人分会評議員会 |
| 九月十日 | 夜八時より役場にて消防組部頭会開催 |
| 九月十一日 | 暴風雨、但農作物の被害は僅少の見込 |
| 九月十三日 | 防空演習の件に付区長と消防組頭の会議 |
| 〃　十四日 | 各区共防空灯火管制の予行演習を行ふ<br>晩役場にて養蚕実行組合長会を開催、時局応急対策の件、晩秋蚕飼育上簇の件等協議す |
| 九月十五日 | 午後六時より京都府下一帯に亘り防空演習を実施さる<br>我村は役場を本部とし各係員を配置し灯火管制等につとむ、杉本網野警察署長視察に来村せらる<br>此の日村内第二回馬糧干草の調達をなし沖野技手之に当る<br>九月十六日と翌十七日と第三回の乳幼児健康診査を役場で行ふ |
| 九月十七日 | 午後小学校で在郷軍人会主催の戦病死者慰霊祭と福知山聯隊区司令部市吉中佐の時局講演会開催、来聴者三百六十名、村民に事変の認識を深めさすことができた |
| 九月十九日 | 晩小学校で本府主催の満洲移民映写会あり、講堂一ぱい大変な盛会 |
| 九月二十四日 | 舞鶴公会堂に於て府農会主催肥料対策協議会あり<br>評議員森庄作、井上善吉、及沖野技手参会 |
| 九月二十六日 | 郡養蚕業組合長の井上徳左衛門氏及仝山下技師等は村内秋蚕上族〔簇〕状況視察に来村 |
| 九月二十八日 | 小学校に於て青年学校の査閲あり<br>午後農会評議員会あり、本年度裏作計画に関する件、自給肥料増産に関する件など協議 |
| 九月二十九日 | 村会開催、昭和十一年度村費決算認定と戸数割賦課額更正の件 |
| 九月三十日 | 経済更生幹部会開催、勤労奉仕班設置の件、更生委員会改組の件協議す |
| 十月三日 | 村農会主催にて中郡地方へ水稲早期栽培視察、沖野技手案内九名参加す、朝役場にて区長と各種団体長会開催、防空演習の件、友田元三君戦傷の朝日新聞記事を発見、留守隊に電話セルモ〔ママ〕不明なり、晩区主〔催欠カ〕にて、稲葉神社で平癒祈願祭を行ふ |
| 十月四日 | 正午より近畿大防空演習実施、役場に本部を置き消防組員青年団員等、本部及各区に配置、役場吏員も一同各配置に勤務す |
| 十月五日 | 加茂神社例祭にて吉岡助役、山中書記参向、事変のため屋台出さず<br>昨日に引つゞき防空演習あり |

| | |
|---|---|
| 十月六日 | 網野町にて本郡西部町村の犢牛品評会開催、本村より七頭出場<br>午後一時より役場にて区長、更生主任、各種団体長等の会合を催シ〔ママ〕勤労奉仕班設置、更生委員会改組の件を協議す |
| 十月七日 | 奥区の鈴木文右衛門氏死去 |
| 十月八日 | 午後一時より役場にて養蚕実行組合長会開催、桑園冬肥施用の件勤労奉仕班活動促進の件など協議 |
| 十月十日 | 氏神祭時局柄質素に行ふ、村長、井上書記、売布神社へ参向す |
| 十月十一日 | 村大運動会の当日なるも時局柄之を中止し小学校及男女青年団の運動会を行ふ、晴天にて盛会 |
| 十月十三日 | 網野小学校にて府主催、国民精神総動員講演会と映写会あり、講師は京都八坂神宮司額賀さんと師団司令部付の野溝大佐であつた、我村より役場吏員、小学校職員、村会議員、区長、更生委員など多数参聴し事変に対する認識を深めた |
| 十月二十一日 | 岡田区平野萬吉氏死去 |
| 十月二十二日 | 村役場にて郡西部五ヶ町村蚕業技手会開催さる |
| 十月二十三日 | 上野区奥村清吉母とらさん死去 |
| 十月二十五日 | 荒川種苗店主、村内時無大根苗圃視察に来る |
| 十月二十六日 | 午後一時より村会開催す、草本収入役満期にて、後任選定の所満場一致草本氏重任に決定<br>晩役場にて農会評議員農事実行組合長会開催、産米改善、軍需大麦の供出、小麦実地指導地設置、自給肥料増産の件、販売購買事業の件など協議す |
| 十月二十八日 | 経済更生幹部会を午後開催、各事業の実行進捗状況調査及実行予定計画等につき打合 |
| 十一月一日 | 本日より向一週間健康週間実施 |
| 十一月三日 | 小学校に於て明治節拝賀式挙行、時局柄午後八時開式とは驚いた、例により菊の展覧会ありしか今年はよいものなし |
| 十一月五日 | 本府企画課長及中垣農林主事外一名本村経済更生視察に来村、今晩は中立区の常会視察せらる、萬松寺にて開催盛会に終る |
| 十一月六日 | 役場にて本府より来村の各位臨席の元に区長、更生主任、各種団体長など会合、経済更生検討協議会開催、各事業につき幹部係員より夫々説明協議あり、午後現場視察 |
| 十一月八日 | 午後京都赤十字社支部派遣、社会看護婦並実行中合等につき婦人会役員会開催 |
| 十一月十一日 | 本府中垣農林主事実行組合設立につき来村 |
| 十一月十三日 | 経済更生幹部会開催、農事実行組合設立の件協議す |
| 十一月十四日 | 上野区奥田粂蔵氏死去<br>日支事変、戦勝祝賀の大提灯行列を行ふ二隊に分れ、一隊は日和田集合、一隊は溝野集合にて、各出征軍人の家にて万才三唱、尚各区氏神参拝出征軍人諸氏の武運長久を祈り小学校にて開散〔ママ〕 |
| 十一月十六日、十七日 | 役場にて乳幼児健康診査<br>以上 |

出典：木津村役場文書154『昭和十二年兵事』、『史料集』【1-31】（本章註（40）参照）。
注：傍線は筆者による。

なう精神的引き締めの色彩が濃い。ただし、日中戦争の当初から空襲がさかんに行われていたことを忘れてはならない。すでに八月一四日の段階で、中国空軍は日本海軍の第三艦隊・陸戦隊を爆撃し、日本海軍航空隊も台湾基地から杭州などを爆撃している。[47] また、一五日以降、長崎県大村基地から海軍航空隊の新鋭・九六式陸上攻撃機二〇機が首都南京への渡洋爆撃を開始した。さらに九月下旬には、艦上戦闘機による爆撃も行われ、最も激しかった二五日には、五回の空襲によって爆弾約五〇〇個が投下され、死者数百名、負傷者数千名という被害を出した。[48] これらについては、少なからず新聞が報道し、また、中国軍機による租界爆撃なども報じているから、人々の意識において空襲のリアリティが高まる中で防空演習（公式には次第に防空訓練と言われるようになる）は行われた。

九月半ばには、早くも二回目の馬糧調達が行われていることも注目される。九月末には、経済更生幹部会で「勤労奉仕班」の設置が協議されている。各神社の祭は質素に行われ、村大運動会は時局に配慮して中止される一方で、講演会には力が入っている。九月一七日の講演会は、参加人数から見て、確実に全戸一名は出席していたはずである。一九日には府主催の満洲移民映写会が行われて、小学校講堂が一杯になるほど盛況だったという。一〇月一三日の府主催の講演会は郡単位で開催され、動員がかかったものと思われる。一一月一四日には、戦捷祝賀の「大提灯行列」が行われた。おそらく上海を完全包囲した日本軍が、一一日に上海南市を制圧したことを祝賀したものであろう。村が銃後として戦時体制に組み込まれていく様相が如実に示された史料である。

全体を眺めてみて気づくのは、農事関係の事項が多くを占め、経済更生村としての活動に軍事援護活動が組み込まれて展開されていることである。というより、それしか方法はなかったであろうことが容易に推測される。村を挙げて更生運動に取り組んでいる以上、「非常時局対策協議会」と経済更生幹部会の人的構成は、ほぼ同一とならざるをえない。内容的にも、勤労奉仕や供出などの軍事援護や銃後の活動は、農業生産と切っても切れない関係をもっていたからである。

## 4　銃後と戦地を結ぶ村報

### 慰問文しての村報

一一月の半ばに上海を占領した日本軍はさらに内陸部へと進撃した。蘇州・無錫を攻略し、南京攻防戦へと局面は移っていった。その間、国民政府は重慶への遷都を決定し徹底抗戦の意思を明らかにした。日本軍は、一二月一三日、南京占領を果たしたが、この前後において、多くの民間人を巻き添えにした南京事件を引き起こした。これより先、華北の戦線から抽出された第一六師団は一〇月末に上海派遣軍の戦闘序列に編入され、一一月、上海の揚子江下流地域に上陸した。それから一二月まで、南京攻略戦に参加し主力部隊の一つとなった。中でも、木津村出身者の多くが所属する歩兵第二〇連隊は、南京占領の際、中山門から南京場内に突入して突破口を開いた部隊として一躍名を馳せた[49]。

南京陥落の報が伝わると、日本全国がそうであったように、木津村でも祝賀提灯行列が行われた。南京攻略戦については、翌年一月、第一六師団長中島今朝吾から京都府知事あての状況報告が届き、府下の市区町村長にも移牒されている。その中で中島は、「抑々戦争ニテ一国ノ首都ヲ占領シタルコトハ其例稀ナリ」と戦果の画期性を強調し、第一六師団の攻撃が南京落城の契機となったと自賛している。

日中戦争に動員された兵士たちは、戦地に到着してしばらくすると役場あてに葉書や封書を送ってきている。一〇月末に、三通の便りが役場に届いたのが最初である。それらは、一週間から二〇日前に書かれたものであった。その中の一つは、村報が届いたことについて礼を述べたあと、次のように述べている。

遠き異国にある時、内地よりの音信を鶴首する時、村報をお送下されました事、何とも申上やうなき嬉しさにて数回読みました。又多き戦友の中に村報の如きを送つて戴いた者もなく、木津村役場の行届いて居ることに関心致してゐました。M君やI君にも廻して見て戴きました。有難う御座ゐました。[50]

村報送付に対する感謝の辞は、多くの便りに見出すことができる。慰問品と一緒に兵士のもとに届けられた『木津村報』によって、兵士たちは村との「つながり」や精神的支援を感じ取ったのである。役場もそうした兵士の思いに応え、また村民に兵士の消息を伝えるべく、『木津村報』八五号（一九三七年一二月三〇日）から、「戦線だより」という項を立てて出征兵士の手紙や葉書を掲載している。とはいえ、兵士たちの便りをすべて掲載するわけにはいかない。『木津村報』八七号（一九三八年二月一日）は、兵士から届いた多くの便りを次のように分類して要約している（原文に若干手を加えた）。

（一）多くの戦死者のある中で、自分は不思議に生き残った。これはひとえに村民各位の後援の結果であるから厚く御礼申し述べます。
（二）留守宅の者が村民の皆さまに種々ご厄介になっており、ことに勤労奉仕などは感謝にたえません。今後ともよろしくお願いします。
（三）お世話になっている村民の皆さまに一々手紙を出したいがとてもそれが出来ません。村報紙上からよろしくお伝言下さい。
（四）新正月には、村民の皆さまの赤誠のこもった慰問袋が届いて、早速封を切るや、戦友一同手を出し頭を出し子供の様に喜んで煙草や氷砂糖をいただきました。村の皆さまに厚く御礼申しあげます。

「戦線だより」は、兵士の村民に対する感謝の気持ちなどを伝え、それがまた、慰問袋の送付や銃後の活動を促すというサイクルを作り出すことによって、戦場と銃後をつなぐ媒体となったのである。実際、先の要約文を含む記事は、留守宅のことや部落・村のことなどを細々と書いて兵士に知らせることを推奨し、部隊名が分からない場合は役場に来るように、と勧めている。こうして、村から動員された兵士の安否、戦場での思いを村報によって村民が共有することは、銃後活動の重要な動機づけとなったと思われる。

## 出動兵士からの「戦線だより」

木津村で最初の戦死者が出たのは、一二月一日のことであった。二日の『大阪毎日新聞』に「大野部隊の肉弾戦」という記事が掲載され、そこに同部隊の大尉と吉岡松治少尉の絶命のことが記されていた。『木津村報』八六号（一九三八年一月一日）は、二面全部を使って「無錫肉弾戦の花とちつた吉岡松治少尉」と題する記事を掲載した。戦死の報が伝えられた経緯や、戦死が伝わった時の区の様子などが記され、戦死を伝える『大阪毎日新聞』の記事の転載、福知山での下宿先の主人の談話、実兄による弟についての回想が掲載されている。この号は戦死者の人となりを紹介し、戦死を悼む内容で、戦死を称揚するような傾向は見られない。

続く八七号（一九三八年二月一〇日）では、現地部隊長から自宅への通知の一部が「「天皇陛下万歳」の声もかすかに絶命」と題して紹介されている。その通知は「君の行動は勇敢そのものにて武人の鑑」

と称揚し、戦死の状況について、弾丸飛雨を物ともせず前進を続け敵機関銃の猛射を受けて絶命した、と記している。その上で、「君が念願とせし南京入場も君が御霊の御加護によりて、○隊は全軍に先立ち中山門を占領の名誉を勝ち得」たとして、戦死が意義づけられている。部隊長ばかりでなく、従軍僧からの詳報も掲載されている。従軍僧は、戦友たちが手厚く吉岡少尉を供養したことを述べつつ、部隊長と同じように、南京占領の「礎石」になったという解釈を示している。南京陥落のもたらす感激が深ければ深いほど、吉岡少尉の戦死は高く評価されるのであった。

村報を通観してみると、「戦線だより」は八五、八六、八七号とそれ以降では、記述の量と内容にかなりの相違がある。この三号には、形式にとらわれず率直な感想を詳細に記した便りが多い。先述の通り、編集者が分類してはいるものの、その枠にはおさまりきらない内容のものが多々見られる。自分がどのような状況下にあるのかを伝えるとともに、南京攻撃の際の、戦闘の様子を伝えているものがいくつもある。情景のよくわかる事例を長くなるが引用する。

十二月十四日の朝○○はいよ〳〵最後の南京攻撃となった。丁度、八時三十分頃○○の兵士を収容すべく、任務を受けた自分等四名は、担架を手にして一線に向ふた。出る時、○隊長、○隊長が「しつかりやつてくれ、そして弾に充分共に注意をせよ」といはれて○隊を出た。○隊の位置を一足ふみ出せば敵弾は雨の如くに飛んで来る。又友軍の打出す弾丸、ヒユン〳〵と何ら思はぬとも気持ちが悪い。時々敵軍の打ち込む迫撃砲、この弾がほんとうに気持ちが悪い。「どうも気持ちが悪いなあ」といひつゝ進む時、前方百米の地に一発落ちる。又つづいて十米の所に落ちた。その時は「ガチヤン」と云ひ四人の者はドツと倒れた。しかし皆無事。こは〴〵一線に着いた。弾はドン〳〵と飛んでくる。患者を受取りて担架に積む。戦友は慰めて「しつかりせよ、大丈夫だ。後の事は心配するな、〔ママ〕」と云ひつゝ前進する。丁度その兵は、迫撃砲にて両足のスネをやられ、多くの出血をし、顔は死人の如きであつた。本人は痛い〳〵と云ふばかり。気持は悪い。けれど早く病院に送らねばならぬと云ひ、足を早めた。丁度五六町後方迄帰りし時、「兵隊さん水をくれ」と二声云ふた。けれどこんな傷をした時に水を飲ませたらいけないと思つたので、「もう少しだ、辛抱せよ」と云ふけれど本人はきかない。あまりに云ふので致し方なく自分の水筒のお茶を、自分の口にてのませてやつた。飲んだ本人はうれしげに笑つてねむつた。さあ行かうと出かけて又三十分程たつた時休憩をすれば、あはれなるかな、その兵はもう此の世の人ではなかつた。四人のわれ等は思はず涙があつた。「あの水が末期の水であつたかなと」云ふを一人の兵が「あの水を親兄弟が飲ませてやつたらどんなに喜んだであらうに」とお互ひに目を見まはして又病院へ[51]〔下略〕

もう一つ、最も詳しく戦闘の様相を描いた手紙の一部を引用しよう。

敵味方の銃砲声実に言語に絶し、筆舌を以て現し得ず。砲弾は我身辺に盛んに落下す。「おいやられたツ！！」。隣を見れば戦友中村上等兵だ。出征以来、苦楽を共にし、互に語り合ひ、一本の煙草も、一個の菓子も互に分け合ひ、共にちかつた一人の戦友中村上等兵。走りながら服の釦をはづしつゝ力なく倒れた。あゝ遂にやられた。思はず、悲歎の声を発せざるを得ず。あゝ又、あすこにもやられた。それを見ながら一心に駆ける。居残りて介抱したきもそれはならず。突撃の真最中だ。眼に涙して尚前進。敵銃だけは益々惨烈。漸くにして山脚にたどりつく。〔中略〕此の時、うらめしや、一弾は阿波島上等兵の脳天を真向より突き抜けたり。上等兵一語も発せず、僅かに這ひ上りて急峻な山を下向きにぶツ倒れたり。あゝ、哀れなるかな。常日頃微笑を以て人に接せられし温厚なるこの人物が一言もなくその最後！！　実に鬼神をして泣かしめざるを得ざるなり。

かゝるうち又一躍進す。又しても山麓より集中射撃をうく。見れば下方のトーチカより熾に射撃する。第〇〇隊はあのトーチカに突入せんとて一挙す。敵は手榴弾をなげて防戦するも、銃眼よりする射撃になげ出し、降伏の意を示せる支那軍のヅウ〳〵しさ、吾は射つて射つて、うちまくり、敵将校以下数名倒せり。壕内に入れば、無数なる弾薬あり。屍は累々として山の如く、未だ死に切れず苦しむ者あり。第〇〇隊はこゝで凱歌を挙げ、前進す。此の時の戦利品は、拳銃、眼鏡、重機関銃、軽機関銃等無数なり。

日は漸く西山に沈まんとすれど、銃砲声尚熾にして時々落つる砲弾は山を覆さんばかりなり。あちらこちらに看護兵を呼ぶ声は又一しほ悲し。日は既に没し、唯聞ゆるは敵の銃声のみ。

かくして山壕内に居ること実に三日間。寒気と闘ひ、空腹と闘ひ、悪戦苦闘の後、漸くこれを完全に占拠せり。

〇

明くれば十三日午前三時三十分、第〇〇〇〇隊を以て、歴史的、否全国民の待望久しかりし、この光輝く一番乗りはわが大野部隊により行はれたり。あゝ偉大なるかな大野部隊よ、光輝世界に絶するこの大野部隊よ！！　然し、十三日午前三時三十分、第〇〇隊をして一番乗りをせしめたは、実にわが第〇〇隊のあの多数の犠牲者を出したる突撃に外ならず。「第〇〇〇隊は此の突撃に於て〇〇の進出を容易ならしめその功績抜群なり」。

十五日〇〇は勝軍《かちいくさ》に威風堂々と駒の蹄も軽く入場し、ニュースカメラに入る。これを眺めらるゝ

銃後の人々如何に喜ばれるや。（中略）〔ママ〕

今吾々は凄惨なる南京市内の一家屋に有りて倒れたる戦友の霊を慰めつゝありし日をしのびてわが胸中は熱銃を入れらるゝ感に涙新たなり。〔ママ〕[52]（下略）

この手紙によって兵士が何を伝えようとしたかについて、二通りの解釈が可能である。一つは、自身の所属する部隊が多くの犠牲者を出すことによって、一番乗りに貢献できたことを顕彰したい、という思いである。これとは逆に、自分の傍らで戦友が死んでいったことを深く悼み、偉大な栄光の陰に多くの犠牲者があったことを伝えたかった、と解すことも不可能ではない。

## 描かれた戦場

「戦線だより」に掲載されたこの手紙は、実は、原文を読みやすくするために細部に手を入れたものである。興奮冷めやらぬ戦場で書かれたこともあり、原文にはところどころ誤字・脱字があり、また文の流れが悪いところもある。そのため、村報の編集者は最低限と思われる加筆や修正を行って文を整えている。ただ、この手紙において問題となるのは、一ヵ所、重要な部分が省略されるとともに、書き改められていることである。引用の最後の段落（傍線部分）は、手紙の原文ではこうなっていた（文の誤りは訂正せず、そのまま引用する）。

一人自分はこの歴史的入場を快とせず、入場一歩前に倒れたるあの戦友の面影をしのぶ時唯皆の如く快喜するあたわず。吾々の胸中は熱銃をいれらるるしを□□、前進間一人感泣せざるを得られず。願くば吾が戦友よ安らかに眠り給へよ、君の無念は今吾々の手に於て果し入場の途に有り。

然れども一人吾は楽しからず。今此の列中に君が姿なきを！！　今吾々は凄惨なる南京市内の一家室に有りて君の霊を慰むるものなり。(53)

手紙ではくどいほど喜べない気持ちが書かれ、文体にもその精神状態が反映されている。村報編集者はそれに手を加え、一文を創作してすませてしまった。結果的に、先に示した二つ目の解釈を薄め、顕彰の方向へと引き寄せる効果をもたらしたと言えよう。このような事例は非常に少なく、省略は時たまあるが、それ以外はほぼ忠実に原文を掲載している。しかし、編集の都合で行われる文章の省略が、兵士と村（村民）の間にズレを発生させる可能性があることには注意が必要である。なお、この詳細な手紙を書いた兵士は、これから約八ヵ月後、安徽省で戦死している。

引用した二つの手紙ばかりでなく、凄惨な戦場について記述しているものは少なくない。いくつか挙げておこう。

・「行軍途中の死体軍馬等の臭気、砲弾に依る破壊は実にモノスゴイです。(54)」

・「そのうち降雨もカラリと晴れて、南京街道に出ました。至る所、丹後震災をしのばせるような爆撃の跡あり、悲惨なものです。稲刈もせず、遠方へ立去つた支那人も気の毒であります。是も仕方ありません。身から出た錆です。(55)」

・「当地は南京東方約六里〔中略〕一歩外へ出れば死体数限りなく、つひ先日も此処へ警備に到着直後、戦場掃除をやりましたが、僅か一里ばかりの道路付近に百五十名余の死体あり閉口しました。(56)」

兵士の労苦に関する記述も多く見られる。「毎日の生活も日露戦争はいざ知らず、戦闘の苦辛さは筆舌に表現し得るものではありません。特に食糧不足と、睡眠不足と弾薬の不良には閉口いたしました[57]」といった描写が一般的である。

その一方で、もちろん日本軍の勝利や快進撃を称揚する便りもある。「クリークの強行通過をやって、三方から敵を包囲、大きな部落の中へ追ひ込んで全滅させたことはとても愉快だった[58]」とか、「皇軍の行く所、いつも連勝にて本当に嬉しく感じました[59]」といった記述がそれである。ただ、日中戦争の開始からまだ半年も経っていないこの時期の便りには、日本軍の快進撃や勝利を自賛するものはそれほど多くはない。むしろ、兵士たちが伝えようとしたのは凄惨な戦場、自身の労苦、戦友の負傷・戦死に関することであった。ただ、これを読んだ当時の人々の精神構造においては、それらが厭戦や非戦に向かう回路は遮断されており、銃後の活動の活発化を促す方向に作用したと思われる。

『木津村報』の「戦線だより」に載った戦地からの便りは、先にも述べたように兵士が村あてに送ってきた手紙や葉書から抜粋したものである。それらの実物は、『前線通信』として役場文書の中に通し番号を付けて保存されている。その内容を分析した井口和起は、中国や中国民衆についての感想の中で最も多いのは、「敗戦国のみじめさ」を述べたものであったとしている。また、中国農業については、遅れていて駄目だというものもあれば、これからの発展可能性を示唆するものや、決して日本に劣っていないことを記しているものもあるとする。さらに治安状況についても、兵士がどこにいるかによってその評価は分かれることも指摘している。「戦線だより」は、特定の傾向のものを排除するといった操作を行っていないので、こうした特徴がほぼそのまま当てはまる。もちろん予想される通り、「皇軍に勝たうと思つてゐる支那軍は馬鹿であります[60]」といった露骨な中国人蔑視が散見されることも付け加えておかなくてはならない。

戦場や自分の気持ちについての、このような具体的な描写は次第に少なくなっていき、形式化した文面が多くなる。そうなると「戦線だより」は、戦争の実態や兵士の思いを隠蔽する側面をもつようになると考えられる。

## 戦争への動員の論理

時間を巻き戻すことになるが、ここで改めて、日中戦争の開始にあたって『木津村報』がどのような姿勢をとったのかを確認しておこう。もう少し踏み込んで言えば、どのような論理で戦時体制に対応したのか、ということである。

日中戦争開始後、最初に発行されたのは八二号（一九三七年八月七日）で、冒頭に鈴木京都府知事が市町村長会で行った訓示の要旨を掲載している。続く八三号（同年九月一〇日）では、「仇のこころもなびくまで」と題して、明治天皇の「御製」をいくつか引用し、それをもとに村民の心がけを説いている。その「御製」とは、「おのづから　仇の心も靡く迄　誠の道を　踏めや国民《くにたみ》」、「鬼神も　なかするものは　世の中の　人のこころの　まことなりけり」、「いつくしみ　あまねかりせば　もろこしの　野にふす虎も　なつかざらめや」の三首である。

これらを引用しつつ村報編集者は次のようにまとめている。

> 本当に野に伏す虎もなつかしむるまで、鬼神を泣かする程、仇の心をなびかせるまで誠の道をつくすやう、国民九千万人が共に心を磨くならば、それが神の御心に叶ふて時局非常時も自づから解消することになると思ふのである。軍事や外交は専門家にまかせ、われ〳〵国民は身をつゝしみ行をつゝしみ誠の道にはげむべきである。

明治天皇という絶対的権威を戴き、「誠の道」や「心を磨く」ことが求められている。絶対的なものへの従属こそが「誠の道をつくす」という主体化を促し、下手をするとその回路に障害をもたらす恐れのある軍事・外交的思考を遮断していることがわかる。

こうした論理は、木津村が更生村であったことによって一層強化されたと思われる。「銃後の守り」について編集者は、「経済更生第二次五ヶ年計画実行の途上にある我が村は他の村以上にきばらねばならない。応召兵が出たために厚生事業がやれないといふ様なことでは国防の第一線に立つ軍人達に対して申しわけない」と記している。

「戦線だより」にも、似たような論理は登場する。一九三七年一〇月に応召したある看護兵Hが送ってきたものである。彼の第一信と第二信が、八六号（一九三八年一月）に掲載されているが、その第二信は次のように述べている。

東洋の大陸に立ちて日本の有難さ胸にこみ上げ候。上海を去る南方五十浬程の地点、〇山に只今戦傷病者の看護に付いてゐます。帝国の百年の大計に於てはいかなる犠牲を払つても戦に勝たねばなりませんが、負傷者を見る時あまりにいたましい。誰彼と議論をなす時局ではありません。一歩前は一死報国あつて大計が完了するのです。(61)

傍点部を見ると、是非の議論を遮断し「帝国の百年の大計」という大義に身を投じようとしていることがわかる。ただし、彼の場合には、戦争という現実に対する心の痛みや、自身の思考から湧き上がってくる疑問を振り払おうとする決断を見て取ることができる。それを理解するには、多少彼の経歴を振り返っておく必要がある。Hは、一九二七年の徴兵検査に合格し、翌年九月に第二〇連隊に看護卒として入営している[62]。それ以前、おそらく一四歳で青年団に入団し、彼自身の回顧によれば、「肥を持つことを最も賤い人のなす業と信じ、何とかして美しい着物を着、自動車に乗り汽車に乗り、大衆に呼びかける者になりたい」と思っていた。一六歳まで探偵小説と武勇伝を読み、また恋愛小説も読み始めたが、一七歳で「神経病」となり、一八歳のとき、意を決して京都一燈園で生活を送った。しかしそれもしっくりこずに帰村して、農夫になることを決意したという。その後、兵役を終えて農家経営を志し、青年団長になるとともに「日本のデンマークと岐阜の山村に遊びていよ〳〵農民の自覚とその使命を痛感した」。この間、ガンジーの偉大さに惹かれロマン・ロランのガンジー論を読み、また横井小楠の『思想及信仰』、『王道について』や田中智学の『日本とは如何なる国ぞ』などからも影響を受けている。Hの第二信の言葉は、彼自身がどう生きるべきかについてさまざまな悩みを抱え、一燈園や青年団などでの実体験および読書によって真剣に模索した経験をもつだけに、一層重みがある[63]。

本章の終わりに、経済更生運動と軍事的組織化について今一度まとめておこう。経済更生運動については、たしかに、疲弊した農村の復興に村全体で取り組むというのが主要な目的であったし、実際そのために村当局を中心にあらゆる努力が注がれた。その意味で地域振興的側面を否定することはできない。しかし、軍事的組織化という側面から見た場合、村の一体性の確立と経済更生運動の統制的側面が、総力戦体制を構築しようとする側にとっては依拠しうる、というよりも代替不可能なものであったことは見逃すべきではない。そもそも、経済更生運動は国家の指導によって展開されており、報徳思想などを媒介として、日本精神の昂揚といった国家主義へと接続していく論理をその内部に構造化していた。とはいえ、ここで決定的に重要なのは、経済更生運動と軍事的組織化が同時的に進行しつつある中で、当時の国家体制において、地域の側から軍事的組織化に抗することは、元来不可能だったことである。徴兵制を通じた軍事的組織化は、兵事行政を通じて、また、たびたび行われた戦争を通じて行政村に深く埋め込まれており、戦争準備に抵抗するという選択肢は当初から存在しなかったと言ってよい。したがって、経済更生運動そのものがファシズムの基盤となったというよりも、戦前の国家体制のもとでは、戦時体制がそれを基盤に取り込むことが比較的容易であったと考えるべきではなかろうか。

註

（1）赤澤史朗「村と民衆統合――『木津村報』の分析」（『立命館大学人文科学研究所紀要』五二、一九九一年）六八頁。
（2）戸主会については、木津村役場文書127『昭和八年区長往復』。婦人会と青年会については、木津村誌編集委員会［編］『木津村誌』（一九八六年）三六九～三七六、五九六頁。
（3）『石山村報』四四号（一九二七年八月五日）、新潟市合併町村史編集室［編］『新潟市合併町村の歴史基礎史料集1 石山村報（上）』（一九八二年）二一八頁。
（4）『木津村報』三四号（一九二八年一月一日）。
（5）『青木時報』九号（一九二一年八月一日）復刻版戦前篇、五八頁。
（6）同前、二一号（一九二三年八月一日）復刻版戦前篇、一一八頁。
（7）同前、一二六号（一九三二年四月一日）復刻版戦中篇、六〇九頁。
（8）同前、一四六号（一九三三年一一月一日）、一四八号（一九三四年一月一日）復刻版戦中篇、六九五、七〇四頁。
（9）同前、一四九号（一九三四年二月一日）復刻版戦中篇、七〇九頁。
（10）長崎県教化団体連合会［編］『部落常会を中心としたる町村教化』（長崎県教化団体連合会、一九三五年）四七頁。
（11）『木津村報』六四号（一九三五年一一月一五日）。なお、『木津村誌』は、「経済更生事業実行の指導精神を「報徳精神」と定め」たとしている（二八六頁）。
（12）同前、六八号（一九三六年五月一〇日）。
（13）同前、六九号（一九三六年六月二〇日）。
（14）同前、七〇号（一九三六年七月一五日）。
（15）農村の中堅人物の意識については、南相虎『昭和戦前期の国家と農村』（日本経済評論社、二〇〇二年）第三章を参照。南は、自らの農業経営に生活の存立基盤を置く耕作農民の農本主義を、「草の根」農本主義と定義して具体的な事例を分析している。報徳思想と重なり合う部分が大きいと思われるが、厳密な分析は後日の課題としたい。
（16）報徳思想に関する研究には、代表的なものとして見城悌治『近代報徳思想と日本社会』（ぺりかん社、二〇〇九年）、並木信久『報徳思想と近代京都』（昭和堂、二〇一〇年）があり、両者ともに、三〇年代より前の時期に重点を置いている。報徳思想は、通常、国民教化の問題として取り扱われてきたが、次の見城の論文は、そうした国民国家の枠組みをこえた射程を提示している。見城「報徳思想と植民地朝鮮」（『千葉大学留学生センター紀要』六、二〇〇〇年）は、報徳仕法が植民地朝鮮で普及されていく具体的な態様を明らかにし、同「「大東亜共栄圏」と近代報徳思想」（『千葉大学人文研究』三五、二〇〇六年）は、実質的な利得をもって住民の生活の安堵を説く報徳思想が、「大東亜共栄圏」論にいかに結びついていこうとしたかを実証した。
（17）佐々井信太郎『国民更生と報徳』（平凡社、一九三六年）。なお、一九三八年に改訂版が出されているが、内容に大きな変更はない。以下、引用の頁は改訂版による。
（18）前田寿紀「昭和恐慌下における佐々井信太郎の「国民生活建直し」構想」（『淑徳大学研究紀要』二九、一九九五年）二五七頁。
（19）佐々井前掲『国民更生と報徳』二八四頁。
（20）国立教育研究所［編］『日本近代教育百年史8 社会教育（2）』第四章第六節二「教化動員期の教化団体」（文唱堂、一九七四年）四五九〜四六四頁。

(21) 前田前掲論文（註(18)）は、論文や著書、講習会などを通じて佐々井の「国民生活建直し」構想を明らかにし、受講者の反応を通じてそれが積極的に受容されたことを明らかにしている。また、戦後の著作や講演にも「一円融合」が貫かれていると主張している。「一円融合」思想にもふれながら、佐々井の常会に関する構想を扱ったものとして、須田将司「佐々井信太郎の常会構想――1930年代における国民教化方策の提唱」（東北教育哲学教育史学会『教育思想』三一、二〇〇四年。のち『昭和前期地域教育の再編と教員――「常会」の形成と展開』東北大学出版会、二〇〇八年、所収）がある。佐々井が関わった地域の報徳教育については、須田将司・武藤正人「1930年代における報徳教育の創出過程に関する一考察――静岡県土方村の「先駆」性の検討を中心に」（『東洋大学文学部紀要　教育学科編』三八（二〇一二年）がある。なお、地域における佐々井の実践についての研究として、小川信雄「昭和恐慌下における「自力更生」と報徳社運動――静岡県古笠郡土方村の場合」（『駿台史学』四〇、一九七七年）、海野福寿「農村経済更生運動と村落産業組合――静岡県古笠郡土方村の実態」（全国農業協同組合中央会『協同組合奨励研究報告』六、一九八〇年）がある。山本悠三『近代日本の思想善導と国民統合』（校倉書房、二〇一一年）は、佐々井の構想がファシズム支配の末端装置の役割を担うことになったとしても、それは意識的に構想した結果ではないとし、彼の真意は「常会の実践を行うことで疲弊する農村の復興をはかり、それにより国家秩序の維持・安定をはかることにあった」としている（五二一頁）。

(22) 佐々井前掲『国民更生と報徳』一一五頁。

(23) 同前、四五頁。

(24) 同前、六五～八二頁。以下では「日本精神」の括弧は省略する。

(25) 同前、八二頁。

(26) 貧困を克服する技術的な側面ばかりではなく、物質万能主義への批判や修養と結びついた精神性、隣保共助といった道徳性なども報徳思想が支持された理由であった。前田前掲論文（註(18)）は、佐々井が行った講習会の受講者の感想や報告を整理していて興味深い（二六九～二七三頁）。

(27) 必要条件ではないというのは、あくまで報徳思想の目的に照らして、という意味である。実際に語られた報徳思想の体系は、日本精神を組み込んで成立していることを無視してはならない。

(28)『木津村誌』二八六頁、佐々井前掲『国民更生と報徳』三六四頁。
(29) 佐々井前掲『国民更生と報徳』三五九頁。
(30)『木津村報』七一号(一九三六年八月一五日)。
(31) 同前、七四号(一九三六年一一月二〇日)。
(32)『木津村誌』三七八頁。
(33) 井上正一「橘青年会沿革誌」(橘青年会『橘青年会誌』一九五二年、木津村役場文書771『木津村青年団史、橘青年会史』に所収)。
(34) 同前。
(35)『木津村誌』三七八頁。
(36)『木津村自治五十年誌』九八頁。
(37)『木津村報』六一号(一九三五年九月二五日)。
(38) 郡司淳『近代日本の国民動員――「隣保相扶」と地域統合』(刀水書房、二〇〇九年)二九七頁。
(39) 土田宏成『近代日本の「国民防空」体制』(神田外語大学出版局、二〇一〇年)。同書は防空法を本格的に検討した最新の成果である。先行研究については、同書序章が要領よくまとめている。土田は、①古屋哲夫の研究を端緒とする国民動員の研究(「民衆動員政策の形成と展開」(『季刊現代史』六、一九七五年))、②それを継承しつつ、震災と空襲との同一視に着目した原田勝正の研究(「総力戦体制と防空演習――「国民動員」と民衆の再編成」(原田勝正・塩崎文雄[編]『東京・関東大震災前後』日本経済評論社、一九九七年))、③都市史の観点からの研究(都市政策、防災など)、④戦史・軍事史の観点からの研究(軍防空、防空法の制定過程など)、⑤有事法制・国民保護の観点からの研究、に分類・整理している。本書では①、②の観点を重視しつつ、これまであまり言及されていない農村部の総力戦体制にとって防空が果たした役割を検討していくことになる。
(40) 木津村役場文書154『昭和十二年兵事』、京丹後市史編さん委員会[編]『史料集　総動員体制と村　京丹後市史資料編』第二章史料編1【6】(京丹後市役所、二〇一三年)五三頁~五四頁。以下『史料集』【1-6】のように記す。

(41)木津村役場文書715『支那事変動員発来翰』。
(42)同前。
(43)同前。
(44)同前。
(45)同前。
(46)この項の記述は、ここまですべて木津村役場文書154『昭和十二年兵事』に依拠している。
(47)江口圭一『新版十五年戦争小史』(青木書店、一九九一年)一二五頁。
(48)笠原十九司『南京難民区の百日——虐殺を見た外国人』(岩波書店、一九九五年、二〇〇五年に岩波現代文庫として再刊。頁数は岩波現代文庫版による)一一、二二頁。
(49)井口和起「日中戦争下の兵士たち——出征兵士たちの村役場宛通信から」(『立命館大学人文科学研究所紀要』五二、一九九一年)一〇六頁。
(50)木津村役場文書394『前線通信』収録番号5(一九三七年一〇月二二日北支発信、一九二七年一〇月二九日着信)。
(51)「ロうつしに飲ませた末期の水」(『木津村報』八七号、一九三八年二月一〇日)。日本語として違和感のある表現が見られるが、〔ママ〕の注記は必要最小限にとどめた。以下の「戦線だより」からの引用についても同じ。
(52)「「おい、やられたッ!!」隣を見れば戦友中村上等兵だ」(同前)。
(53)『前線通信(一)』収録番号74(一九三七年一二月二一日付上海、一月八日受付)。
(54)「モノスゴイ破壊です」(『木津村報』八五号、一九三七年一一月三〇日)。
(55)「皇軍の至る所　いつも連勝です」(『木津村報』八七号)。
(56)「一里ばかりの通路に百五十の敵死体を掃除」(同前)。
(57)同前。
(58)「中山門の一番乗りは　かく云ふわが　四方隊なのだ」(同前)。
(59)註(55)に同じ。
(60)註(49)に同じ(一二三〜一二五頁)、「上海総攻撃を終りて」(『木津村報』八六号、一九三八年一月一日)。

（61）「杭州河口船中にて」（同前）。
（62）『木津村報』二二号（一九二七年一二月、日付は不明）。
（63）「過去断片」（『若橘』八三号、一九三二年四月）四～六頁。Hは一九三八年三月に帰還し、そのほぼ一年後に満洲で開拓農民となるが（『木津村報』一〇〇号、一九四一年三月二〇日）、一九四一年に再度召集され、一九四八年二月に復員している（木津村役場文書715『支那事変関係動員発来翰（一）』、同716『動員関係往復綴』）。

# 第4章 覆いかぶさる戦時体制、窒息する自治

## 1 数値が語る戦時体制と村

### 戦争に「出動」した兵士たち

全面戦争化にともなって、行政村としての一体性を強めながら経済更生に取り組んでいた村は、どのような仕組みによって総力戦体制に組み込まれていったのだろうか。こうした問題を考えるにあたって、一九四五年までの間、木津村で兵士がどの程度、あるいはどのように動員されたかについて概観しておかねばならない。その際に最も基本的なことは、一九三七年から一九四五年まで、村からはいつ、どれだけの兵士が召集されたか、という問題である。

本書の冒頭で紹介した『木津村誌』の末尾にある一覧表をもとにデータベースを作成し、出征兵士数の時期ごとの推移を示したのが、**図4-1**である。注目されるのは、兵士の動員には波があり、日中戦争の開始からほぼ一年間と、アジア・太平洋戦争の後半となる四四年以降の時期に集中しているという点である。その間、一九四一年後半期にもそれほど大きくはないが一つの山がある。それにし

**図4-1　木津村年次別動員兵士数**

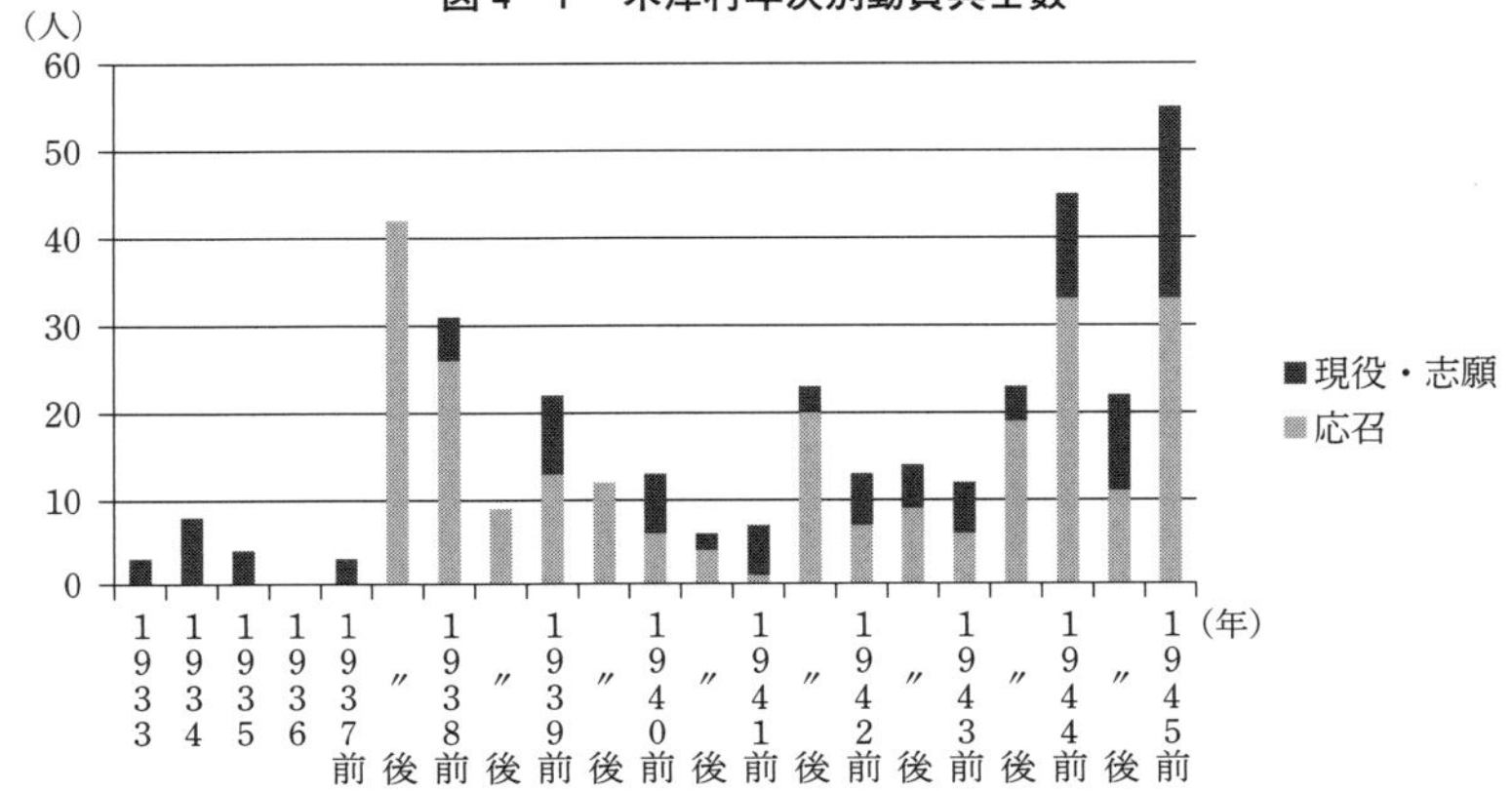


出典：「戦争出動者名簿」（『木津村誌』631～652頁）より作成。
注：前は1月～6月、後は7月～12月を示す。1945年前は1月～8月。

ても、日中戦争の開始にともなう召集の規模は非常に大きく、村を一挙に戦時体制に巻き込んでいくインパクトがあったことに改めて気づかされる。

試みに、三七年と三八年にかけて召集された兵士（現役兵を除く）の年齢を見てみると、二〇代前半（二四歳まで）が二八名、二〇代後半が二九名、三〇代前半が一〇名、三〇代後半が一〇名となる。続く三九年に召集された兵士の年齢は、二〇代前半が一二名、二〇代後半が一二名、年齢不詳が四名で、圧倒的に二〇代が多い。三七、八年の動員では、各年代からまんべんなく召集していったことがわかる。このような召集の方法が、地域社会に戦争の規模の大きさを強く認識させることになったのではないだろうか。

### 帰還した兵士たち

村を単位として見た場合、応召者はどのくらいに達していたのだろうか。**表4-1**を参照しよう。この調査は一九三八年三月時点のものである。これによると、在郷軍人総数が一二四名で、応召者は現役兵志願者も含めて四九名であるから、在郷軍人の約三六％がすでに動員されていることがわかる。**図4－1**は、一九三八年前半に二六名が応召したことを示しているが、そのほとんどが五月の一斉召集で、これを算入すれば、その割合はもっと上昇する。[1]ただし、このグラフの数値は、木津村に在住していなくても戸籍のある応召者を含んでいることに注意しなければならない。ともあれ、日中戦争の開始からほぼ一年で、在郷軍人の四割程度の応召者を出すような状態に突入していたのであった。

これとは逆に、村に兵士がいつ、どれだけ帰還したかを示したものが**表4－2**である。表には現れ

**表4－1　村内出身兵現況調査（木津村）**

（単位：人）

| 町村名 | 調査事項 在郷軍人総数 | 事変応召者数 | 現役兵志願者ニシテ応召兵ニ準ズベキモノ | 上記二項中戦病死者 | 同上戦傷病者中内地帰還者 | 備考 |
|---|---|---|---|---|---|---|
| 木津村 | 一二四（一二） | 四五 | 四 | 二 | 四 | 福知山陸軍病院〔氏名略〕 東京第一陸軍病院〔氏名略〕 皆生温泉〔氏名略〕 福知山陸軍病院〔氏名略〕 |

注意
1．総員数ヲ計上シ将校ノ数ハ傍則括弧内ニ参考トシテ記載サレタシ
2．戦傷病兵ノ内地帰還数ハ公表ナキヲ以テ調査不能ノ建前ナルモ私信其他ニヨリ判明セルモノヲ記載サレタシ
3．内地帰還戦病者静養地ノ判明セルモノハ所在地ヲ備考欄ニ記載サレタシ

出典：木津村役場文書160『昭和十三年兵事』。

表4－2　帰還者の年次別推移（木津村）

（単位：人）

| 期間 | 応召 | 現役・志願 | 計 |
|---|---|---|---|
| 1937.7～ | 2 | 0 | 2 |
| 1938.1～ | 5 | 1 | 6 |
| 1938.7～ | 4 | 1 | 5 |
| 1939.1～ | 7 | 0 | 7 |
| 1939.7～ | 34 | 2 | 36 |
| 1940.1～ | 6 | 0 | 6 |
| 1940.7～ | 9 | 1 | 10 |
| 1941.1～ | 5 | 0 | 5 |
| 1941.7～ | 0 | 1 | 1 |
| 1942.1～ | 1 | ☆1 | 2 |
| 1942.7～ | 13 | 3 | 16 |
| 1943.1～ | 13 | 0 | 13 |
| 1943.7～ | ★5 | 0 | 5 |
| 1944.1～ | 10 | 1 | 11 |
| 1944.7～ | 5 | 1 | 6 |
| 1945.1～8.15 | 1 | 0 | 1 |
| 1945.9～ | ★20 | 37 | 57 |
| 1946 | 11 | 13 | 24 |
| 1947 | 10 | 4 | 14 |
| 1948 | | 1 | 1 |
| 1949 | | 1 | 1 |
| 不明 | 55 | 12 | 67 |

出典：図4－1に同じ。
注1）☆何月かわからないが、前期と判断した。
　2）★何月かわからないが、状況から判断して算入した1名を含む。

ていないが、一九三七、八年に応召した兵士たちの多くがアジア・太平洋戦争開始前に帰還している。数値を挙げると、一九三九年九月時点で、陸軍三三名、海軍一名が帰還したことが別の史料からわかる[2]。この時点で三四名の兵士が帰還していることに注目しておこう。つまり、**表4－2**は四一年前半までは着実に帰還者があったことを踏まえて、地域における戦時体制を考えていく必要があることを示唆している。合わせて、**図4－1**に見られるように、一九四〇年から四一年前半にかけて、動員数は顕著に減少していることにも注目しておきたい。

## いつ、どれだけ戦死者が出たのか

次に、いつ、どれだけ戦死・戦病死者が出たのかを見ておこう（以下では、戦病死者も含めて戦死者と記す。図・表も同様）。**表4－3**によると、日中戦争期の戦死者は、現役・志願兵の場合、事故死も含めて三名、応召者の場合四名、計七名である。一連の戦争での戦死者は合計六七名であるから、日中戦争期はその一割程度にすぎない。戦死者のほとんどは、アジア・太平洋戦争期に属するが、これについては、次章でより詳しく解明する。

負傷者については、正確なことがわからない。**表4-4**の戦傷者一覧は「戦争出動

**表4-3　戦死者数（木津村）**

（単位：人）

| | 期間 | 戦死者数 |
|---|---|---|
| 日中戦争期 | 1937.7〜 | 1 |
| | 1938.1〜 | 0 |
| | 1938.7〜 | 4 |
| | 1939.1〜 | 0 |
| | 1939.7〜 | 0 |
| | 1940.1〜 | 1 |
| | 1940.7〜 | 1 |
| | 1941.1〜 | 0 |
| | 1941.7〜 | 0 |
| アジア・太平洋戦争期 | 1941.12〜1946 | 60 |

出典：図4-1に同じ。
注：戦争の終結までとせず、戦死者（戦病死）のあった年までとした。

**表4-4　戦傷者（木津村）**

| | 応召入隊年月日 | 応召入隊部隊 | 帰還年月日 | 付記 |
|---|---|---|---|---|
| A | 1938/1/10 | 福知山歩20連隊 | 1938/3/14 | 1945年8月11日に中部137部隊に再召集 |
| B | 1937/9/1 | 福知山歩20連隊 | 1938/12/22 | 戦傷により兵役免除* |
| C | 1937/8/31 | 福知山歩20連隊 | 1939/2/12 | |
| D | 1937/9/1 | 福知山歩20連隊 | 1939/3/11 | |
| E | 1938/5/21 | 福知山歩20連隊 | 1939/7/31 | 1945/3/4に再召集（中部37部隊(伏見))、1945年中に帰還 |
| F | 1935/— | 呉海兵団 | 1939/8/10 | |
| G | 1937/9/1 | 福知山歩20連隊 | 1940/11 | 戦傷により兵役免除* |
| H | 1940/12/1 | 伏見歩9連隊 | 1942/8/31 | 戦傷により兵役免除* |
| I | 1941/1/10 | 福知山歩20連隊 | 1942/ | 比島バターンにて戦傷* |
| J | 1937/8/29 | 福知山衛戍病院 | 1943/ | 戦傷により兵役免除* |

出典：図4-1に同じ。木津村役場文書175『昭和十四年軍事援護』。
注：＊は「戦争出動者名簿」に記載されていることを示す。

者名簿」をもとに抽出し、木津村役場文書で補ったものである。「戦争出動者名簿」でも戦傷者の記載は完全とは言いがたく、負傷したが治癒した兵士については負傷の事実が記載されていないと思われる。断片的ではあるが、一九三九年の兵事簿冊によれば、一〇月の時点で七名の負傷者がいたことがわかるから(3)、戦傷者は実際にはもっと多かったはずである。

## 2　軍事援護事業の展開

### 国家機構の再編と「事局対策」

日本の中国侵攻は内蒙古・華北・華中の三方面にわたって進められた。戦争の大規模化にともなって、軍事援護行政を管掌する国家機構が再編・整備されていった。一一月、内務省社会局に臨時軍事援護部が設置され、そのもとに軍事扶助、傷兵保護、労務調整の各課が置かれた。地域における軍事援護行政は、直接的には道府県庁の指示に基づき、最終的に臨時軍事援護部によって指導・統括されつつ展開していくことになる。

年が明けて一九三八年一月一六日、広田弘毅外相は中国に和平交渉の打ち切りを通告し、政府は「爾後国民政府を対手とせず」との声明を発表した（第一次近衛声明）。これによって、戦争は長期化の様相を呈することになった。同月、国民保険、社会事業、労働に関する事務を管理するために、内務省から衛生局と社会局が分離されて厚生省が設置された。これにともなって社会局のもとにあった臨時軍事援護部も同省の管轄下に入ることになった。国家機構の再編はそれにとどまらず、四月には、傷兵保護事務を単独で担う傷兵保護院が厚生省外局として設置された。戦争の長期化を見通せば、傷痍軍人問題への対応は不可避であった。何よりも重要なのは、この月、国家総動員法が公布され、国民経済・生活は官僚統制下に置かれ、統制に関する権限が政府に委任されるにいたったことである。同月、電力国家管理法も公布され、電力の国家管理・統制が始まることになった。

戦争の長期化が予測され、国家総動員が進行していく中で、木津村では、一月に梅干の一斉蒐集が通達されるなど、戦争の影響が徐々に日常生活に及び始めていた。その一方で、村役場が出征軍人に送った通信には、米価と繭価が高騰し、ことに縮緬《ちりめん》が好況で、部落や個人の経済更生計画を立てつつあることが述べられていて、まだ一定の余裕があったこともわかる。(4) 史料の性格上、出征兵士に不安を抱かせるような生活上の困難を書くはずはないが、統計的にみても、米価や繭価が高騰していることは事実である。この通信の中にある、「我々村民は銃後事業と、経済更生と、国家総動員の諸事業を織り交ぜて第一線の各位にも劣らじと働いてゐます」という言葉は、総力戦体制に対する村のスタンスを率直に表現している。

戦争開始から約一年間の木津村の取り組みを包括的に示す史料があるので、これによりながら銃後の活動を概観してみよう。この文書は一九三八年八月、京都府の係員による市町村視察に合わせて準備したもので、「事局対策に関する調書」と題されている。(5) 主なものについて検討しておこう。

最初の項目は、国民精神総動員などに関する指示や通牒があった際、それを「各戸ニ浸透セシムル為採リツヽアル方策」である。これについては、①毎月定期開催の経済更生幹部会（一〇名で構成）において、実施方策の討議をする、②重要な事項については区長、各種団体長の会合を開催し、実行事項を申し合わせる、③毎月の部落常会に村側から出席し説明する、④『更生時報』（『木津村報』）を通じて周知する、などが挙がっている。基本的に、経済更生運動によって編成・統合された村内組織や媒体をそのまま使っていることがわかる。

③については、前章ではふれられなかったが、日中戦争開始以前の一九三七年三月から、村常会が行われるようになり、同じ頃、部落常会も定期的に開催されるようになったと思われる。(6) おそらく経

済更生運動の一環として、報徳思想の影響を強く受けながら、これらを整備したのであろう。村常会には、基本的に、経済更生委員会の各部長、区長、各種団体長が召集され、村の重要事項が話し合われた。開催の形式は、第三章で述べた佐々井信太郎の推奨にほぼしたがっている。(7) 部落常会については、「部落常会一巡所感」という文書が残されていて、部落常会の開催の様子が第二回村常会に報告されている。(8) そのことも含めて部落常会については後述する。

次に「事局対策に関する調書」は、「事変発生以来」の一年間で、事局認識に関しどのような取り組みがなされたかについて、以下のような事柄を列挙している。

・一九三七年一一月二一日……国民精神総動員に関する映画会の開催
・〃　一二月一三日……国威宣揚祈願祭・提灯行列（前章参照）
・一九三八年一月一日……非常時新年奉祝式の挙行
・〃　二月……「大日本報徳社教務小野仁輔氏ヲ聘シ報徳講習会開催、村幹部四〇名受講」
・〃　七月七日……聖戦一周年記念事業（当日は全村民禁酒・禁煙・「一菜励行」、午前五時までに氏神に参拝し参拝帳に記名、正午に村内三ヵ寺で打鐘、出征兵五三名への慰問品発送、村単独実施の「貯蓄週間」設定、小学校児童の団体行進による村社参拝、取り組みのビラを各戸配布）
・〃　七月九日……大野部隊従軍僧林文道氏の講演会開催

末尾にある従軍僧林文道とは、前章でふれたように、木津村最初の戦死者について村報に追悼文を書いている人物である。『木津村報』は、このときの講演について、「林師は北支戦線の苦労談から華々しい南京攻略戦に至るまで詳細に亘つてお話下さつて、皇軍将兵が想像以上に苦労してゐられることを知りました。誰も皆涙を流し感激いたしました」と記している。[9] 通り一遍の内容ではなく、村出身者の戦死に関わる講演であったからこそ、聴衆は林の語る戦争の姿をそのまま受け入れ、銃後活動の重要性を実感したと思われる。

こうした村全体の取り組みとは別に、部落や各種の団体、各戸単位で実行された事項が記されている。主なものを挙げよう。①前年九月以降、「国威宣揚、武運長久」と書いた小旗を各部落ごとに作り、各戸は毎朝輪番で二名以上が氏神に参拝。②在郷軍人分会員、婦人会員、男女青年団員、小学校児童などが、毎月交代で慰問文を提出し、役場が取りまとめて発送。併せて、村報、在郷軍人会福知山支部報、男女青年団報などを毎月郵送することを申し合わせ、実行。③婦人会は年数回、廃物・屑物の売却を斡旋し、年一回不用品交換会を開催。④少年団（満一〇歳以上の小学校児童）は、毎夜、夜警を実行。⑤生産力の強化、「生活改善申合規約」の励行によって生まれた余剰金を産業組合更生貯金に預入。「事局対策」ということで、治安、貯金にいたるまで広範囲にわたる取り組みが組織化され、そこに小学生も動員されていることが注目される。

## 軍事援護と経済更生の融合

「事局対策に関する調書」の中には、当然、出征者に対する軍事援護も記されている。前節で述べたように、一九三八年三月時点で応召者は現役兵志願者を含めると四九名、六月時点で七三名となっている。[10] これだけの動員がなされれば、村には少なからざる影響が出てくるはずである。七月時点での応召戸数は五八戸という史料があるので、[11] 木津村全戸数約三〇〇のうちほぼ二割の家が出征者を出したことになる。

出征軍人の増大につれて、軍事援護事業もそれ相応の比率で拡大せざるをえない。すでに一月の時点で、軍事援護活動の中心的担い手となる在郷軍人会は、応召者が多くなったため事業資金に不足をきたし、応召者の在郷軍人会費程度の補助金増額を村に要請している。一方、京都府は軍事援護事業の徹底をはかるため、三月四日の公報で、各町村に軍事援護事業の調査・報告を要請した。五月、知事・経済部長・経済部関係の係員が出席し、山城・丹波・丹後の三ヵ所において開かれた協議会では、銃後対策として勤労奉仕班の活動を強化すること、農業生産の確保・経営の維持のための詳細な対応策が決定されている(12)。

興味深いことに、協議会では府の上からの指導があったばかりでなく、町村の側から勤労奉仕に関する要望も出されている。勤労奉仕班の助成増額、必要な共同作業場やその他の施設に対する助成など、資金の助成に関することばかりである。村にとっては、勤労奉仕の強化は即座に財政負担となってのしかかってくることを示している。

木津村の場合、勤労奉仕班が設置された正確な時期はわからない。前章の表3-4を見ると、一九三七年九月末に経済更生幹部会で勤労奉仕班設置が協議され、一〇月初旬にはそのための更生委員会改組のことが区長、更生主任、各種団体長らの間で討議されたことが確認できる。また、経済更生委員会が行う事業の中に勤労奉仕に関する事項も含めるための改正規程には、「一〇月〔空欄〕日ヨリ之ヲ施行ス」という付則も付いている。さらに翌一一月には、勤労奉仕班設置のために「事変ニ伴フ農山漁村応急施設助成金交付申請書」が京都府知事あてに出されている(13)。こうした経過を経て、各区で勤労奉仕班が設置されたと思われる。

では、勤労奉仕は具体的にどのように行われていたのだろうか。地域から見た勤労奉仕についての専論は管見のかぎり見当たらない。幸いなことに木津村には、勤労奉仕についての史料がある程度残っている。それによると、木津村はこの時期には九区（部落）からなり、これを単位として勤労奉仕班が設置されたことがわかる。勤労奉仕班規程や勤労奉仕班実施要綱も定められている[14]。後者によれば、勤労奉仕班は**図4-2**のようになっている。各奉仕班の中に四つの係が設けられ、班内は年齢ないし性別ごとの組織化が行われている。また、応召家庭への援護事業は、「労力補給」を第一とし、経営困難な農家に対しては、田畑ならびに蓄牛の共同管理を行い援助する、それが難しいときは、自作地の場合は一時的小作地化、小作地の場合は「又小作地化」し、経営を安定化させることを規定している[15]。

勤労奉仕の実施に向けてまず必要なことは、応召家族の状況を調査することである。府が作成したと思われる「応召家族調査表」の様式は、家族の状況のほかに、一ヵ月平均収入（資産収入、職業によ

**図4-2　勤労奉仕班の組織（木津村）**

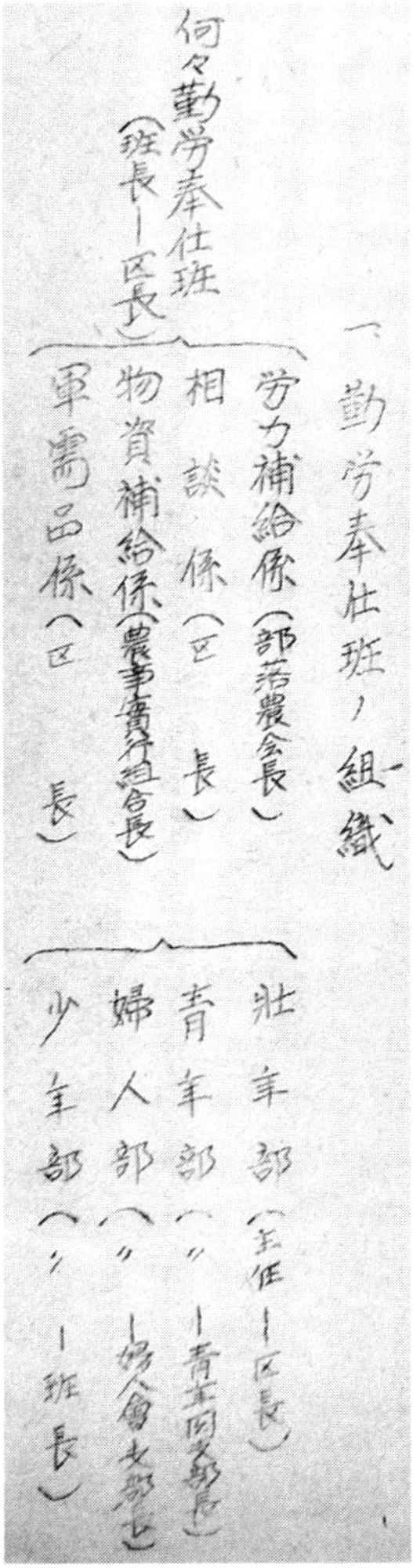


出典：木津村役場文書157『昭和十二年村常会・勤労奉仕・馬糧乾燥調達』。

**表4－5　木津村の勤労奉仕予定表**
**（1938年2月～1939年1月）**

（単位：人、戸）

| 勤労奉仕 班名 | 団体別勤労奉仕員数 | | | | | 応召 |
|---|---|---|---|---|---|---|
| | 壮年部 | 青年部 | 婦人部 | 少年部 | 計（人） | 戸数 |
| 奥 | 三五 | 二八 | 四七 | 三五 | 一四五 | 一〇戸 |
| 岡田 | 三三 | 三五 | 三五 | 三八 | 一四一 | 六 |
| 中舘 | 三五 | 三三 | 三三 | 四五 | 一四六 | 九 |
| 下和田 | 三四 | 二七 | 二七 | 三〇 | 一一八 | 九 |
| 上野 | 四三 | 四六 | 四五 | 三五 | 一六九 | 九 |
| 俵野 | 三六 | 二七 | 三〇 | 二五 | 一一八 | 七 |
| 溝野 | 一五 | 一〇 | 一三 | 一五 | 五三 | 四 |
| 日和田 | 二一 | 一〇 | 一二 | 二五 | 六八 | 一 |
| 温泉 | 一二 | 七 | 一五 | — | 三四 | 三 |
| 計 | 二六四 | 二三三 | 二五七 | 二四八 | 九九二 | 五八 |

出典：木津村役場文書161『昭和十三年防空・軍事扶助』、『史料集』【1-70】106～108頁。

る収入、その他の収入）、一ヵ月平均生活費（米、副食物、住宅費、被服費、電灯料、水道料、児童就学費、公租公課、その他）、耕作反別（田、畑）、主な作物（米、麦、桑、茶）、一ヵ年の所要労力、応召による一ヵ年の不足労力、労力補給計画を記入するようになっていた。所用労力の算定にあたっては、労働の種類（水稲、桑園、果樹園、蔬菜、繭、蓄牛、養鶏・養兎）ごとに、何名と基準が決められていた。たとえば、水稲の場合は一反歩で二三名、蔬菜の場合は三〇名といった具合である。

調査表は勤労奉仕の台帳として各班に備えつけられ、これに基づいて勤労奉仕計画が立てられた。計画は応召軍人ごとに作られ、勤労奉仕の種類（稲作など）と月ごとに必要な日数（または人員数）が書き入れられた。たとえば、応召者Aの場合、一〇月には稲架束一日、稲刈一日半、麦蒔一日、といった内容である。計画の中には、「小学六年生ニテ毎朝家ニ行キ主人ノ家用ヲナス」といった記述もある。

一九三七年一〇月には、こうした勤労奉仕事業の大枠はできあがっていたと思われる。翌年七月に京都府に提出された「事変ニ伴フ農村漁村応急施設助成金交付申請書」には、**表4－5**のような予定表が付されている。一九四〇年までの勤労奉仕の推移については、**表4－6**が参考になる。奉仕の回数しかわからないが、四〇年にかけて急速に増加しており、ことに少年部による奉仕回数の増加が顕著である。

こうして勤労奉仕は、経済更生の一環に組み入れられて実行された。逆に言うと、そうしなければ経済更生の計画自体が即座に破綻してしまったであろう。『木津村報』八八号は、経済更生委員会規程の改正について、京都府からの指示にしたがい、委員会の「取扱範囲をウンと広く」し、「公民道の確立振作、各種選挙の粛正、社会教育の普及徹底、勤労奉仕などをも取り扱ふことに改め」ました、と記している(16)。この流れを見るかぎり、経済更生運動に戦争が覆いかぶさり、その結果、経済更生運動が戦時体制の構築と融合せざるをえなかったと解釈するのが自然であろう。

**表4－6　木津村の勤労奉仕実績**

（単位：人、戸）

| 年次 | ＊労力奉仕回数 | | | | | | 奉仕戸数 |
|---|---|---|---|---|---|---|---|
| | 壮年部 | 青年部 | 婦人部 | 少年部 | — | 計 | |
| 十二年 | — | — | — | 一〇 | — | 一〇人 | 二二戸 |
| 十三年 | 二八 | 二〇 | 三五 | 二〇 | — | 一〇三 | 三二 |
| 十四年 | 八三 | 一八 | 一三五 | 一九五 | — | 四三一 | 六八 |
| 十五年 | 八五 | 一五 | 一六七 | 二二〇 | — | 四八七 | 五五 |
| 十六年 | 前仝 | — | — | — | — | — | — |

出典：木津村役場文書196『昭和十六年軍事援護・学事』、『史料集』【2-79】234頁。

注：現文書では労力奉仕回数となっているが、人数を意味する。

## 出征と家族の生活困難

視点を変えて、出征兵士の家族の生活に対して、日中戦争がどのような影響を与えたかについて考えてみよう。日中戦争開始とほぼ同時に軍事扶助法が施行されたことは前章で述べた。実際にそれはどのように機能したのだろうか。これについては、郡司淳が詳しい分析を行っている(17)。それによると、軍事扶助法による扶助戸数は、陸海軍兵員数比で見た場合、一九三七年が三五％、三八年が四四％、三九年が四〇％、四〇年が約二七％、四一年が二一％（いずれも概数）と、三八年を頂点に比率が減少していく。扶助戸数は一九三九年を頂点にいったん減少し、四三年から増加に転じて四五年には三九年の一・四倍に達している。ちなみに、一九三八年の扶助金の一世帯あたり月額は平均で一二円五四銭である。

　これを村の範囲で見るとどうなるだろうか。木津村では、一九三八年五月時点で軍事扶助法の適用を受けているのは二三世帯、そのうち七世帯は扶助金以外の収入がほとんどないか、皆無である。役場から京都府に提出された報告には、「胃潰瘍ヲ病ヒ現在健康スグレズ、家族収入皆無」「老衰者ノミニシテ農業収入殆ドナク」「一家肺患収入ナシ」などといった生活状況が書き込まれている。収入のある場合でも、一日五〇銭以下の家族が半数に達する。(18)

　一つだけ事例を紹介しよう。輜重兵《しちょうへい》Tは一九三七年に徴兵検査を受け現役兵とはならなかったが、日中戦争が始まったため、翌年二月に応召。同月に提出された「軍事扶助願」によれば、家族構成は、父（四八歳）・母（四二歳）と弟妹六人で、最年少の弟は二歳である。所有地は田が一・七反、畑が三・七反とごく零細で、純収入は田畑から五七円と、妹二人の日雇賃金一二〇円の計一七七円（いずれも年額）であった。これに対して、支出は五七五円で、不足額は三九八円に達する。家計について、申請者は、「専ラ応召者ノ労働収入ニヨリ家計ヲ維持シツヽ、アリシモ、収入絶ヘ家計上困難ヲ極メテ居リマス」と記している。役場の記入した扶助の程度は、「最高」であった。

　それから約半年後の九月初旬には、医療扶助の申請が提出されている。Tの母親が、三女の看病に疲れ八月から病に臥し、「病状益々進ミ医療ノ必要ニ迫ラルヽモ家計困難ニシテ投薬ヲ得ル能ハズ」という事情であった。さらに、この申請が提出された翌日に、病気だった妹（三女）が死亡した。その二日後、埋葬費一〇円の給与を求める「埋葬費給与願」が提出されている。これらの申請書は、田畑もわずかしか所有していないこの家族が、Tの応召後、たちまち生活の苦難に直面したことを雄弁に物語っている。[19]「戦争出動者名簿」によれば、Tは一九三八年一一月に中支で戦病死していることも付け加えておきたい。

さて、話をもとに戻そう。法的な扶助を受けなかった出征兵士の家族については、何ら問題がなかったのだろうか。むろん、そうではない。困窮しても軍事扶助法の対象とはならない内縁の妻とその子、伯叔父母、甥、姪、また、軍事扶助法の扶助を受けるにはいたらないが生活が困難な家族は広く存在した。そこで登場するのが、京都府軍事援護会である。同会では、前者に対して、軍事扶助法による生活扶助額に準ずる額を援護し、後者および軍事扶助法の適用決定前の者については、「生活費ノ収支不足額ニ応シ一世帯月額三十円以内」を援護することにしていた。ここで京都府軍事援護会について若干解説が必要だろう。この組織は、前章でふれた帝国軍人後援会とは異なる。一九三七年一二月三日、京都府知事・京都市長・京都商工会議所会頭・京都府市会議長・京都市公同組合連合会長など官民六〇名が参集し、第一六師団からも二名が出席して、結成を決定したものである。端的に言えば、行政が全面的に軍事援護を行うための組織であり、各県でこうした軍事援護会が組織されている。高知県の事例では、帝国軍人後援会も組織団体として包摂されているから、京都府も同じような構成をとったと思われる。[20]

さて、木津村では、一九三八年五月の調査によると六世帯が援護の対象となっており、いずれも生活困難者と思われる。それらに対する援護のために、一ヵ月の収入・支出を計算し、不足額を算出する、という手続きがとられている。このときの調査では差引不足額の最高は一七円で、この世帯の場合、収入二〇円、支出三七円の差額として算出されている。[21]その他の五世帯の差引不足額は九円から一二円の範囲である。

この調査の結果に基づいて、不足額がすべて京都府軍事援護会によって給付されたかどうかは定かではない。調査以前の段階では、同会から前年九月に一五円（一名分）、一一月に二〇〇円（二二名分）、調査直後の六月には四五円（一一名分）が給付されていることを確認できるだけである。少なくとも、この時期まで、生活費の不足の補塡は十分だったとは思えない。だからこそ、実状を把握するための調査が必要だったのである。

では、何らかの形で援護を受けた家族は、出征兵士の家族全体に対してどのくらいの割合を占めていたのだろうか。一九三八年八月時点での調査によれば、応召者または出動軍人総数が七六名（六七世帯）で帰郷者が五名（五世帯）である。このうち、①軍事扶助法の扶助を受けた世帯が二七、②扶助手続中または申請の見込みのある世帯が七、③扶助法の扶助を要する基準には達しないが生活困難な世帯が八、④いずれにも該当しない世帯が二〇、となっている。①・②の軍事扶助法適用、申請中または適用見込の者（家族）は、帰郷者を除いた世帯の約五五％、これに③の生活困難世帯を加えると、約六八％に達する。[22] 応召がそのまま家族の生活困難につながっていったことが、顕著にうかがえる数字である。

こうした要扶助・援護者のために、同年七月、役場内に軍事援護相談所が設置された。村長が所長となり村役場吏員・区長・方面委員などに委員を委嘱し、総勢一七名の態勢で業務に取り組んだ。[23] ただし、これも、軍事相談所取扱成績報告を毎月五日までに報告するよう求めた京都府の通牒（五月二〇日）にしたがったものであることを付け加えておきたい。

このような実態からもわかるように、軍事扶助法は、もともと現役兵や応召者を出した家族をすべて救済することを目指したものではない。あくまで兵役は義務であり、そのために発生する生活の困難が補償されることを、国家は決して権利として認めなかった。したがって、国家はそうした責任を負う必要はないが、動員が拡大されるにしたがって、生活に困難を抱える家族の数は拡大していかざるをえない。その矛盾を解消するために、軍事援護会が法外援護によって救済を補完するという仕組みが作られたのである。このシステムが作動すれば、戦争を発動した国家によって生活困難に直面しているはずなのに、行政を通じて国家や軍事援護会が救済者となって立ち現れるという逆立ちした状況や認識が生まれることになる。

## 持久戦にともなう引き締め

一九三八年四月の徐州作戦によって年初に立てた戦面不拡大方針を放棄した大本営は、引き続き武漢攻略作戦の計画を立て、八月にこれを実施した。この段階での陸軍総兵力は三四個師団で、二三個師団が中国、九個師団が満洲と朝鮮に配備され、内地には二個師団を残すのみとなっていた。日本軍は多くの戦死傷者を出して一〇月二六日に漢口を占領したが、中国軍の主力は退却していて、これに大きな打撃を与えるという目的は達成できなかった。一〇月末、蔣介石は、持久戦への転換と長期抗戦の決意を表明した。この頃を境に、戦争は持久戦へと転化していった。

前述の通り木津村では五月に大動員があり、二六名が応召しているが、これは八月に発動された武漢攻略戦と関係が深い。大動員は徴兵制の維持に大きな影響を与える。九月の半ば、福知山連隊区司令官は管内町村長あてに、次のような通牒を出している。疾病のため即日帰郷となり応召不能となった者に対して、「目下ノ時局ニ際シ此ノ種ノモノハ甚タ遺憾トスル所ニシテ国軍ノ為メ痛惜ニ堪ヘサル所ナリ、若シ夫等カ召集忌避ノ原因トモナラハ一般ニ与フル影響尠ナカラスト思惟セラル、ニ付キ」、全治し応召可能となった場合には速やかに通報するように、というのがその内容である。(24) 即日帰郷者には厳しい監視が加えられることになった。

さて、武漢攻略戦とそれに呼応した広東作戦の結果、日本軍は一〇月下旬に武漢地区を制圧し、広東を占領した。同月には、全国一斉に「銃後後援強化週間」の行事が行われた。木津村でも一〇月九日に「戦歿軍人慰霊祭」と講演会が行われた[25]。この行事を間にはさんで、木津村出身者が相次いで二名戦死している。第一六師団が武漢攻略戦に投入されたためである。

こうした状況のもとで、京都府軍事援護会は「応召軍人遺家族慰安激励会要綱」を作って、府下市町村がこれに取り組むことを強制した[26]。その趣旨文はこの時期の現状認識をよく表しているので、煩を厭わず引用する。

事変愈々長期に亘るに伴ひ出征軍人遺家族中には一時の興奮も漸く冷めて意気銷沈し精神的遅〔弛〕緩を来せる者も絶無にあらざる実情にあり。而して之等の遺家族に対する精神的援護に至つては未だ遺憾の点尠からず。故に此の際被扶助家族と否とを問はず、一般の出征軍人遺家族をして名誉ある家族としての矜持を一層固からしめ、戦線に奮闘しつゝある勇士の心を心として、自粛自戒常に精神上の緊張味を持続せしむる様指導教化の徹底を図り、物心両方面より銃後援護の万全を期するの要緊切なるものあるに鑑み、之が対策を実施せんとす[27]。

要綱は、会の順序や執行方法まで事細かに規定している。それによると、「慰安激励会」を午後二時から開催し、そのあと午後六時から「銃後後援強化映画の夕」を開くことになっている。両者とも式次第が定められていて、前者については、開会挨拶、宮城並神宮遥拝、国歌斉唱、黙禱、慰安激励の辞、懇談（懇談中銃後美談の発表）、講演、応召軍人家族信条頒布、閉会の挨拶、といった内容が提示されている。その執行方法についても指示は大変細かい。挨拶や司会は誰が行うかに始まり、「宮城並神宮遥拝」にあたってはその方角に向いて最敬礼をし、司会者は「最敬礼」、「直レ」の号令をかけること、国歌斉唱の際、レコードのときは一句前奏してまた初めに戻し一同の歌いやすいようにする、といった指示が並ぶ。講演は、京都府軍事援護会嘱託講師が行うことになっていて、その一覧表も付されており、「使命社」や「赤誠奉仕会」の関係者、中学校以上の学校長、宮司、住職などの名前があがっている。会場の配置についても図面で指示されている。

後者の「映画の夕」では、映画の選択肢として、「銃後百八十万府民に告ぐ」「愛国母の手紙」「傷兵を護れ」「僚機よさらば」「五人の斥候兵」「事変ニュース映画」が挙がっている。また、「愛国行進曲」を全員起立して斉唱することも義務づけられている。「愛国行進曲」は国民が永遠に愛唱すべき国民歌として、内閣情報部が歌詞と曲を募集し、一九三七年末に発表した楽曲である。

微細な点にいたるまで標準化された慰安激励会には、もはや独自性を発揮する余地はほとんど残されていなかった。この要綱に沿って、木津村は「応召軍人遺家族慰安会」を翌年四月に計画し、費用を負担することになっていた京都府軍事援護会に補助金交付を申請している[28]。

こうした体制の引き締めは、精神動員の弛緩と裏表の関係にあるが、行きすぎた強制がかえって総動員を阻碍する傾向を生じさせることもあった。同じ九月に発せられた京都府から市町村長あての指示[29]は、防空訓練に際して、資材の整備などの名を借りて、各戸から寄付金を集めるような動きがあること、公務その他の重要な業務に従事している者に対しても、半ば強制的に町内の防護のために集合させていることを挙げ、日常の経済活動が妨げられることがないよう注意を促している。

またこの指示は、訓練に参加できない者に対して「不勤料」などを徴収している事例があることを指摘し、これを禁止している。防空訓練の目的とは異なる方向に共同体規制が作動し、住民の負担が増大している状況をうかがうことができる。さらに興味深いのは、訓練終了後「足洗」と称して慰労会を行ったりすることを厳しく戒め、訓練のために町内に防護詰所を新築することも見合わせるよう指示していることである。慰労会や防護詰所のような事例は、防空訓練が「催しもの」化していることを物語っている。

## 3 帰還兵・傷痍軍人はいかに処遇されたか

### 帰還兵の「歓迎」

戦時体制というと出征兵士の送り出しに注目しがちであるが、**表4-2**で見た通り、一九三八年になると帰還兵が増えてくることにも目を向ける必要がある。そこで、村が帰還兵をどう迎えたのか、逆に、帰還兵に求められたものは何かを明らかにしておきたい。

帰還兵の迎え入れ方について、木津村役場文書の中で最初に現れる文書は、「帰還兵ノ歓迎ニ就テノ心得」という指示である。(30) 一九三八年三月に、役場から各種団体長・区長あてに、応召兵の帰還日時の連絡とともに添付された指示であるが、どこが出したものかは判然としない。のちに出された同種の文書から類推すれば、京都府兵事課だと思われる。この文書は、基本方針として、「事変ノ第二段階ノ当初」にある今、帰還兵を質素に取り扱うべきだが、それによって彼らの勲功と栄誉を傷つけないよう特別の考慮を払うべきことを指示している。具体的には、①各戸国旗を掲揚すること、②神社において帰還奉告を行うこと、③凱旋の字句はもちろん、歓迎用の個人の旗幟を用いないこと、④凱旋門などを作らないことを列挙している。また、家庭での祝宴は廃止、同年会・親友会などの歓迎宴は「絶対ニナサヾルコト」、帰還者家庭の装飾や帰還兵の土産物の授受の廃止なども命じている。これを見ると、およそ表立って「歓迎」に類することはほとんど禁止されており、家庭での祝宴の廃止にいたっては、もはや「歓迎」という言葉と矛盾しているとみなさざるをえない。行政ルートを通じて、こうした微細な点にいたるまで干渉し、逸脱の恐れある行動を未然に徹底的に排除・禁止していることに留意しておこう。

さて、それから一年以上経った一九三九年七月、大本営は中支那派遣軍に第一六師団の内地帰還を命令した。これによって、第一六師団は八月初めに帰還した。多くの帰還兵を迎えるにあたって、京都府学務部長は「帰還兵ノ歓迎」について第一六師団司令部と協議を行い、その結果を市町村長あてに通知している。(31)その中で目を引くのは、「従前ノ帰還軍人ニシテ帰還時ノ待遇余リニ菲薄《ひはく》ナリシ向ニ対シ此ノ際同時ニ奉告祭、歓迎式ニ列席セシムルコトハ差支ナシ」という部分である。帰還兵を質素に取り扱うという方針が守られたがゆえに、待遇の「菲薄」さが問題化してしまったということだろうか。このことは、村端または駅前に歓迎門の代わりに大国旗を交差することは差し支えない、という指示があることからも裏づけられよう。

この通知の数日後に出された「帰還兵歓迎並ニ帰郷後ノ処遇ニ関スル件」という通牒は、かなりの長文で、帰還と帰郷後の処遇について詳しく記述している。(32)歓迎についての「一般方針」は、満腔の感謝を表示する「精神的行事」を主とし、「物質的ニ流レ凱旋気分ニ陥ルカ如キコトナキヲ要ス」としている。家庭での祝宴については言及がないものの、相変わらず「慰労的宴会」やお祭り騒ぎととられる行為を固く禁止している。新たに設けられた「汽車電車ノ沿道ニ於ケル歓迎」という項目では、街頭にある者、田畑に労働中の者など、屋外にある者は、その場に停止するか一時作業を中止して「手ヲ振リ鍬ヲ挙グル等歓迎ノ誠意ヲ表スル如ク徹底セシムモノトス」とある。「勇士ノ感激ヲ大ナラシムルモノハ寧ロ此ノ種ノ歓迎振リニアリ」というのがその理由であった。誠意を表すことを強制するという、ある意味矛盾に満ちた指示である。

さらにこの通牒は、市・町・村銃後会などの歓迎の辞に含まれるべき事柄を提示し枠をはめている。

その骨子は陸軍省情報部の出した『輝く帰還兵の為に』(一九三八年一〇月)という小冊子の要点を抜粋したものである。次にその内容を検討してみよう。

## 『輝く帰還兵の為に』

このパンフレットは一四頁の比較的短いもので、概要は次の通りである。(33)「一、はしがき」で全体を概括する内容を述べたのち、「二」では、内地帰還によって諸士は「事変関係の任務より解放」されたのではなく、「内地上陸の第一歩から国家総力戦の一員として新たなる任務に就くこととなる」と指摘する。続いて「三」では、諸士は戦場において尊い経験を得、また第一線の事情に精通しているから、「銃後の国民に対しては貴重なる指導者である」とする。郷党の諸士に対する尊敬と関心の念は深く、何千・何万という人の眼と心が注がれているとも言う。

だからこそ、銃後の人たちが知りたがる戦況や戦友の勇戦ぶり、自らの体験談などを懇切に話し聞かせることは当然であるが、「銃後の後援を弛緩せしめたり或は萎微〔靡〕せしめるやうな言動」を充分に慎まねばならない、と戒める(「四」)。その理由は次のように説明されている。歓迎や歓待を受けた場合、知らず知らずのうちに、「自己の功績を得々として語り、或は戦況特にその労苦や惨烈の状況等を誇大に吹聴して、国民の戦争に対する恐怖心を深からしめたり、或は戦友や上官を誹謗して皇軍の名誉を傷《きずつ》けたり、或は軍に対して誤解を抱かしめたり、又時とすると軍事上の機秘密を漏洩する等の過失を犯す」ようなことがないともかぎらない。そうなれば、軍機保護法にふれて処罰される可能性もあるとパンフレットは警告する。

さらに、事実を事実として語る場合においても、銃後の国民や対外関係に及ぼす影響等を考えれば、そこには語ることのできない限界がある、と畳みかける。ここまで警告されれば、帰還兵たちが、戦場のことは下手に語らない方がよい、と判断したとしても不思議ではない。戦場の労苦や惨烈が語られないとすれば、帰還者の体験を通じた戦争像は伝わりようがない。にもかかわらず、「五」では、「戦場の尊き体験と特種〔ママ〕の地位とを有利に活用して、国民一般を啓発指導し、真に挙国一致聖戦の目的を貫徹するに至らしめるやう努力せねばならぬ」とする。そして、最後の「六」では、「事変」はいかなる方向に発展するかはかりがたいから、「武勲と品性とを保持し」「常に健康に留意して鍛練を怠ることなく、必要ある時は一令の下に再び起つて勇躍征戦に赴くの覚悟を片時も忘れてはならない」と締めくくっている。

　前項で見た「帰還兵歓迎並ニ帰郷後ノ処遇ニ関スル件」は、帰還兵の歓迎の催しでも、これらの内容を、祝辞を通して必ず伝えるよう指示しているのである。それはもはや歓迎の辞というより、訓示といった方が適切だろう。なお、これとは別に、第一六師団司令部も同じ時期に、「帰還将兵歓迎の心得」を作成し京都府を介して市区町村に送付している[34]。その「心得」は、「歓迎が整々厳粛に行はれることは、国民秩序の表現であつて、蔣政権並に第三国に対し日本軍民一致の威力と意気とを表現する」とし、出迎えや面会の規律と禁止事項を定めている。帰還将兵の部隊号を書いた旗をもったり、見聞した兵数を発表するなど機密にあたる事項を、口外したり信書などで伝達したりすることは、「間諜を利する」行為として厳に戒めている。こうした出迎えや歓迎の行事は、「防諜」と結びついた相互監視の体制を着実に作っていくためにも利用されたのである。

　帰還兵の歓迎は、同時に帰還していない兵の家族への対応も必然化させた。竹野郡内の町村では、八月四日から一〇日にかけて連続して「応召軍人遺家族慰安激励会」が行われた記録が残っている。一斉に行われなかったのは、京都府が講師、係官、映画班を派遣している都合上、各町村をまわらなければならなかったからである。木津村で行われた慰安激励会の状況報告書によれば、座談会では、京都府社会課主事による趣旨説明と「軍事援護事業の施設と其利用」の話があり、京都府方面委員による講演「聖戦の原因と銃後国民の覚悟」があった。会の開催を総括して、役場は「銃後国民の覚悟を新にし応召遺家族の堅忍不抜の心を一層堅くせしむるに効果尠なからず」と記している(35)。府に提出された文書なので、それがどれだけ実態を表しているかは疑問である。しかし、将来に対する希望として「毎年一回位い《〔ママ〕》は催されたし」と記されているところを見ると、ある程度の効果があったと判断されたのだろう。繰り返しになるが、京都府が町村役場を通じて動員や統制を強めていく、こうした手法に注目しておきたい。

## 帰還兵の実態

後回しになってしまったが、一九三九年の半ばに帰還兵の処遇についてさまざまな指示が出された背景には、確実にその数が増大したという事情がある。九月の「銃後支援状況調査」によると、木津村での帰還軍人は、陸軍三三名、海軍一名となっている(36)。

帰還兵の処遇については、一九三八年三月に陸軍省人事局長・阿南惟幾から「今次事変召集解除者就職斡旋ニ関スル件」という通牒が出されている(37)。この通牒は、ごく簡潔に言うと、召集解除者の就職斡旋について、道府県庁の責任において適切な組織を設け、職業紹介機関や市町村を動員して取り組むべきことを指示したものである。その際、就職斡旋の本則は、「応召前の業務に復帰せしむること」とされていた。

帰還兵がますます増大していく中で、京都府は、先にふれた「帰還兵歓迎並ニ帰郷後ノ処遇ニ関スル件」で一定の方針を出している。基本的には、陸軍省の通牒を踏襲しつつも、「不振産業」従事者の転職も視野に入れた内容に微妙に変化している。自営業者や小中商業従事者については、「此ノ際成ルベク時局産業ニ転職スル様指導スルコト」とされ、先ほどの本則が揺らぎ始めていることをうかがわせる。

就職斡旋以外に、生活援護や生業扶助についてもいくつかの指示が出されているが、立ち入ることは控えよう。それよりも、帰還兵の生活は実際どうなったのか、という点が重要である。ところが、残念ながらそれを知りうる史料はあまり多くはない。ただ、前述の「銃後支援状況調査」を用いれば多少なりとも推測は可能である。それによると、応召前と同じ職業に就いた者が二九名、転職した者が四名、病気で失職した者が一名となっている。木津村の生業は農業が圧倒的に多いことが、応召前と職業の変化が少ないことの最大の理由である。転職は必ずしも収入の低下につながっているとは言えないが、生活の大きな変化を迫られたことは間違いない。

ともあれ、帰還兵が応召前と同じような生活に戻れるのか否か、本人はもちろん社会的にも大きな不安があったことは確かである。ある木津村出身兵の帰還にあたって、所属部隊長から村にあてられた書信（一九三九年八月）には、帰還者の直面するであろう状況に配慮した次のような記述がある。(38)「二ヶ年家郷を離れ自家の状況をも不知《しらず》又社会情勢に至つては殆んど異状なる変遷に無智なる状況にあるので、「歴戦の貴重なる体験を有するとは言ひ乍ら将来何卒格別の御高配に依り万般に亘り御指導被下れん〔ママ〕事を切に御願ひ申上候」という文がそれである。この書信は様式化されていて、帰還兵の名前などを書き入れればよいようになっている。だからといって単なる形式的なものにすぎないと考えるのは早計である。帰還兵の困難が一般的に予測されていたからこそ、様式化された書信になったと見るのが適切だろう。

その上で内容をよく吟味してみると、この書信には、『輝く帰還兵の為に』とは異なるトーンがあることに気づく。書信では、「歴戦の貴重なる体験」と帰還後の生活が結びつけられておらず、逆にそのギャップを率直に認めたものとなっている。そうした事態を懸念したがゆえに、『輝く帰還兵の為に』は帰還兵のありうべき姿を積極的に示さねばならなかったのである。その一方で、当の帰還兵が実際にどのような心情を抱いていたかは、彼ら自身が著した記録や小説などにうかがうことができるが、今後深められなければならない課題である。

### 傷痍軍人の処遇

一九三八年末から翌年にかけての役場文書の特徴は、傷痍軍人関係の文書が多いことである。ここで少しさかのぼって、傷痍軍人対策について簡潔に説明を加えておきたい[39]。日本社会において傷痍軍人の処遇が問題化するのは、日露戦争後のことである。当時は傷痍軍人ではなく「廃兵」と呼ばれていた。政府は既存の恩給制度を基本としつつ、廃兵院法を制定(一九〇六年)することによってこの問題に対処しようとした。しかし、新たに設立された廃兵院は、ごくかぎられた「廃兵」の救済しか想定しておらず、仮に入院したとしても恩給が打ち切られるなどの不利益のために入院者は少なく、多くの「廃兵」は低額の恩給で生活せざるをえなかった。彼らが「廃兵団」を組織して恩給増額運動に取り組み、その影響もあって一九二三年に大幅な増額を盛り込んだ恩給法が成立した。満洲事変後の一九三四年には傷兵院法が制定され、廃兵院は傷兵院となり、傷痍軍人の貧困救済的性格を脱して重傷者を収容する施設へと転化した(一九三九年に軍事保護院と改称)。

一方で、傷痍軍人団体の政治化を抑止・統制するために、一九三六年一二月、大日本傷痍軍人会が創設された。会則では、精神修養、相互扶助、死亡者の妻子と遺族の慰藉・扶助などのほかに、国防思想の普及や思想の善導などの役割も担うことが規定された。傷痍軍人は「銃後の支援に任ずるに足る余生を献げて君恩に報ずる」ことはもちろん、「国民を奮起させる一助」としての役割を果たすことが期待されていた[40]。その後、全国で支部の結成が進められ、京都府では、翌年四月、京都府支部が結成されている。その支部長は京都府学務部長、副支部長は京都市教育部長および府下町村長会長だから、行政の統制に服した組織である[41]。

日中戦争が始まると、既存の枠組みでは戦傷者の増加に対応しきれない状況となった。一九三八年一月、厚生省のもとに設置された傷痍軍人保護対策審議会は、傷痍軍人とその家族の生活保全と子弟教育の助成、傷痍軍人の素養の向上と一般国民の教化、温泉療養所や結核・胸膜炎患者の療養所の経営、傷兵院法の改正、精神障害者用施設の設置、職業保護と職業再教育のための施策など、広範囲にわたる答申を提出した[42]。木津村役場文書にある京都府からの通牒を見れば、この提言がいかなるテンポで、どのように実施されていったのかを知ることができる。

たとえば、傷痍軍人の子の中等教育にかかる学資の給与または貸与（一九三八年五月）、傷痍軍人の居宅医療の許可と医療費の補助（同年六月）、職業再教育のための学資給与（同年八月）、傷兵保護院京都療養所の設置（一九三九年一月）[43]、傷痍軍人の職業再教育を目的とする京都愛国寮の開所（同年三月、愛宕郡八瀬村）[44]などである。

なお、木津村の木津温泉関係団体は、戦傷病兵療養所の設置の嘆願書を、村長を通じて第一六師団司令部に提出している（一九三七年一一月）。その背景には戦傷病兵を受け入れることで木津温泉の振興につなげようとする意図があった。注目すべきは、この嘆願書で、経済更生特別助成村に指定され、挙村一致で農村更生に邁進し、在郷軍人会や国防婦人会などの団体も着々と業績を挙げ、「軍事に対する理解も他に劣らざるを確信仕り候」とアピールしていることである。嘆願書であることを割り引いても、木津村民の自負と自己意識が表明されたものと見て差し支えない[45]。

結局、願い出た療養所設置については何の音沙汰もなかった。一九三八年八月には、京都府学務課から一名の傷痍軍人の療養委託依頼があったことが確認できるが、その後、どれだけ委託があったかを数量的に確定することはできない。戦争末期の一九四五年四月になって初めて、木津温泉の旅館を借り上げて「敦賀陸軍病院木津村臨時分院」が設置されることになった[46]。

さて、このようにさまざまな傷痍軍人対策が実施されていくのだが、町村単位で見た場合、いったい傷痍軍人はどの程度の人数だったのだろうか。応召軍人の場合と同じく、実数を把握することが傷痍軍人対策の基本である。一九三八年一二月の段階で竹野郡町村会長が把握している郡内傷痍軍人は一四名であり、木津村の場合は一名である[47]。町村単位で見るとその数は少ないが、それでも一九三九年三月には、京都府の指導によって大日本傷痍軍人会京都府支部竹野郡分会が立ち上げられている[48]。規程には、「分会ハ会員名簿ヲ整備シ常ニ其ノ異動ヲ明カニスルモノトス」とあり、傷痍軍人の所在を常時把握することが求められた。

### 組織化が急がれる傷痍軍人

一九三九年になると傷痍軍人対策はもはや待ったを許さない状況になってきた。傷痍軍人の状況を調査・把握し、さまざまな手を打たなければ今後の召集に悪影響を与えることが懸念されたからである。大日本傷痍軍人会は、前年の九月に、厚生・陸軍・海軍の三省から経費を得て財団法人となっていたが、五月、傷痍軍人五訓を定めて「再起奉公」への精神的動員をはかろうとした。五訓とは次の通りである。①「精神ヲ錬磨シ身体ノ障礙ヲ克服スベシ」、②「自力ヲ基トシ再起奉公ノ誠ヲ効《イタ》スベシ」、③「品位ヲ尚《タウト》ビ謙譲ノ美徳ヲ発揮スベシ」、④「操守ヲ固クシ処世ノ方途ニ慎重ナルベシ」、⑤「一身ノ名誉ニ鑑ミ世人ノ儀表タルベシ[49]」。

当然、こうした上からの精神的な訓戒だけでは「再起奉公」は望むべくもない。生活上の傷痍軍人の援護は、行政が担うことになる。京都府は、六月、「町村吏員充実助成費」により増置する吏員に傷痍軍人を優先的に採用するよう通牒し[50]、八月には、市区町村長に傷痍軍人の職業調査を指示した[51]。「傷痍軍人職業状況調査票」に個人別に記入して返送するように、というのがその内容である。適当な「職業保護」を加えて生活を安定させるとともに、「再起奉公勤労報国ノ誠ヲ致サシムル」ための基礎資料として用いるためであった。

このように、さまざまな対策が試みられてはいたものの、それが有効であったかどうかは疑問が残る。なぜなら、一九三九年一〇月の京都府からの通牒は、戦傷病者が今後さらに増加すると推測し、その保護が喫緊の課題であるとしながらも、「其ノ実績充分ナラズ保護ニ漏ルル者相当有之ヤニ認メラルルハ甚ダ遺憾ニ不堪」と率直な認識を示しているからである。その根拠は、胸膜炎を含む結核性疾患者の場合、帰郷後も継続的治療が必要であるにもかかわらず、「保護人員比較的尠キ状況」にあるという観測にあった[52]。

このことは、傷痍軍人保護事業の成否に影響を及ぼすばかりでなく、一般国民の結核予防の見地から見ても大変憂うべき事態であった。そこで、軍事保護院は全国一斉に、傷痍疾病のため除役または召集解除となった者の健康診断を行うことにした。漏れなく受診させるために市区町村には受診者名簿を提出させ、交通費も支給することになった。木津村では対象者は七名で、場所は網野町であったから、おそらく竹野郡単位で健康診断が実施されたと思われる[53]。

傷痍軍人の掌握、組織化も円滑に進んだわけではなかった。木津村に隣接する郷村（現京丹後市）に残された史料の中には、一九四〇年二月、大日本傷痍軍人会京都府支部が竹野郡分会長に、管下の傷痍軍人のうち手続き未了者の入会申込書と「傷痍軍人相談カード」を提出するよう求めた文書がある[54]。郷村のこの時期の傷痍軍人数は六名で、そのうちの三名（一名は前月に戦病死している）が対象者であった。[55] 竹野郡分会が一年前に設立されているにもかかわらず、半数がいまだに手続きをしていなかったことからわかるように、傷痍軍人分会への組織化は遅れていたのである。その原因の一つとして、入会時に会費を支払わなければならないと誤解して躊躇する者があるので、そういった負担はまったくないことを説明するよう指示した記述が同じ文書の中にある。ともあれ、この指示を契機として竹野郡内の傷痍軍人の入会はやっと進んだと思われる。

府の予想に違わず、これ以後も傷痍軍人の数は増加していった。一九四〇年三月における傷痍軍人数は、竹野郡全体で三〇名となり、一年四ヵ月前の二倍に増大していた。[56] さらに一九四一年八月時点では、郷村の傷痍軍人数は八名となっているので、郡全体でもかなり増加していることは間違いない。

傷痍軍人の処遇をめぐっていま一つ浮上してきたのは、結婚問題であった。一九四一年六月、軍事保護院援護局長から各地方長官あてに「傷痍軍人ノ配偶者斡旋ニ関スル件」という通牒が出された。[57] これを受けて、京都府も、配偶者の斡旋を積極的に進めることを次のように指示している。「傷痍疾病ノ種類、程度又ハ境遇等ニ依リ自然ニ放置〔親戚・知己の力に任せること〕シ難キモノ」があるから、各種団体や方面委員会などの連携はもちろん、適齢期の婦女子に対して「傷痍軍人ヲ正シク認識セシメ進ンデ傷痍軍人ノ配偶者タラントスル思想ノ涵養」に努めよ、というのがその内容である。[58] 同通牒では、京都府結婚相談所を利用することも勧奨している。傷痍軍人の処遇については、アジア・太平洋戦争以後も引き続き大きな課題となる。

## 4 地域における総力戦体制の確立――銃後奉公会・警防団・大政翼賛会

### 警防団と銃後奉公会の結成

漢口占領後、蔣介石が長期抗戦を明言したことによって、持久戦化が決定的となったことはすでに述べた。国内でもそれにあわせて、諸種の軍人援護団体の連携と統合的運用をはかるため、軍事援護団体の再編が行われた。

すでに満洲事変後から、軍事後援を目的とする大小さまざまな団体が簇生し、それぞれに資金を募集し事業を実施していたが、第二章でふれた帝国軍人後援会は、各団体が分立して活動することを危惧していた。一九三四年以来、同会は、軍事援護団体の合同を唱導し、翌年には、中央に軍事扶助委員会が創立され、そのもとで同会や帝国在郷軍人会、日本赤十字社などの一〇団体が協力する態勢が作られた。(59)

しかしそれでも、諸団体の分立の弊害は克服できず、日中戦争の全面戦争化・長期化に際して、強力な統一的援護機関を作ることが必須だとする声が高まった。一九三八年一一月、勅語と内帑金《ないどきん》によって恩賜財団軍人援護会が設立され、既存の帝国軍人後援会、大日本軍人援護会、財団法人振武育英会がこれに統合された。(60)

翌月、地方長官に対して管内の軍人援護団体を統合して支部を設けるよう指示があった。(61)これを受けて京都府は、軍人援護会京都府支部の発会式を一二月一日に行った。それにともなって、日中戦争開始後の軍事援護を担った京都府軍事援護会は、翌一九三九年三月三一日をもって解散することになった。(62)さらに四月、京都府を通じて、市区町村においても銃後後援団体を整備拡充し、「挙郷一致唯一ノ軍事援護団体」として銃後奉公会を設置することが指示された。(63)

実際に木津村銃後奉公会が結成されたのは、翌月のことである。(64)新潟県和田村の場合には少し早く、四月に結成されたようだが、両者の会則を比べると、村の名称と施行日のみが異なるだけで、あとはすべて同一である。明らかに全国でまったく同一の会則が採用されたと思われ、その画一性に留意しなければならない。

また、銃後奉公会は村長を会長とし、全世帯主をもって組織された点にも注意が必要である。銃後奉公会は法律によって結成されるのではなく、会員となることを強制する法的根拠はない。ところが、準則に基づいて作られた会則には、「木津村〔和田村の場合は「本村」〕ニ居住スル世帯主ヲ以テ組織ス」とあり、各世帯主は会員になることを事実上強制された。

なぜ、そのような方針がとられたのか。これについては、厚生省臨時軍事援護部が開催した道府県学務部長会議の席上で、福本柳一軍事扶助課長が行った説明がヒントを与えてくれる[65]。理由は二つ考えられる。一つは、全世帯加入の場合、「兵役代償ノ観念」が生じる余地がなくなるからである（鹿児島県学務部長の発言）。わかりやすく言うと、仮に、兵役に服さない者が服する者を援護するという考え方に基づいて、会員（非応召者の世帯）と非会員（応召者の世帯）とに分けた場合、兵役を負担しない代わりに会費を払ったという認識が生まれる恐れがある。これが「兵役代償ノ観念」である。そうした考え方は国民皆兵の原則に反するため、絶対に避けなければならなかった。福本課長は、「法律ニ依ルモノデナイカラ会員ト然ラザルモノトガアルコトヲ予想セナケレバナラナイ。時局下ニ於テノコトデアルカラ充分制度ノ運営ニ就テ努力シテ貰ヒタイ」としか答えていないが、出席者には、全世帯加入の強制を事実上黙認したと解されただろう。

全世帯加入となったもう一つの理由は、銃後奉公会の目的が、単に軍人およびその遺家族を援護するにとどまらず、「会ヲ組織スル町村内ノ全世帯ガ自ラヲ援護シ、自ラヲ救済スル」ことにあるとされていたからである。自らを援護し救済するとは、どういうことかわかりにくく、全世帯加入を導くためのこじつけのようにもとれる。おそらく、今後のさらなる召集や動員に耐えうるよう、隣保相扶によって総力戦体制を支えることを求めたものであろう。この点について一ノ瀬は、福本課長の別の説明を引用しながら、入営者に対する経済的損失補塡を、「区域内全戸が平戦両時を通じ「協同」で行うべき団体としても位置づけられている」としている。[66]先行研究が確認しているように、銃後奉公会は単なる軍事援護団体というよりも、長期戦のために動員が拡大することを射程に入れた、総力戦体制を担う末端組織の一つとして位置づけられるべきだろう。

銃後体制再編の一環として、銃後奉公会の結成と並行する形でもう一つの組織改編があった。警防団の結成がそれである。一九三九年一月に制定された警防団令によって、全国の市町村において「防空、水火消防其ノ他ノ警防に従事スル」警防団の設置が義務づけられた。既存の消防団（消防組）は解消され、防護団を作っていたところでは、それを統合して警防団が組織されることになった。四月一日の施行に基づき、網野警察署管内では、四月一六日に警防団連合結団式が行われた。[67]

木津村の警防団は、地域を第一部から第四部に分割し、それぞれに部長―班長を置くという形で編成され、四月二二日に小学校で結団式が行われた。防空にあたる組織として、木津村では一九三四年に警備団が設置されたことは前述したが、警備団と消防組を統合し、新たに警防団ができたのである。廃止された消防組は、一八八四年に「木津消防組」として組織され、一八九九年に知事の認可を得て公設化されたものであった。公設化のときには、四部からなっていたが、その後細分化が進み、事実上七つの部に分かれていた。警防団はそれを四部に統合している。

警防団の設置によって、防空に関わる組織が一元化され、指揮命令系統が法的に明確になった。警備団の場合、福知山連隊区司令部の指示によって設置されたものの、その位置づけは曖昧であった。警防団は消防組と同じく、地方長官が監督し、その命を受けて警察が指揮・監督するとされた。つまり、内務省系列によって民防空を一元的に監督する体制が整えられたわけである。

このように、銃後奉公会と警防団の二系列によって、地域における総力戦体制の構築が進展したことを強調しておきたい。同じ村内で、どちらかといえば軍事援護という利他的な活動の組織化と、いつ自分自身が被害者ともなりかねない防災・防空面での組織化とが同時に進行していることに、両者の分かちがたい関係を読み取ることができる。

## 軍事援護の抱える問題

一九三八年末から一九三九年前半にかけて進められた軍事援護組織の再編の背景には、戦争がもたらす深刻な問題があった。司法省の調査などからそれをまとめた佐賀朝は、次の三点を指摘している。第一に、各種団体が遺族慰問を怠りがちになり、不平・不満を漏らしたり、援助を当然視する遺族が出始め、そのため遺家族は援護関係者の非難を受けるという問題が発生したことである。第二に、戦病死者の増加にともなって、帰還者とその家族への嫉視《しっし》的感情が発生したり、戦死者家族の間に「死んだ者が馬鹿を見る」といった声が出てくるなど、戦争呪詛の声が高まってきたことである。そして第三に、相続、一時賜金・扶助料、債務などをめぐる遺家族間での紛争、遺家族婦人の「風紀問題」が増加してきたことである。(68)

遺家族間の紛争については、一ノ瀬俊也前掲『近代日本の徴兵制と社会』第三部第二章が詳細に分析しているので、そちらに譲りたい。木津村役場文書においてこれに関する史料の初見は、一九三八年三月に福知山連隊区司令長官から来ている指示である。司令長官は、「従来地方ニ於ケル経験ニ徴スル〔レ〕バ賜金等ニ関連シテ遺族間ニ好マシカラザル紛争ヲ起ス」ことがあり、もし管内にそうした事例があれば詳細を一報するとともに、在郷軍人会長と軍友会長と協力の上で円満解決してほしい、と述べている。

少しのちの史料であるが、前節でふれた一九三九年九月の「銃後支援状況調査」の中に、「遺家族ヲ繞ル紛争」の調査がある。それには、事変以来発生件数二一件、同解決件数二〇件、同未解決件数一件と記載があるのだが、なぜかすべて取消線が引いてある。[69] 数値相互間に矛盾がないことから、記入を誤ったのではなく、事実を報告しなかった可能性が高い。仮にそうなら、この時点での出征者数五五名、帰還者数三四名と比較して、相当高い比率で紛争が発生していたことになる。残念ながらその内容まではわからない。

もう一つ注目したいのは、銃後奉公会ができた頃に京都府から出された、軍事援護事業の報告を督促する二件の文書である。[70] 一件は、前年三月に指示した、毎月の軍事援護事業についての報告を提出していない町村が多くあり、事務処理上困難をきたしているとしている。もう一件は、前年五月に指示した毎月の「軍事援護相談所取扱成績報告」が未報告または過小報告となっていることを注意したものである。相談事項の軽重にかかわらずすべて報告するように、というのがその趣旨である。

両文書は市区町村長や市区町村銃後奉公会長あてとなっているので、こうしたことが広範に起こっていることがわかる。銃後奉公会の結成を機に、この状況を改善しようとしたのがこれらの通牒だったと考えられる。軍事援護事業に関わる事務の停滞を是正して実態を掌握し、全体を統制するためにも、銃後奉公会の設置は必然だったと言えよう。事実、木津村役場は、この通牒を受けて未報告の区や団体に軍事援護事業の調査を督促し、その結果を取りまとめて京都府に回答している。[71]

銃後奉公会と村内の他の組織、ことに木津村で地域づくりを主体的に担った経済更生委員会との関係はどうだったのだろうか。銃後奉公会には評議員が設けられたが、そのメンバーは経済更生運動の主要メンバーとほぼ重なり合っている。そうしないと銃後奉公会を動かすことさえできなかったに違いない。三〇〇戸程度の村では、いくつもの組織の役を兼任で回して行かざるをえなかったのである。

## 銃後奉公会と部落常会の役割

銃後奉公会の結成は、既存の軍事援護活動を再編・統合し、上からの統制を容易にした点では、たしかに総力戦体制構築の一つの画期であった。これより先、一九三九年一月に成立した平沼騏一郎内閣は、三月に国民精神総動員委員会（委員長は荒木貞夫文相）を設置した。町村長会・在郷軍人会・婦人団体・青少年団・産業団体などを加盟させて組織された国民精神総動員中央連盟との二本立てで国民精神総動員が推進されることになった。

『木津村報』の紙面は、こうした国民精神総動員の強化を如実に反映している。銃後奉公会結成直後に発行された『木津村報』一〇一号（一九三九年五月一五日）の一面は「国民精神総動員の強化」と題して、内閣情報部が刊行する『週報』の記事を転載している。そこには、「八紘一宇の大道義を以て興亜の聖業をなし遂げ、世界の動きを最も都合よく打開するため三千年鍛練した大和心の総力戦を以て望まねばならない」という目標が掲げられ、三つの綱領と四つの実施方策が簡潔に記されている。

国家政策に関わる記事の転載については、それ以前に、日中戦争開始後の八二号（一九三七年八月七日）で「非常時局注意」と題して、鈴木敬一京都府知事の訓示要旨が掲載された事例、八四号（一九三七年一〇月一五日）で内閣告諭「尽忠報国の精神を国民生活に実践せよ」が掲載された事例がある。日中戦争を通じて、『木津村報』は国家政策を末端に浸透させる媒体としての役割を積極的に果たすようになっていた。その意味では、一〇一号に『週報』の記事が転載されたことは、それほど驚くべきことではない。この号の特徴は、それと相俟って「部落常会報告」という記事が掲載されたことにある。[72]

部落常会は、報徳思想に依拠した経済更生運動の一環として、一九三七年に導入されたことは既述の通りである。すでに八一号（一九三七年七月二〇日）から部落常会の記事はあったのだが、村の行事の欄に開催日だけが記されたにすぎなかった。一九三八年の後半からはそれさえも消滅していた。ところが一〇一号において、突然、各区で行われている部落常会の開催記録が復活し、以前よりもはるかに詳細になっている。たとえば、奥部落常会の場合には、①開催日時・場所、②儀礼、③報告協議事項、④講話、⑤本部員出席者、⑥出席者、といった項目で記されている。③の内容を見ると、「警防団設置ノ件、村医ノ件、十四年度部落計画樹立ノ件、農事実行組合十四年度収支予算ノ件、米増産増収奨励ノ件（二割増収）、養蚕組合器具新調ニ付使用方法ノ件、社寺十三年度決算ノ件、社寺十四年度予算ノ件」となっている。各部落とも、農事および経済更生計画、土木、貯金、軍事援護などが主な内容である。④の講話については、部落によって行っているところとそうでないところとがある。奥区の場合その内容は、国民健康保険と国民職業登録になっていて、明らかに精神訓話ではない。

出席者数についても記載がある。男女別に数値を記したものを見ると、ほぼ同数か、女性が数名上回っている部落もあり、報徳社の推奨通り女性もほぼ同等に参加していることがわかる。ただし、これが本当に恒常化していたかどうかは疑問である。たとえば、同じ区でも四月の常会ではほぼ男女同数であったのに、翌月には女性の参加がなかったり、あるいは急減したりしている事例があるからである。また、奥区の場合は、出席者数の記録がある二回のうち、一回は数名でもう一回には女性の参加はない。

部落常会の記事は一〇一号から断続的に掲載されるが、一九四〇年になると次第に開催日のみとなって内容や出席者数もわからなくなっていく。それについては、部落常会が低迷していたというよりも、ある程度定着したと解釈した方が適切だろう。というのも一一一号（一九四〇年三月一五日）の「常会について」という記事の中に、「本年に入つてからの活発さ、常会を借物だ等考へてゐる者は居ない。出席者の意気込みが素晴らしくなつた」という記述があるからである。この記事はまた、部落の位置づけについて、次のように述べている。

何の為に常会をやつてゐるのか出席者全部が判つて貰はねばならぬ。常会は部落を振興するものなりと言ふことである。経済更生は村を盛にする。その単位である部落は自然の塊である。そこがしつかり固まればそれがとりもなほさず村の発展であり、村を通じて皇国の弥栄となる。問題によつてはむつかしい事もある。最後がうまくこゝに結ぶやうに互ひに力を合はせる。何の事について相談すると言ふ集会より常会に力がある〔。〕物事の決まるのにわだかまりない部落の振興を念じつゝ行ふ常会こそ住み心地のよい我等の集ひである。

すでに第三章でふれた報徳思想における部落常会の位置づけと異なるところはない。しかし、この時期の総力戦体制にすっぽりと組み込まれた形で、村報編集者が自らの言葉で部落常会を語り直していること自体に意味がある。

## 国民精神総動員と擬似民主主義

もう一つ、この記事が強調しているのは、報徳思想でいうところの「芋こじ」である。芋が回転することによって、互いに摩擦して洗われるように、「あゝしたらよからうこうしたらよからうと皆んなが考へる」ことが大事だという。「村をよくするとか国をよくする為には村民全体が総動員する形になる事であつて区長さんが教へてやるのだ〔、〕村の主な人が指導するのだと言ふ心ではどうも巧く行かぬ。三人寄れば文殊の知恵、学問の少ない人の意見がよくないと云ふことはない」と述べ、総動員と「芋こじ」を融合させている。民主主義に類似するこの議論は、二〇年代の普選に象徴される一定の民主化をくぐり抜け、三〇年代の経済更生運動によって広く流布することになった。

ただし、それは集団的な懇談や討論による研鑽の原理であり、方向性・帰着点があらかじめ水路づけられていた。そして何よりも、天皇制国家そのものに対する批判を許さず、部落を「現下国民総動員」の「上意下達」「下意上達」の機関としている点で、疑似民主主義的要素を組み込んだ全体主義だったのである。国民精神総動員を末端に注入する媒体としての『木津村報』の役割はここに極まった。

銃後奉公会の成立は、あくまで総動員機構の整備であり、いわば外皮である。それを作動させるには、部落常会を活発化させることが不可欠であった。部落常会の「出席者の意気込みが素晴らしくなつた」という自己評価をもって、地域での総力戦体制はひとまず確立したと見てよいだろう。

すでに何度も述べてきたことだが、部落常会の活性化は経済更生運動の過程で意識化され、強調されてきた。したがって、銃後奉公会も、結局は経済更生運動を通じて形成された村の組織に依拠せざるをえない。総力戦体制は、この銃後奉公会という組織を梃子にして村に覆いかぶさってきたと言う方が適切かもしれない。ただし、それは上から一方的にではなく、イデオロギー的な受け皿が地域の側に形成されていたことに留意しなければならない。

国民精神総動員と経済更生運動との融合が自覚的に行われていることについては、いくつか証拠を挙げることができる。一九三九年五月のノモンハンにおけるソ連との大規模な武力衝突、六月の日本軍による天津の英・仏租界の閉鎖と反英運動の高揚などに刺激されて、『木津村報』一〇四号（一九三九年八月一五日）は「国民総動員と我が村」という記事を掲げた。

その中で、記事の筆者は「本村に於ては経済更生運動に於て精神経済一致の統制ある活動をなして今日に至つたのでありますが、この際戦時体制下の一層の緊張を以て、国家の期待する村、村民たるべく互ひに励まし合つて行かうではありませんか」と述べている。さらに、その次の記事「常会報告」

には、本村は国民精神総動員の強化についての方策を決定し、時艱《じかん》克服に邁進することとし、「之れが実行は経済更生運動と一致するもの頗る多きを以て」とある。いずれも国民精神総動員は木津村としては経済更生運動をそのまま転化しさえすればよいという考えを示している。

事実、国民精神総動員に関して「本村実施項目」として挙がっている内容は、敬神崇祖、時間励行・記帳習慣、簡素生活、物資の愛用など、ほとんどが経済更生運動で取り組んできたものばかりである。新たに浮上してきた項目は、一二項目中、金・銀の集中、体力の向上、銃後後援の徹底の三項目にすぎない。

## 銃後奉公会の活動状況

ところで、実際の銃後奉公会の活動実態はどのようなものだったのだろうか。設立からほぼ二年が経過した一九四一年五月、木津村銃後奉公会は京都府の視察を受けている。このときに提出された調書は[73]、同会の活動状況を知る上で参考になる。「精神援護方策」という項を見ると、村長・各種団体長は軍人遺家族家庭訪問を年四回行い、銃後奉公会主催による軍人遺家族慰安激励会が年三回、戸主会が年二回、招魂祭が年一回開催されていることがわかる。

続いて「特色アル施設事項」には、「慰問書状年二十四回発送」「軍人武運長久祈願並ニ時局認識講話会（婦人）年七十二回開催」とある。慰問状は各団体が分担して月二回ペースで発送されていたと思われる。後者については、別の文書に、毎月二回のペースで村内の三ヵ所の寺院に婦人を集めて、祈願と講話を行ったという記述があり、この述べ数と一致する。[74]また、調書には婦人に対する活動の結果、「青年学校成績ニ効大ナルモノアリ」とあるが、これは銃後奉公会会則の「兵役義務心ノ昂揚」を具体化したものであろう。なお、青年学校への入学・出席の督励については、千葉県の国防婦人会の事例に見られるように日中戦争以前から行われていた。[75]
「軍事援護関係」の項目を見ると、この時点で在郷軍人数は六一名、応召者は三一名おり、帰郷軍人数は八五名に達していることがわかる。傷痍軍人は五名に増加し、うち一名は転業、もう一名は「青谷傷痍軍人療養所」（一九三九年開設）に療養中で職についていないと解釈される。

財政面から軍事援護活動を検討することも可能である。木津村役場文書の中には、京都府に提出した「昭和拾五年度軍人援護事業費種目別調」がある。[76]この調査は、生活扶助、医療、助産、生業援護、罹災者臨時援護、埋葬、慰藉・慰問・弔意等、その他、という区分で事業活動経費を報告したものである。それによると、銃後奉公会の事業において最も経費がかかったのは、慰藉・慰問・弔意に関する活動で、四九二円（総額一一一九円の約四四％）である。次いで、その他が三〇三円（約二七％）、生活扶助が二四二円（約二二％）などとなっている。財源については、同様に提出された「軍人援護事業経費調」によると、軍人援護会京都府支部からの補助金が六〇六円、銃後奉公会の寄付金が五五五円、銃後奉公会の「一般歳入」が三二八円となっている。寄付金については全額しかわからないが、京都府支部からの補助金が不十分だったことは確実である。[77]

前述した通り、軍事援護の状況については東舞鶴憲兵分隊長にも報告することになっていた。一九四一年四月に提出された報告の中の、労力奉仕に注目してみると、一九三九年、一九四〇年と婦人や少年を主体とするものの増加が著しいことがわかる。[78]また、「其ノ他援護状況」という項目では、生活援護や、軍事相談について利用者が増えており、援護の必要性が高まっている状況もうかがうことができる。[79]銃後奉公会専任職員設置のための助成金が出されることになったのも、こうした事情に対処するためであろう。[80]

## 多様な組織化の経路

一九三九年に進んだ総力戦のための組織化は、銃後奉公会の結成にとどまらず、複線的に展開していることに最大の特徴がある。警防団についてはすでにふれたが、さらに、防空にともなう末端の組織化が進められた。八月、内務省は通牒によって「家庭防空隣保組織要綱」を示し、防空団体の最小組織として一〇戸内外で構成された家庭防空隣保組織を作ることを府県に指示した。これによって、一〇月、京都府警防部は、各市町村長・警察署長などに対して、「家庭防護組合」を設置することを通牒した。[81] そこでは、家庭防護組合の指導にあたって「有事ニ処スル精神訓練ヲ第一義トシ」、併せて実際に即した有効適切な活動を訓練すること、とされていた。

これを受けて木津村では、一〇月下旬、天災・火災・戦時空襲などの場合に、「隣保団結近隣相扶」によって被害を縮小するために家庭防護組合を設立した。区の事情を考慮して、五戸〜一三戸を一組とし、組合数は全村で三五となった。木津村役場文書には、実際に各区ごとに家庭防護組合の戸主氏名・家族数（大人・子供別）を記した名簿が残っている。[82] 組合の組織編成が完結した時点で警察署に編成表を届け出、京都府警察部長がそれを集約することになっていた。

家庭防護組合に求められた活動については、『木津村報』一〇七号（一九三九年一一月二〇日）に記事がある。そこには、家庭防護組合の業務として、準備状況の適否の調査、警戒警報・空襲警報発令時の行動、焼夷弾落下の際の行動などが掲げられている。これは、京都府が示した「家庭防護組合訓練ノ要領」から、瓦斯警報発令時の事項のみ削除して掲載したものである。訓練の要領は多岐にわたるのだが、結局、防火・消火活動を即座にかつ適切に行うことに収斂しているように思われる。焼夷弾落下時に、「組合員は直ちに応援に出動し、軽便消化器、水道消火栓又は「バケツ」等に依り燃焼防止又は消火に努む」とされていることが、家庭防護組合の最終目標を表している。ところが、一九三七年に制定された防空法には空襲を想定した退去・避難の規定はもちろん、消火活動についての規定もなかった。したがって、ここで規定された訓練の要領は、防空法よりはるかに踏み込んで各家庭を防空活動に取り込んでいたこととなる。

総力戦体制構築の複線的な推進という観点から、いま一つ注目しなければならないのは、一九三九年後半に問題化してきた労務動員である。その根拠となったのは、七月に施行された国民徴用令であった。国家総動員法に基づいて、政府は戦時に際し、国家総動員上必要あるときは、勅令の定めるところにより「帝国臣民を徴用して総動員業務に従事」させることができる、というのがその主たる内容である。これを受けて京都府は、国民徴用令による徴用者は軍属として扱い、軍属の家族に対しても軍事援護を及ぼすことになった、とする通牒を市区町村長あてに出している(83)。こうして軍事援護の対象は一層拡大されることになった。

一二月には、国家的な労務動員計画樹立にともなう労務の統制運用のために、京都府から各町村に労務動員協議会の設置が指示されている(84)。町村労務動員協議会設置要綱は、町村長が労務動員協議会を主宰し、運営に関して府県と職業紹介所の協力指導を受けること、町村吏員中に同会の常務を担当する職員（職業係）を置くことを定めている。また、運営要綱は、協議会を年四回以上必ず開催することを義務づけている。軍人以外の村民にも動員の可能性が出てきたことに留意しなければならない。

一九四〇年に入ると、紀元二千六百年奉祝についての取り組みが意識的に行われる。木津村では、諸種の行事に紀元二千六百年が冠せられて、六月には「紀元二千六百年奉祝銃後奉公祈誓大会」が実施された(85)。区レベルでも、七月、下和田区で紀元二千六百年と関連づけて「支那事変三周年報告祭出征軍人武運長久祈願祭」が行われている(86)。

少し前に戻るが、紀元節を祝して勅語が下された二月一一日、木津村は京都府庁において二つの表彰状と記念品を伝達された。一つは国民精神総動員中央連盟会長から、いま一つは、国民貯蓄奨励局長官からのものである。前者は全国で七六団体が選ばれ、京都府では北桑田郡宇津村（現京都市）と木津村の二ヵ村が表彰された。選定理由は、村常会および村内九部落の部落常会を開催したこと、村幹部は毎月集会をもち「村治の進展を検討、指導誘掖の任に当り、殊に優良区選奨規程を設け」、毎年これを実行したことであった[87]。後者については、京都府内で二四組合が表彰されている。木津村の銃後活動は、全国的に見ても模範的な事例として把握しなければならない。

## 大政翼賛会と隣組

一九四〇年の木津村役場文書には、いくつかの供出関係の文書が目立つようになる。もともと馬糧の供出は日中戦争開始直後から行われていたが、この時期になると供出の品目が多様になってくる。三月に野兎毛皮一六羽分、軍需梅干一三五kg、八月に乾燥梅干一〇〇kg、馬糧乾草二五〇〇kgなどの供出が行われた[88]。大麦・裸麦の政府による買入割当も相当な量に達し、竹野郡農会では、麦類配給統制や小麦の販売統制も含めた対応について協議が行われている[89]。四月末には、米、みそ、醤油、マッチ、木炭、砂糖など一〇品目に切符制が導入され、七月には「奢侈品等製造販売制限規則」（七・七禁令）が施行され、西陣や丹後機業は大きな打撃を受けた。

こうした物資・食糧不足、経営難、物価問題の深刻化によって、一九三九年後半から四〇年にかけて国民精神総動員運動は国民をとらえる力を失い、四〇年中頃には、それが破綻に瀕したとされる[90]。そうした危機の深まりの中で、国民の期待を吸収し、不満の爆発を食い止める役割を担って登場したのが、七月に成立した第二次近衛文麿内閣であった。近衛内閣は即座に基本国策要綱を策定し、「大東亜ノ新秩序」建設を外交の基本目標とし、「国防国家体制」を構築することを目標として掲げた。

この方針は、ほぼ同時期、日独伊三国同盟の締結と南方武力進出を決めた「世界情勢ノ推移ニ伴フ時局処理要綱」（大本営政府連絡会議の決定）と並んで、アジア・太平洋戦争へと大きく踏み出すものであった。

九月、内務省は「部落会町内会等整備要領」（内務省訓令第一七号）を通達して、市町村の補助的下部組織として、村落には部落会、市街地には町内会を設置し、居住世帯すべてを組織すること、さらに、その下に一〇戸内外の戸数からなる隣保班を設けることなどを指示した。これによって、総力戦体制の最小単位が整備され、生活全般への管理・統制、相互監視が一層進展することになったのである。[91] 続いて、一〇月、首相を総裁とする大政翼賛会が結成された。中央本部事務局の下に下部組織として道府県支部が設置され、一二月初旬、京都府総務部長は大政翼賛会郡市町村支部役員の銓衡と内申を行うよう町村長会幹事会で口頭説明を行っている。[92] 一二月一一日には、平安神宮前で京都府支部結成式が行われた。

これらの動きに即して、木津村の様子を具体的に見てみよう。木津村では、翌一九四一年一月二〇日に大政翼賛会木津村支部が設置されている。[93]『木津村報』には「木津村大政翼賛更生計画実行案」が掲載され、詳しい組織や活動内容について紹介している。[94] それによると、この計画遂行のために、総務部・産業部・経済部・教化部・厚生部が設けられた。総務部の計画には、従来から取り組んできた「美点ヲ益々助長セシムル為メ経済更生運動中行ハレタル諸種ノ事項ヲ強化督励セン」ことが挙げられている。木津村の場合は、経済更生運動の内容をほぼそのまま大政翼賛会の活動にスライドさせることが可能であった。また、村常会や各区ごとの常会も以前から開催されていたので、旧来の組織を活用すればさしたる摩擦もなく大政翼賛運動に対応できたのではないかと思われる。

隣組については、組織の目的は異なるが、前述したように一〇戸内外からなる三五の家庭防護組合が作られていたから、それらをもとに隣組が組織されたと思われる。隣組は全部で二九組で、区ごとに家庭防護組合と比較すると、その数が一致するものが四つある。一致しないものは、おそらく家庭防護組合をいくつか組み合わせて隣組を作ったのではないだろうか。

『木津村報』一一七号は、「隣組の仕事」という記事を掲載して、村民に隣組の意義の周知をはかっている。内容は、京都府社会教育課が作成した「常会指導者の栞」から引用したもので、「お国のため」「お互いのため」という二方向から解説している。前者については、(一)上意下達、下意上達、(二)納税、(三)治安維持、防空防火、(四)氏神の祭祀、(五)農業上の協同、(六)教化、(七)生活改善、(八)貯蓄、(九)道路・橋・堤・用水路の管理および修繕、(十)軍人遺家族の後援、(十一)貧困者の救済が挙げられている。後者については、(一)親睦、(二)不幸の際の相互扶助、(三)家政整理(債権の条件緩和など)、(四)生産経済上の相互扶助、(五)消費経済上の相互扶助、(六)修養、娯楽、が列挙されている。[95]本質的には、「お国のため」に末端まで組織するものであったことは言うまでもない。

一つだけ補足しておきたいのは、『木津村報』のこの号が、子供の組織化の方針に言及していることである。「隣組と児童生活」という短い記事は、「児童も隣組の児童として相和し相励ます組織に致します。従来の班長としてあつた者を子供隣組の班長と致す考へです」と記している。学校との関わりで設けられていた班長を、隣組の中に位置づけようというわけである。

木津村大政翼賛会の結成は、三〇年代からの行政村の組織化の流れにおいて、一つの頂点をなしている。子供まで含めた地域のあらゆる人々を一つの組織によって一元的に統制しようとした点で、地域における総力戦体制の確立と言ってよい。[96]何度も繰り返すが、それは経済更生運動で村が作り上げてきた組織に網をかぶせ、大政翼賛会の支部として包摂したものであった。経済更生運動の推進力となった自治の契機は窒息させられ、行政村は総力戦体制を支える統制機構に転化した。

註

（1）二六名中二名は二月までに召集されているので、表4-1の数値に計上されていると見て、五月に一九名、六月に五名の計二四名を加算すると七三名となる。この数値はあくまで戸籍に依拠したものなので、七三名の木津村在住者が出征したことを意味するわけではない。

（2）木津村役場文書175『昭和十四年軍事援護』、『史料集　総動員体制と村　京丹後市史資料編』第二章史料編1【35】（京丹後市役所、二〇一三年）一九〇頁。以下『史料集』【1-35】のように記す。この数値は木津村在住者と思われる。

（3）同前。

（4）木津村役場文書160『昭和十三年兵事・日支事変』、『史料集』【1-38】七五〜七六頁。

（5）同前、『史料集』【1-76】一一三〜一一八頁。

（6）木津村役場文書157『昭和十二年村常会・勤労奉仕・馬糧乾燥調達』。村常会についてはこのとき初めて整備されたと思われるが、部落常会については以前にその原型となるものがあったのかどうか、はっきりしない。ただ、部落ごとに定期開催を定めたのがこの時期であることは間違いない。

（7）たとえば、第一回の村常会の次第は次の通りであった。（一）礼拝、（二）勅語奉読、（三）常会の意義および方法説明、（四）報告・協議、（五）講話、（六）報徳訓合唱、（七）礼拝。このうち、報徳訓は、二宮尊徳の教えをわかりやすく表現したもので、以下の内容である。「父母の根元は天地の命令に在り。身体の根元は父母の生育に在り。子孫の相続は夫婦の丹精に在り。父母の富貴は祖先の勤功に在り。吾身の富貴は父母の積善に在り。子孫の富貴は自己の勤労に在り。身命の長養は衣食住の三に在り。衣食住の三は田畠山林に在り。田畠山林は人民の勤耕に在り。今年の衣食は昨年の産業に在り。来年の衣食は今年の艱難に在り。年々歳々報徳を忘る可からず」。村人に共感をもって受容されたのは、天地、父母、祖先、子孫とがつながっていく、こうした素朴な教えであったと思われる。

（8）木津村役場文書157『昭和十二年村常会・勤労奉仕・馬糧乾燥調達』。

（9）『木津村報』九三号（一九三八年八月五日）。

（10）註（1）参照。

(11)木津村役場文書161『昭和十三年防空・軍事扶助』、『史料集』【1-70】一〇七〜一〇八頁。兄弟で出征者を出した家があること、一九三八年前半には帰還者が六名あったことによって、出征者数（延べ数）と応召戸数との差が発生する。
(12)木津村役場文書160『昭和十三年兵事・日支事変』、史料集【1-60】九六〜九八頁。
(13)木津村役場文書157『昭和十二年村常会・勤労奉仕・馬糧乾燥調達』。
(14)同前。
(15)同前。以下の勤労奉仕の具体的様相については、同簿冊によった。
(16)『木津村報』八八号（一九三八年三月五日）。
(17)郡司淳『近代日本の国民動員――「隣保相扶」と地域統合』（刀水書房、二〇〇九年）第七章、二八六〜三三九頁。以下の扶助戸数については同書二九九頁。
(18)木津村役場文書161『昭和十三年防空・軍事扶助』、『史料集』【1-53】八九〜九〇頁。
(19)同前、『史料集』未収録。
(20)「京都府軍事援護会援護規程」（同前、『史料集』【1-78】一一九〜一二〇頁）。京都府軍事援護会については、『京都市広報』八七一号（一九三七年一二月九日）八二〇頁を、高知県軍事援護会については、『高知県軍事援護誌』（軍人援護会高知県支部、一九四一年）三六〜四八頁を参照。
(21)木津村役場文書161『昭和十三年防空・軍事扶助』、『史料集』【1-54】九〇〜九二頁。
(22)木津村役場文書160『昭和十三年兵事・日支事変』、『史料集』【1-76】一一六頁。
(23)同前、『史料集』【1-71】一〇九頁。同簿冊の「木津村軍事援護相談所規程」（『史料集』未収録）も参照。
(24)同前、『史料集』【1-80】一二一頁。
(25)同前、『史料集』【1-88】一二八頁。
(26)木津村役場文書174『昭和十四年兵事・日支事変』、『史料集』【1-89】一二八〜一三三頁。
(27)同前、一二九頁。
(28)同前、『史料集』【1-104】一四四〜一四五頁。
(29)木津村役場文書161『昭和十三年防空・軍事扶助』、『史料集』【1-81】一二一〜一二二頁。

（30）木津村役場文書160『昭和十三年兵事・日支事変』、『史料集』【1-44】八二〜八三頁。
（31）木津村役場文書175『昭和十四年軍事援護』、『史料集』【2-20】一六九〜一七〇頁。
（32）同前、『史料集』【1-22】一七〇〜一七五頁。
（33）煩雑になるので以下の引用にあたっては頁数を記さず、読み仮名は一部を除き消去した。全体の構成は次のようになっている。一、はしがき／二、内地帰還は新任務への第一歩／三、第一線と銃後との連鎖たる使命／四、一言一行にこころせよ／五、国民指導の中心となれ／六、一令の下再び起つの覚悟。
（34）木津村役場文書175『昭和十四年軍事援護』、『史料集』【2-25】一七七〜一七八頁。
（35）同前、『史料集』【2-26】一八〇頁。
（36）同前、『史料集』【2-35】一九一頁。この数値は木津村在住者と思われる。
（37）JACAR：C11111710900（第3〜5画像目）、十四師団衛生隊担架第三中隊関係綴、昭和一二〜一四年（防衛省防衛研究所）。
（38）木津村役場文書174『昭和十四年兵事・日支事変』、『史料集』【2-30】一八五頁。
（39）傷痍軍人については次の研究を挙げておく。生瀬克己「15年戦争期における《傷痍軍人の結婚斡旋》運動覚書」（『桃山学院大学人間科学』一二、一九九七年）、同「日中戦争期の障害者観と傷痍軍人の処遇をめぐって」（『桃山学院大学人間科学』二四、二〇〇三年）、植野真澄「傷痍軍人・戦争未亡人・戦災孤児」（『岩波講座アジア・太平洋戦争6』岩波書店、二〇〇六年）、高安桃子「戦時下における傷痍軍人結婚保護対策」（『ジェンダー史学』五、二〇〇九年）。いずれの成果も重要であるが、史料的制約が大きいせいか、本書のように行政村における傷痍軍人のあり方という視角をとっているものはない。
（40）「大日本傷痍軍人会に対する監督指導の件」、JACAR：C01005991100（第5、6画像目）、大日記甲輯、昭和一一年（防衛省防衛研究所）。
（41）京都府立総合資料館［編］『京都府百年の年表4 社会編』（一九七一年）二三〇頁、「京都市公報」八三五（一九三二年四月一日）。
（42）金蘭九「戦前・戦中期における傷痍軍人援護政策に関する研究——職業保護対策の日韓比較」（『九州看護福祉大学紀要』七（一）、二〇〇五年）四九頁。

(43) 事項順に記す。郷村役場文書10『傷痍軍人関係綴』(『史料集』【1-57】九四頁)、木津村役場文書161『昭和十三年防空・軍事扶助』(『史料集』【1-64】一〇一~一〇二頁)、郷村役場文書10(『史料集』【1-99】一四〇頁)、同前(史料集【1-96】一三八頁)。括弧内は通牒発出の年月。

(44)『京都府百年の年表4 社会編』二三〇頁。

(45)『木津村誌』五三五~五三六頁。

(46) 同前、五三六頁。

(47) 木津村役場文書174『昭和十四年兵事・日支事変』、『史料集』【1-93】一三五頁。木津村のこの数値は、戦傷者を示す表4-4と一致しないが、表4-4のAは比較的早く治癒し、兵役免除にはなっていないと思われる。

(48) 郷村役場文書10『傷痍軍人関係綴』、『史料集』【1-101】一四一~一四二頁。郷村は同じ竹野郡に属する村で、木津村と隣接している。

(49) 大日本傷痍軍人会みくにの華発行所『みくにの華』三一号(一九三九年七月)一頁。読み仮名は一部を除き削除した。『みくにの華』は、大日本傷痍軍人会の創設を機に会員に頒布した月刊誌で、一九三七年一月から発行されている。

(50) 木津村役場文書175『昭和十四年軍事援護』、『史料集』【2-18】一六八~一六九頁。

(51) 郷村役場文書10『傷痍軍人関係綴』、『史料集』【2-28】一八三~一八四頁。

(52) 木津村役場文書175『昭和十四年軍事援護』、『史料集』【2-39】一九四~一九五頁。

(53) 同前。ただし七名の受診者名簿は『史料集』では省略されている。

(54) 郷村役場文書10『傷痍軍人関係綴』、『史料集』【2-53】二〇九頁。

(55) 同前、『史料集』未収録。

(56) 同前。

(57) 高安前掲「戦時下における傷痍軍人結婚保護対策」五六頁。

(58) 郷村役場文書13『傷痍軍人関係一件』、『史料集』【2-82】二三七頁。

(59) 帝国軍人後援会[編]『社団法人帝国軍人後援会史』(一九四〇年)一五六頁。

(60)『東京日日新聞』(一九三八年一一月五日)。

(61)「恩賜財団軍人援護会支部ニ関スル件」、JACAR：B04010603700（第35、36画像目）、軍人援護事業関係雑件／軍人援護会関係、第一巻（外務省外交史料館）。厚生省臨時軍事援護部、傷兵保護院計画局、陸軍省人事局、海軍省人事局の連名で指示が出された。以後、軍人援護という言葉も使われるようになるが、内容は軍事援護と同一である。

(62) 木津村役場文書174『昭和十四年兵事・日支事変』、『史料集』【1-107】一四七頁。

(63) 木津村役場文書175『昭和十四年軍事援護』、『史料集』【1-105】一四六頁。銃後奉公会研究については以下のものを挙げておく。佐賀朝「日中戦争期における軍事援護事業の展開」（『日本史研究』三八五、一九九四年）、同「総動員体制と地域社会――尼崎を事例に」（『市大日本史』一〇、二〇〇七年）、同「銃後奉公会体制の地域的実態――兵庫県武庫郡大庄村の史料紹介」（大阪国際平和センター『戦争と平和』一七、二〇〇八年）、一ノ瀬俊也「軍事援護と銃後奉公会」（『日本歴史』六二七、二〇〇〇年、のち『近代日本の徴兵制と社会』（吉川弘文館、二〇〇四年）に所収）。佐賀の分析した兵庫県武庫郡大庄村の事例は、寄留者の多い都市部の事例として木津村との比較の対象になる。佐賀は一九九四年の論文で、銃後奉公会体制という概念を提起し、銃後奉公会は地域社会による遺家族総監視を通じて、「遺家族の援護＝権利意識」を抑圧するものとして機能したとする（五五頁）。これに対して、一ノ瀬は、銃後奉公会の活動はまちまちで、地域間の不公平性が問題となっており、全国一律の総監視体制として評価することは困難としている（一ノ瀬前掲『近代日本の徴兵制と社会』二六九頁）。

(64)『木津村報』一〇二号（一九三九年六月一〇日）、『史料集』【2-11】一五九頁。

(65)「厚生省臨時軍事援護部開催　道府県学務部長会議ニ於ケル奉公会ニ関スル説明及質疑応答」（京都府庁文書、昭14-109、兵事厚生課『昭和十四年　銃後奉公会設立一件』京都府立総合資料館蔵）。

(66) 一ノ瀬前掲『近代日本の徴兵制と社会』二一二頁。

(67)『木津村報』一〇二号（一九三九年六月一〇日）、『史料集』【2-1】一四九～一五〇頁。警防団については、次を参照。大日方純夫「戦時防空体制と警防団の活動――中塩田村警防団を中心として」（『信濃』三四―五、一九八二年、のち『近代日本の警察と地域社会』筑摩書房、二〇〇〇年、所収）、小野英夫「アジア太平洋戦争下の市川市警防団」（上田和雄［編著］『帝都と軍隊――地域と民衆の視点から』日本経済評論社、二〇〇二年)。

(68)佐賀前掲「日中戦争期における軍事援護事業の展開」四二頁。

(69)福知山連隊区司令長官の指示は、木津村役場文書160『昭和十三年兵事・日支事変』、『史料集』【1-45】八三頁。「銃後支援状況調査」は、木津村役場文書175『昭和十四年軍事援護』、『史料集』【2-35】一八八~一九一頁。

(70)木津村役場文書175『昭和十四年軍事援護』、『史料集』【2-6】・【2-7】一五三~一五四頁。

(71)同前、『史料集』【2-15】・【2-16】一六四~一六五頁。

(72)この時の木津村の区(部落)は、奥、岡田、日和田、中舘、下和田、温泉、上野、俵野、溝野である。

(73)木津村役場文書196『昭和十六年軍事援護・学事』、『史料集』【2-73】二二四~二二七頁。

(74)同前、『史料集』【2-79】二三五頁。

(75)池田順「地方における国防婦人会の設立と活動――千葉県の事例から」(『千葉史学』六〇、二〇一二年)一一六頁。

(76)木津村役場文書196『昭和十六年軍事援護・学事』。一ノ瀬前掲『近代日本の徴兵制と社会』は全国の銃後奉公会の総事業費を分析している(二六二頁)。それによると、生活援護(金銭支給)や医療などの「一般援護」は総事業費の約一八・七%、「餞別金類」が八・三五%、「弔慰及慰問」が二八・四八%となっている。それに基づいて、一ノ瀬は、「金銭的援護もさることながら、精神的援護もまた会の中心的事業として重視されていた」と指摘している(二六三頁)。木津村の場合も同じく、会計支出の点からは、金銭的援護よりも精神的援護の方が中心的だったと言えよう。

(77)この点について、佐賀前掲「総動員体制と地域社会」は、「個人・団体名義の任意の寄付金が加わることで、実質的には地域の有力者の拠出によって支えられる側面が(特に初期は)小さくなかった」とし、大庄村の場合は、大工場の関係者が大口寄付者の中に含まれており、地域の法外援護にも一定の役割を果たしたと指摘している。その上で、「大工場による企業内援護や地域による法外援護に依存した体制が採られたことは、同体制と地域支配構造とが相互に補完しあう側面もあったと見るべきであろう」と論じている(一二六頁)。重要な視点であり、木津村の場合も同じような構造だと思われるのだが、本書では「地域支配体制」とは何かを定義していないので、断定することは避けたい。

(78) 木津村役場文書196『昭和十六年軍事援護・学事』、『史料集』【2-79】二三四頁。
(79) 生活援護は一九三九年の一五戸から四〇年の二六戸に、軍事相談は同じく七件から一七件に増えている。
(80) 木津村役場文書196『昭和十六年軍事援護・学事』、『史料集』【2-81】、二三六頁。
(81) 『京都府百年の年表4 社会編』二三八頁。
(82) 木津村役場文書167『昭和十四年金集中一件・家庭防護組合・防空』。
(83) 木津村役場文書175『昭和十四年軍事援護』、『史料集』【2-33】一八八頁。
(84) 木津村役場文書181『昭和十五年軍事援護・方面事業・労務動員・軍需供出』、『史料集』【2-45】二〇一～二〇二頁。
(85) 同前、『史料集』【2-64】二一八頁。
(86) 同前、『史料集』【2-65】二一九頁。
(87) 『木津村報』一一号（一九四〇年三月一五日）。
(88) 『木津村誌』一八九頁。
(89) 木津村役場文書181『昭和十五年軍事援護・方面事業・労務動員・軍需供出』、『史料集』【2-62】二一七頁。
(90) 須崎慎一「翼賛体制論」（鹿野政直ほか［編］『近代日本の統合と抵抗四』日本評論社、一九八二年）二一一～二一二頁。
(91) 部落会・町内会については研究が多く、逐一列挙できないので、本書に関係の深いもののみを挙げておく。細谷昂「ある「常会日誌」から――山形県飽海郡北平田村大字牧曽根の戦中・戦後」（東北社会学研究会『社会学研究』四二・四三合併号、一九八二年）、同「ある東北農村の戦時体制――山形県東田川郡広野村字上中村の「常会誌」から」（『東北大学教養部紀要』三七、一九八二年）、清水昭典「総力戦下の村常会・町内会・部落会――北海道常呂郡常呂村の場合」（『北大法学論集』三六―一・二合併号、一九八五年）。山本悠三「部落会、町内会と教化常会――国民精神総動員運動開始以後の展開」その1～3（その1・2は『東京家政大学博物館紀要』一五・一六、二〇一〇・二〇一一年、その3は『東京家政大学研究紀要1 人文社会科学』五一、二〇一一年）。
(92) 木津村役場文書187『昭和十五年学事・昭和十六年大政翼賛・救護』。

(93)『木津村誌』八八頁。
(94)『木津村報』一一九号(一九四一年三月一〇日)。
(95)同前、一一七号(一九四〇年一二月一日)。
(96)木坂順一郎「日本ファシズム国家論」(『大系・日本現代史3 日本ファシズムの確立と崩壊』日本評論社、一九七九年)は、大政翼賛会の成立をもって、「大日本帝国憲法がもつ立憲主義的側面が否定され、行政補助機関的な翼賛会の出現によって、行政権の肥大化が極限に達し、同時に上からの天皇制の官僚支配の貫徹による画一的な人民支配の体制が成立した」としている(三九頁)。木坂は上からの支配を強調しているが、本書では、それが下からどのように受け止められたのか、いかなる基盤のもとで上からの支配が貫徹していくのか、その仕組みに着目している。

# 第5章　「国民生活戦」から「一億国民総武装」へ

## 1　アジア・太平洋戦争の開始

### 新体制への移行と青少年の「錬成」

前章では、ほぼ一九四〇年までの地域社会の動向を見てきた。アジア・太平洋戦争の開始はまだ一年先のことであるが、ここで章を改めたのは、長らく続いてきた経済更生運動が完結し、国政の変転にともなって、村の総力戦体制も新たな段階に入っていくと思われるからである。

まず、経済更生運動の総括から見ておこう。一九四一年一月一九日、木津村では更生運動完了の式が挙行された(1)。前述の通り、木津村は一九三三年に経済更生村の指定を受け、一九三六年には、経済更生特別助成村に選定され、八年にわたって経済更生に取り組んできた。事業の概略について逐一確認するのは省略し、**表5-1**を参照してほしい。総事業費の約六五％が耕作道の改修にあてられていることが大きな特徴である。『木津村誌』は、改修後は小運搬車の通行が可能となり、「関係耕地百町〔ママ〕歩、隣接山林二五〇〔ママ〕町歩の利用能率を増した」と総括している。また、「地道な実践の毎日を村幹

**表５－１　経済更生特別助成村としての事業の概略（木津村）**

（単位：円）

| 事業内容 | 特別助成金 | 総経費 |
|---|---|---|
| 耕作道の改修 | 10,689 | 27,314 |
| 共同開墾 | 1,250 | 3,750 |
| 農業協同作業場の設置 | 1,507 | 3,423 |
| 集積倉庫の設置 | 1,062 | 2,488 |
| 共同育雛場の設置 | 420 | 856 |
| 共同葬具の設置 | 375 | 750 |
| 種牝牛の設置 | 1,000 | 3,141 |
| 共同採草放牧場の設置 | 276 | 1,308 |

出典：『木津村誌』283～286頁より作成。

部、〔ママ〕と村民が一致協力して歩んだことは空前であり、あるいは絶後かもしれない」とも記している。(2) 第三章で指摘した通り、この記述も経済更生運動の推進者としての主観が入っていることに注意しなければならない。

経済更生運動の成果を客観的にどう評価するかはさておき、当時村長に就任したばかりの友松米治は、「就任の辞」において、四一年初頭のこの村の状況を次のように記している。

> 時局は正に大政翼賛第一年度に際し本村は既に隣組、部落会、〔ママ〕の整備を完了し本年度翼賛計画を樹立し、新体制下の一翼として益々清新の意気を以て一億一心、臣道実践に努め政府の要請に応へ力強き行進を続けんとして居ります。(3)

この引用文の前には、八年間の経済更生運動の成果は村当局と村民の協力の賜物であることを確認しており、経済更生運動の到達点をそのまま「臣道実践」に生かしていこう、という構造になっている。

このことを踏まえた上で、社会の空気が確実にさらなる戦時体制の強化へと向かっている様子を、やや羅列的になるが列挙してみよう。

一九四一年の年明け早々、陸軍始観兵式において、東條英機陸相は「戦陣訓」を全軍に示達し、新聞はその全文を報道した。一月八日の『朝日新聞』は、「皇国軍人が昔から身につけた徳目を更めて書き列ねたに過ぎず、内容に於いて特に新しきものは一つも見出しがたい」としつつも、「皇軍将兵の崇高なる人格」が東亜新秩序建設、すなわち「支那四億の民衆の胸臆に飛び込んで、その心を摑む」というねらいのもとで作成されたと解説している。

一月半ばには、四つの団体を統合して大日本青少年団が結成され、高度国防国家建設の要請に応えるべく強力な訓練体制が目指されることになった。地域にもその影響は顕著に現れていった。三月、竹野郡青少年団結成式が行われ、木津村でも青年団、女子青年団、少年団が出席している。ただし、戦後になって編纂された「橘青年会年表」によれば、実際にはこれらが統合された組織として活動したわけではないようである。[4] 国家統制のもとに置くこと、それ自体が目的だったのであろう。五月には、青少年団の「暁天動員」が次のような内容で初めて実施された。団員は早朝より学校に集合し、「訓示、蹴足、軍歌練習、鉄〔銃〕剣術、防火訓練、作業等を一時間半程度実施して開散《〔マヽ〕》」するというものであった。同年表には「精神訓練と時局認識を目的として行る〔う〕」と記されている。また、「以後戦時中月一回一日必行」ともあり、戦争終結まで続く行事がここで始まっていることに留意しておきたい。

青少年の教育に関わる総力戦体制がとみに強化されていくのが、この時期である。四月には、小学校は国民学校となり、「皇国ノ道ニ則リテ初等普通教育ヲ施シ国民ノ基礎的錬成ヲ為ス」ことが目的とされた。それまでの小学校令（第三次小学校令、一九〇〇年）は、「道徳教育及国民教育ノ基礎並其ノ生活ニ必須ナル普通ノ知識技能ヲ授クルヲ以テ本旨トス」としており、学校の目的は大きく変更された。[5]

青少年の教育に関わる変化は、三月に発行された『木津村報』一一九号にも顕著に現れている。青年学校指導員による「青年学校の重要性」と題する記事は、「青年学校の目的は、軍事的基礎教育をやるというのが主眼であります。軍隊の一期の教育を、現在の青年学校に於て完了すると云ふのであります」と述べている。たしかに、一九三五年の青年学校令によって、実業補習学校と青年訓練所が統合されて青年学校になったため、もともと青年訓練所のもつ軍事訓練的性格は、そのまま引き継がれた。さらに、一九三九年四月には同令が全面的に改正され、普通科二年・本科五年の計七年が義務化された[6]（男子のみ）。男子の就学率が該当者の半ばに達しないことから、尋常小学校卒業のまま壮丁《そうてい》になった場合の学力の低さが憂慮されたことが、全面改正にいたった主要な動機の一つであった。その意味では、この記事は正確に改正の本質を突いているが、「青年学校は軍隊の予備智識を作る所ではありません」とし、「青年学校と軍隊は、一体となって軍事教育の徹底を期する」という説明は、法令の条文を踏み越えた解釈である。青年学校令では、青年学校は心身の鍛練、徳性の涵養、「職業及実際生活ニ須要ナル知識技能」の習得を通じて「国民タルノ資質ヲ向上セシムルヲ目的トス」とされていたにすぎない。就学・出席率の高い農村青年学校ではすでに「錬成の先行形態」的な教育が広がっていたと言われるが、この記事もそうした動向を一層押し進める意欲を示したものであった[7]。

さらにこの記事は、本年度より現役兵は入営直後の成績によって甲、乙、丙班に区分して教育が進められることになったが、木津村青年学校卒業者が全部甲班に入ったことを「感激の涙が込み上げて来ました」と語っている。男子については、青少年教育が兵士の育成と完全に一体化していっていることがわかる。

### 貯蓄運動と「国民生活戦」

これまで貯蓄についてはほとんどふれてこなかったが、役場文書の中には貯蓄に関する文書が比較的多い。貯蓄の奨励は、日中戦争にともなって急速に増大する戦費を調達するために行われ、一九三八年からは貯蓄運動が展開された。その結果、一九三九年度には一〇〇億円の目標額を若干上回り、一九四〇年には一二〇億円に引き上げられた目標額に対して約一二八億円の貯蓄を達成した。一九四一年はさらにこれを上回る一三五億円達成を企図して国民貯蓄組合法が施行された(8)。

情報局の説明によれば、日中戦争の開始から一九四一年度までの臨時軍事費予算総額は二二三億三五〇〇万円で、そのうち公債収入が一九四億六〇〇〇万円である。この公債の消化は、外債を募集できないから、国民の貯蓄によらねばならない。第一次世界大戦におけるドイツの一ヵ年の戦費は、だいたい四〇〇～四五〇億マルク（七〇〇～八〇〇億円）と見積もられているから、日本との国民所得の差を考慮したとしても、情報局が自ら記している通り「驚くべき額である」。これだけの戦費を調達することは「並大抵のことではない」(9)。国民貯蓄組合法は、さらなる戦争の長期化を予測するかぎり必然とも言える立法だったのである。

では、いったいどのように国民貯蓄を進めようというのだろうか。法の名称からも推測される通り、同法は、地域、職域、産業団体などで貯蓄組合を作って、集団的な規制力を用いて貯蓄を進めることを目指していた。具体的には、地域では町内会、部落会、隣組など、職域では官公署、工場など、産業団体では産業組合や商業組合などが貯蓄組合を作って貯蓄計画を立て、政府は補助金または奨励金を交付するという仕組みになっていた。国債の消化、生産力拡充資金の供給、通貨膨張の抑制による国民生活の安定が、その主たるねらいであった(10)。こうした貯蓄組合を通じた貯蓄の増大を踏まえて、一九四二年度の目標額は、一挙に二三〇億円に跳ね上がった(11)。

木津村の事例で見てみると、少なくとも各区ごとに貯蓄組合が作られたことが確認できる。なぜなら、後述するように、数年のちには、区ごとに貯蓄目標額の割り当てが行われているからである。こ

表5－2　木津村大政翼賛会推進員（1941年7月）

| 職業 | 村内団体での役職 | 年齢 |
|---|---|---|
| 農業 | 村会議員・農事実行組合長 | 36 |
| 農業 | 村会議員・耕地改良代表者 | 47 |
| 農業 | 農事実行組合長 | 38 |
| 農業 | ＊元軍人分会役員、元青年学校指導員 | 35 |
| 旅館料理業 | 元区長、警防団長 | 39 |
| 農業 | 養蚕実行組合役員 | 42 |
| 農業 | ＊軍人分会役員 | 33 |
| 農業 | ＊農事実行組合長 | 38 |
| 農業 | 部落幹部 | 48 |

出典：木津村役場文書187『昭和十五年昭和十六年学事・大政翼賛・救護』より作成。職業、役職については文書の言葉にしたがった。
注：＊は日中戦争での応召・帰還者。

れまであまり注目されず、また先行研究もごくわずかしかないが、貯蓄組合を通じた貯蓄運動は、総力戦体制の一つの支柱として大きな意味をもっていたと考えられる[12]。

さて、一九四一年も後半になると、いよいよ地域の情勢も緊迫の度を増してきたことがわかる。『木津村報』[13]は、国策を村民に伝達すべく、一面に大政翼賛会・村松久義（述）「戦はいまや一大生活戦に」という転載記事を掲げている。それによると、事変以来、武力対武力、経済対経済、思想対思想の戦いが行われてきたが、現段階は「銃後の国民生活力破壊を目標とする国民生活戦」という局面に移行しており、「国民の『生活力対生活力』の戦ひと言ふ緊迫した態勢にまで進展」してきたという。国策を村民に伝達することがこの記事の役割であるが、「国民生活戦」という言葉は、ここ数ヵ月の情勢の推移が容易ならざるものであることを村民に感じ取らせたに違いない。

同じ号には、大政翼賛運動を全国民に徹底し、「各地域及職域ニ置テ大政翼賛運動ノ進展ニ挺身」する推進員を置くことが定められたという記事がある。これにともなって、木津村では大政翼賛会推進員九名が任命されている。推進員の村内団体での役職は**表5-2**の通りであり、農事関係のリーダーと警防団・軍人分会の役職者が任命されていることがわかる。これらの推進員の人名も村報で紹介され、村内に周知された。

## 国民の人的資源化

『木津村報』の記事の背景を理解するために、ここで一九四一年の対外政策をごく簡単におさらいしておこう。前年すでにアメリカは、航空機用ガソリンの日本への輸出に制限を加え、北部仏印進駐、日独伊三国同盟の締結を進めた日本に対して屑鉄の輸出禁止の措置をとっていた。日本は南方資源の確保の必要に迫られ、武力南進を進めるために北方の安全確保をねらって、一九四一年四月、日ソ中立条約を締結した。続いて七月、南部仏印進駐が開始された。九月になると情勢は日米開戦の危機へと向かって着実に進んでいった。九月六日の御前会議で決定された「帝国国策遂行要領」は、対米交渉の期限を一〇月上旬、戦争準備完了の目標を一〇月下旬とし、実質的な日米開戦を決定した。ただし、以後の外交交渉の継続については政権内で大きな対立があり、一〇月中旬、東條陸相が近衛文麿に代わって首相に任ぜられた。

一九四一年後半の役場文書には、政治情勢の推移を色濃く反映し、徴兵の拡大・強化と人的資源の確保に関わる文書が多くなる。すでに前年九月に施行された国民体力法によって、一七歳から一九歳までの男子の身体検査が義務づけられていた。これに加えて京都府は、府主催による「国民体力向上修練会」を実施するため、各市町村に体力検査の結果、筋骨薄弱と認められる青少年を四名銓衡するよう指示している。対象者に体力増強の実践を強制し、「志操」の注入を行うことがそのねらいである[14]。

体力の増強が強調されたのは、壮丁年齢前の男子ばかりではない。この頃には、乳幼児体力向上にも重点が置かれている[15]。一九四一年度は三回にわたって乳幼児体力向上指導が行われている。『木津村報』を見ると、五月号（一二一号）の「児童愛護運動」、七月号（一二二号）の「乳幼児のお母さんに」「婦人方面委員の設置に就て」[16]、八月号（一二三号）の「乳児栄養十二訓」、九月号（一二四号）の「乳、幼児の保育に就て」と、ほぼ毎号乳幼児に関わる記事が掲載されている。それらが人的資源の確保のためであることは、村報の記事の中でも説明されている。[17]

村民全体に関わることとして、国民健康保険組合も設立された。木津村ではこの年八月に村長および区長が発起人となって組合設立発起人会が開催され、認可申請を行うことになった。一一月初めには設立が認可され、一二月から事業が開始されている。設立当初の組合員は二八三名で被保険者が一四二五名であるから、かなりの高率で村民をカバーしていたと思われる。[18]

このようにして、一九四一年には、青少年が戦争完遂のための人的資源として育成される方向が明瞭となり、村民全体が「国民生活戦」を闘う戦士として位置づけられた。すでに対米英開戦を前に、戦場と銃後という区別が次第に相対化されていくことになったのである。地域の史料を見ていくと、国内では日中戦争の過程を通じて総力戦体制は確立し、戦闘モードに入っているといっても言いすぎではない。私たちは、ともすれば、日米交渉の経過を中心にした対外関係の動向によって戦争の拡大を考えがちである。総力戦体制確立の内的圧力、エネルギーの噴出という観点から、アジア・太平洋戦争への拡大の歴史をとらえ直してみる必要もあるのではないだろうか。

## 地域の緊張と日米開戦

日米開戦がいよいよ切迫した問題となった一〇月には、引き締め効果をねらった二つのことが注目される。一つは、「銃後奉公の誓」の徹底に関するもので、一〇月三日から全国一斉に実施される「銃後奉公強化運動」において、会合の機会があるごとにこれを朗唱するよう、京都府および大政翼賛会京都府支部が指示している。[19]「銃後奉公の誓」とは次のようなものである。

皇室のもと、一億一家、心と心、力と力とをひとつにして、銃後を守りかためます。
朝夕に皇軍の労苦をおもひ、戦線に送る銃後の真心として、慰問文と慰問袋とを絶やさぬやうに致します。その留守宅の力にもなりませう。
遺族の家を護り合つて、英霊の忠誠におこたへ申します。傷痍軍人には心からの敬意を表し、その再起奉公に力を添へませう。
銃後も国防の第一線、元気にむつまじく、将来の大きな希望に生き、現在の苦難を戦ひぬきませう。[20]

この「銃後奉公の誓」は、軍事保護院が菊池寛、山本有三、吉川英治ら文壇の大家に起草を依頼して作成したものである。内務省および軍事保護院は地方長官に対して、全国の隣組常会、部落会をはじめ国民学校などを通じて、国民の全部に洩れなくこれを配布し朗唱させるよう通牒を発した。[21] 内容には目新しいところはないが、文学者が起草しただけあって柔らかい表現になっている。朗唱するという行為が単なる形式になっていく可能性はあるものの、集団で発声するという身体表現を強制する圧力を無視することはできない。

いま一つ注目しておきたいのは、一〇月一二日から実施される総合防空訓練である。網野警察署管内は舞鶴海軍区実施要領に基づいて実施され、船舶・漁船の対応に重点が置かれたようである。[22]「銃後奉公強化運動」に魂を入れるためには、こうした状況設定が不可欠であった。

「銃後も国防の第一線」とする総力戦体制が整えられていく中で、一九四一年一二月八日、日本陸軍はイギリス領のマレー半島コタバルに上陸し、やや遅れて日本海軍の機動部隊が真珠湾のアメリカ太平洋艦隊を奇襲した。この日、日本はアメリカ・イギリスに宣戦を布告し、アジア・太平洋戦争が開始された。日本軍は、マレー半島をシンガポールへ向かって急進撃し、二月半ばに同地を占領した。また、フィリピン、オランダ領インドネシアなどを攻略して三月までに東アジアの要域を占領下に置き、さらに南太平洋のビスマルク諸島やニューギニアまで戦線を拡大した。

対英米開戦とともに、銃後の組織にもいくつかの点で顕著な変動が見られた。一九四二年一月半ば、陸軍軍務局長武藤章が黒幕となって前年から準備されていた大日本翼賛壮年団（翼壮）が結成された。翼壮は「大政翼賛会総裁ノ統理ノ下ニ大政翼賛運動ニ率先挺身スル」（団則）ことを目的とし、「団員の自発的意志になる同志組織」（基本要綱）であると自己規定した。[23]また、基本要綱では、大政翼賛会地方組織に合致させて、道府県、郡、市区町村に団を置くことが規定されていた。

ところが、実際の支部の設置経過を見ると、とても「自発的」とは言いがたい。京都府は、二月中旬、大政翼賛会京都府支部長から郡市町村支部長あてに、翼賛壮年団結成準備についての指示を出した。郡支部は、郡団を速やかに結成し町村団の結成を指導すること、単位団は五〇名以上を目標とし最低でも三〇名を確保すること、などがその内容であった。この指示に即して、木津村では二月二八日に大政翼賛会木津村支部長（村長）、国民学校長、在郷軍人分会長などが集まって、役場内で設立準備委員会をもち必要事項を決定した。[24]その結果、四月四日、役場で「木津村翼賛壮年団結団報告祭並結団式」が挙行されている。団長には、僧侶で方面常務委員、社会教育委員でもある洞上宗環が就任している。続いて、五月三〇日、「竹野郡翼賛壮年団結成奉告祭並結団式」が網野神社で行われた。[25]

銃後奉公会、大政翼賛会に次いで、またもや行政機構を通じて、統制組織の結成が事実上強制されたのである。残念ながら、翼賛壮年団について、残された文書は多くない。したがって、団員の数やどのような人たちが団員となったのかは断片的にしかわからない。組織の性格についてはのちにふれる。

## 全体主義の演出

このほか婦人団体も組織の再編へと向かい、統合が進んだ。一九四一年六月、閣議で愛国婦人会・国防婦人会・連合婦人会などを一つの団体に統合することが決定され、翌年二月、大日本婦人会が結成された。定款に定められた組織の目的は、「高度国防国家体制ニ即応スルタメ皇国伝統ノ婦道ニ則リ修身斉家奉公ノ実ヲ挙」げること、となっていた。また、会員は年齢二〇歳未満の未婚者を除くすべての「日本婦人」とされた。木津村でも、京都府の通達を受けて、大政翼賛会木津村支部長（村長）の指示と指導に基づき、六月に大日本婦人会木津村支部が結成された[26]。

役員の任命については、あらかじめ村長を通じて名簿を京都府支部長に内申するという手続きが踏まれている。会長や理事の最終経歴を見ると、一九三四年に結成された大日本国防婦人会木津村支部の役員がそのまま横滑りしていることがわかる。ただし、副支部長二名のうち一名は役員を経験していない郵便局長の妻であり、顧問には村長・国民学校長・壮年団長（支部長の夫）が、理事には在郷軍人分会長、参与には警防団長や僧侶の名があるなど、村内総力戦体制の指導者層の関与が強められている[27]。

傷痍軍人の組織についても変化が見られた。郷村役場文書によると、一九四二年三月、各町村ごとに傷痍軍人会を結成して班とするよう大日本傷痍軍人会竹野郡分会長から指示が出されていることがわかる。その目的は、「連絡、人事に関する件その他関係ある事項を一曽〔層〕強化し銃後奉公の一端に」位置づけることにあるとしている[28]。戦争の被害者でもある傷痍軍人が厭戦的風潮を醸成しないように、より小さな単位で組織化して統制することをねらったものである。

ラジオを使った新たな組織化の試みも実行された。四月一日に行われた「翼賛選挙貫徹」のための全国一斉常会がそれである。当日、午前七時四〇分からラジオで湯沢三千男内務次官の挨拶、安藤紀三郎大政翼賛会副総裁の講演、「翼賛選挙ノ誓」朗読を放送し、それらを聴いた上で、おのおの常会を開くという手順であった。四月二九日の「天長節国民奉祝」でも、同様にラジオで「国民奉祝の時間」を放送し、これに合わせて国民に宮城遥拝が求められている。[29]

その延長上に、「早起ラジオ体操」の普及もある。七月の「常会徹底事項」(後述)は、健民運動の趣旨に則り、七月下旬から一ヵ月間、「一戸一人以上主義」で老幼男女を問わずラジオ体操に参加すること、国民学校の会場のほか神社・仏閣・寺院・海岸・街頭など多数の会場を設け、自発的に参加するよう指示している。[30] メディアを有効に使った全体主義の演出である。

日米開戦後の一年は、供出が大規模化したことも忘れてはならない。四月、木津村では国民学校から二宮尊徳像八七kg、大花瓶二三kg、そのほか村内三〇四戸から鉄類五二三五kgが供出された。前年八月に公布された金属回収令による供出は四二年になると強化され、五月には寺院の仏具や梵鐘などの強制供出が行われた。同月には企業整備令が出されて、丹後縮緬は六割整理を求められ、鉄織機の供出も行われた。一一月には、銅約二八九kg、鉄約一〇九一kg、梵鐘二個(約三九四kg)が供出されている。[31]

**続出する戦死者――バターン攻略戦**

さて、木津村からの多くの応召者が編入された第一六師団は、どのように戦争に関わっているのだろうか。一九四一年一一月、同師団は太平洋戦争直前にフィリピンに向かい、戦争勃発時にはフィリピン戦線に投入された。第一六師団主力は四一年一二月下旬、マニラの南東にあるラモン湾に上陸し、ルソン島北部に上陸した第四八師団とマニラを挟撃する態勢をとった。アメリカ極東陸軍総司令官ダグラス・マッカーサーは司令部をコレヒドール島に移し、主力軍をバターン半島に移動させて抵抗する作戦をとった。日本軍は苦戦を強いられ、飢えとマラリヤなどに悩まされ多くの犠牲者を出した。四月初めから始まった第二次総攻撃によってようやくバターン半島を攻略し、五月初旬にコレヒドールを占領してフィリピン作戦を終了した。

木津村出身兵八名[32]が戦死したのは、この間の一月から二月にかけての戦闘においてであった。一つの作戦でこれだけ多くの死者が出たのは初めてのことである。村には七月末から次々に遺骨が帰還することになる。[33]このうち五名の戦死者の村葬は八月三〇日午後一時から国民学校で執り行われた。『木津村報』には、「定刻前五英霊は、遺族名誉職各種団体員等に守られ自宅を出発。沿道の弔旗低く垂るゝ中を粛々と行進、式場に到着。軈《やが》て時至れば全員起立拝礼の後、村葬次第に依り進められ[34]」、と記されている。村報には一〇月三日にも軍人二名・軍属一名（五月に野戦病院で戦病死）の村葬があったことを伝える記事がある。これほどの犠牲が出たことによって、戦争の質が大きく変わったことを村民は肌で感じ取ったと推測される。

そのような感覚を放置すれば、総力戦体制に小さな「ほころび」をもたらすかもしれない。未然にそれを防ぐために、戦死をめぐる人々の情念を戦争遂行の原動力へと転換していく必要があった。息つく暇もなく、繰り返し「運動」が提起されるゆえんである。順に挙げてみよう。（二月）堆肥生産倍加運動、ヒマ（蓖麻）栽培献納運動、（三月～四月）翼賛選挙徹底運動、（五月）健民運動、（七月）国民防諜強化運動、（七月～）飼料自給増産報国運動、（一一月）軍刀報国運動、郵便年金普及強調運動、（一二月）ラジオ必聴奨励運動、国民生活確立運動、といった具合である。[35]食糧の増産、物資の献納、相互の監視、精神の昂揚と身体の健全がセットになって展開されていることがわかる。

『木津村報』一二七号には、八月の村葬の報告に続いて、九月の「常会徹底事項」に関する記事がある。[36] 少しさかのぼって説明すると、「常会徹底事項」とは、各庁および大政翼賛会が毎月の常会で取り上げさせようとする事項を調整し、情報局、内務省、大政翼賛会の協議によって決定されたものである。内務省はそれを地方庁に通達し、地方庁は常会で重点事項として取り上げるよう市区町村に通知した。こうした手続きは、一九四一年一二月の次官会議で決定されていて、全国で行われる常会の統制と国策の強力かつ敏速な浸透をはかるため、見出された方策であった。[37]

九月の「常会徹底事項」で強調されているのは、九月一日から全国的に展開される国民貯蓄組合強化拡充の運動とヒマの栽培である。前者については、消費購買力となる資金の固定によって物価の上昇を抑えることがその目的であること、地域・職場・産業団体・その他の団体を基礎とした四種類の貯蓄組合があることなどが説明されている。ヒマについては、航空機などの潤滑剤として使用されること、収穫の方法や保存方法などについて解説が加えられている。

ついでに四三年一月の「常会徹底事項」を見てみると、次の五点が強調されている。「一、年頭に当り「必勝の誓」を致しませう」「二、新調や新規購入をやめて貯蓄しませう」「三、戦力強化のために豚や軍兎の増産に努めませう」「四、藁工品の増産と回収に努めませう」「五、軍需品生産のためアルミ貨以外の補助貨の回収に協力しませう」。最初に出てきた「必勝の誓」は、以下の通りである。「大東亜戦争第二度目の新年です。勝負はまさにこれからです。戦ふ皇軍にことかゝせぬやう、あくまで生産を増強し、勝つて勝つて勝ち抜いて敵を降参させませう。国内も戦場です。すべてが戦争生活です。誓つてすめらみたみの限りなき戦力を発揮いたします[38]」。日常生活を「戦争生活」として規定し、生活全般を戦争に巻き込んでいこうとするものであった。

この間、国民には正確な情報は伝わっていなかったが、すでに一九四二年半ばから戦局は転機を迎えていた。六月のミッドウェー海戦で連合艦隊は主力空母四隻を失い、当分積極的行動ができない状態に陥っていた。大本営の情勢判断（三月時点）は、アメリカ軍の本格的反攻を四三年以降としていたが、勢いづいたアメリカ軍は八月、ガダルカナル島（以下、ガ島）に上陸した。反攻作戦に失敗した日本陸軍はジャングルの中で戦力を消耗し、海軍は八月から一一月にかけて三次にわたるソロモン海戦で戦果を挙げたものの、大きな損害をこうむり制空権を失った。結局、一二月三一日の御前会議で、ガ島・ブナ方面からの撤退が決定された。

## 翼賛壮年団と農事

翼賛壮年団が結成されたことについてはすでにふれたが、ここでその活動実態についてもう少し踏み込んで解説しておこう。一九四二年七月一一日、木津村翼賛壮年団は、京都府翼賛壮年団によって「運営指定団」に認定されている。府内ではそれぞれの運動課題のもとで一六の町村が指定された。たとえば、乙訓村は「食糧増産と蔬菜供給圏の確立」、青谷村は「青少年の指導強化と国民貯蓄」といった具合である。木津村の運動課題は「経済道義の昂揚」であった[39]。

「運営指定団設定要項」は、それぞれが置かれた環境において、真っ先に取り組まねばならない中心課題に向かって、積極果敢な運動を展開しつつあるものを指定団として設定し、重点的に特別の指導を加える、としている。そのような指定団となった木津村翼賛壮年団の活動は、『木津村報』のいくつかの記事に見ることができる。壮年団という署名がある記事のうち、主なものを拾ってみよう。

一二九号（一九四三年一月一日、以下、いずれも一九四三年なので月日のみ記す）では、一九四三年の年頭にあたって「今年はこの方針で行かう」という題で、ヤミ行為の不道徳性、法規違反のない経済生活が説かれている。「指定団」としての運動課題である「経済道義」を、ストレートに反映している。一三〇号（三月一日）では、「飯米計画はこれで行かう」と題して、具体的な事例を用いて家庭で発生する不足米量を算定し、代用食で補う方法が解説されている。

一三一号（六月二五日）では、「山本元帥につづけ」と題して、山本五十六やアッツ島で「玉砕」した将兵の無念を晴らすには、「敵米英をトコトンまでやつつけることよりな」く、自らの職場と職業でできるかぎり努力することが「忠義の第一」であるとする。連合艦隊司令長官山本五十六がラバウルから最前線視察に向かう途中、米軍機に撃墜されて死亡したのが四月一八日（公表はほぼ一ヵ月後）、アッツ島「玉砕」は五月二九日のことである。ここで興味深いのは、「勇士につゞけ」という小見出しの一節のあと、「消石灰の用ひ方」と「堆肥に就て」という小見出しで、農事関係の詳しい化学的解説が続いていることである。記事の重点はむしろ農事改良にあると言えなくもない。

一連の記事の最後に、「翼壮団の陣容」という小見出しの文がある。翼壮の全国的な改組にともなう役員の入れ替えを報じたのち、翼壮の位置づけについて、次のように説明している。

翼賛壮年団といふものは大政翼賛会傘下の一団体でありますが、各国民組織の中堅指導分子を集結したかたまりで自らその職域に地域に率先之を行ひ、熱誠果敢に実行することにより、各国民組織の翼賛運動を〔に〕内面的に働きかけてその目的達成をはかるのが翼賛壮年団の任務でありまして、大政翼賛会とは機能と分担は異なつてゐても一体となつて連携してゆかねばならぬのでであります。この点、同じ翼賛会傘下の各種国民組織たる産報、商報、農報、青少年団、部落会などとその本質を異にするわけであります。翼賛壮年団といふものは旗を立てて表面に立つて活動するやうなことはあまりやらないので、団員相互の錬成などは団として力を入れますが、それ以

**表５－３　木津村翼賛壮年団役員（1943年６月）**

| 役名 | 職業 | 経歴の大要 | 年齢 |
|---|---|---|---|
| 団長 | 農業 | 元村書記、元壮年団副団長 | 42 |
| 副団長 | 公吏 | 村書記、警防団副団長、 | 34 |
| 総務 | 農業 | 部落農事実行組合長 | 36 |
| 総務 | 農業 | 村会議員、部落農事実行組合長 | 40 |
| 総務 | 農業 | 村警防団長、＊村会議員 | 37 |
| 総務 | 農業 | 元在郷軍人分会長、＊警防団班長 | 41 |
| 総務 | 国民学校訓導 | | 37 |
| 総務 | 農業 | ＊元在郷軍人分会理事 | 34 |

出典：木津村役場文書207『昭和十七年大政翼賛』より作成。職業・経歴については文書の言葉にしたがった。
注：＊は日中戦争での応召・帰還者。

外は主として団員がその所属する他の団体の分子として、又は一家の中堅として前記の方針により働いて行かうといふのであります。[40]

各国民組織の翼賛運動に「内面的に働きかけ」るということであるから、活動実態は見えにくくならざるをえない。それを補う意味もあってか、四三年中は翼賛壮年団名で農事や食事に関する記事が比較的多く掲載されている。

一三二号（七月二五日）には、「之はおいしいジャガいも料理」という記事が掲載された。小見出しは「いも米の作り方」「いも麹及味噌」「いも粉」「いもウドン、いもパン」「いも団子」「いも飯」となっている。代用食の実践例であるとはいえ、これを翼壮の名前で掲載する必然性があるとは思えない内容である。団員の錬成会を繰り返し行い、他団体との摩擦も生じることがあったとされる翼壮とは、少し違ったソフトな側面を読み取ることができる。

これ以降、一九四四年までの翼壮名の記事を列挙すると、一三三号（九月二五日）「秋期の農事に就て」、一三四号（一一月二〇日）「降雪期までにゼヒ実行してほしいこと」[41]、一三五号（一九四四年一月一日）「勝ち抜くために節米を」、一三六号（一九四四年三月一五日）「さあ馬鈴薯の大増産だ！」となっている。

前述の通り、翼壮の組織についてははっきりしないことが多いのだが、一九四三年六月に新たに任命された役員に関する史料は残っている。**表5‑3**に村内での役職を示しておいた。警防団と在郷軍人分会関係者が多いことがわかるが、大政翼賛会推進員との顕著な違いを読み取ることは難しい。ただ、団長が『木津村報』の発行や経済更生運動の主導者だった井上正一であることから、より行動的な性質をもっていたのではないかという推測は可能である。少し先走るが、このうち警防団長には一九四三年末に二度目の召集があり、その翌年一二月に戦死している。また、元在郷軍人分会理事は役員になる前に二度応召しており、一九四五年三月には三度目の召集があった。総力戦体制の推進力としての翼賛壮年団の活動を、戦争そのものが阻碍していくという自己矛盾である。

## 2　戦死者と村葬

### アジア・太平洋戦争期の戦死者

ここで、これまで保留してきた村葬について詳しく見ておきたい。その前提として、アジア・太平洋戦争期の戦死者数について確認しておかなくてはならない。日中戦争以降の戦死数の推移については、前章の**表4‑3**でおよそのことを確認しておいた。**図5‑1**は、アジア・太平洋戦争期の戦死者の推移をさらに詳しく示している。まず確認したいのは、戦死者がいつ、どこで、どの程度発生したのかという点である。当然のことながら、所属部隊が参加する軍事作戦にともなって戦死者が出るから、特定の時期、特定の場所に戦死が集中する傾向がある。木津村の場合、それが集中するのは、一九四二年前半、一九四四年後半、一九四五年前半である。月単位で見ると、表からはわからないが、一九四二年二月の六名、一九四五年四月の六名が最多である。前者の場合にはすべてがフィリピンで、後者の場合には四名がフィリピンで戦死している。なお、戦死の場所に注目して整理したものが**表5‑**

**図５－１　戦死者数（木津村）**

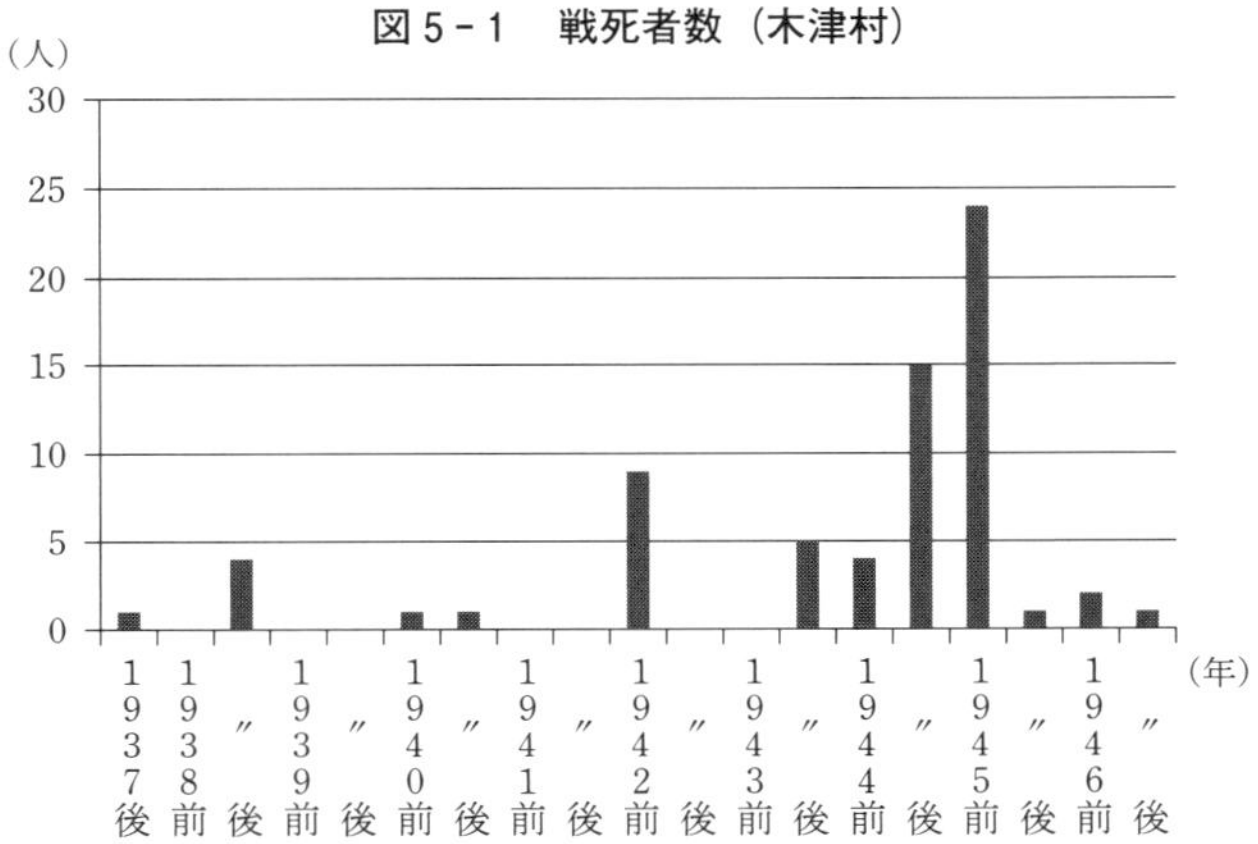


出典：「戦争出動者名簿」（『木津村誌』631～652頁）より作成。
注：前は１月～６月、後は７月～12月を示す。ただし、1945前は１月～８月、同後は９月～12月。

4である。一つの村に注目してみても、アジア・太平洋の広範な地域で戦死者が出ていることがわかる。

## 村葬の執行

木津村役場文書の中には、『戦病死者村葬一件』という簿冊がある。一九四二年から一九四六年までに行われた村葬についての文書が編綴されている。これをもとに、この時期の村葬がどのように行われたかを明らかにしよう。

日中戦争期の公葬については、籠谷次郎が大阪府南河内郡三日市村（現河内長野市）の事例を紹介して

**表５－４　戦死の場所（木津村）**

（単位：人）

| 地域 | 人数 |
|---|---|
| フィリピン | 27 |
| 中国 | 14 |
| 南太平洋 | 6 |
| ビルマ・インド | 4 |
| 沖縄 | 2 |
| その他 | 14 |
| 合計 | 67 |

出典：図５－１に同じ。
注：その他には、インドシナ半島、マリアナ諸島、満洲、シベリアなどが含まれる。

いる。(42)籠谷論文は、村葬までの経緯として、国内留守部隊から村長あての戦死通知、遺族への伝達、葬儀委員の任命、村長から府知事・堺連隊区司令部・海軍人事部あての「戦病死者調」の報告、葬儀準備要領の決定、遺骨の留守部隊への帰還と遺族の参列、遺骨の村への帰還などがあったことを明らかにしている。ただし、村葬については式次第が残っていないとしている。

木津村の場合は、日中戦争開始以降の村葬の様子をもう少し詳細に明らかにできる。第三章でふれた最初の戦死者の場合、『木津村報』八八号（一九三八年三月五日）によれば、龍献寺《りょうごんじ》において以下のような次第で村葬が行われた。①一同着席、②来賓・寺院・遺族着席、③導師入場、④読経 ⑤一同合掌敬礼、⑥祭主祭詞、⑦三導師引導、⑧弔辞・弔電、⑨読経・焼香、⑩祭主挨拶、⑪遺族謝辞、⑫一同合掌・敬礼、⑬散堂、⑭葬送。

会葬者については「村内の各役職員、学校生徒、各種団体〔役欠カ〕員全員、村民各戸一人参列」とあり、来賓としては京都府知事代理、福知山連隊区司令官代理、国防協会福知山地方本部長代理、竹野郡校長会長、郡内各町村長、郡内各在郷軍人分会長などの氏名が記されている。このときの遺骨の出迎えについては、史料が残っていないのでよくわからない。ただ、村葬についての協議会では、本村より支出すべき費用は、遺骨受け取りのための出張旅費（村長、分会長、遺族二名分）、葬具類、寺院への謝礼金、寺院昼食費、茶・菓子、その他費用一切、となっているから、遺骨の出迎えを含めて村が費用を負担していることがわかる。

この村葬のあと、一九四一年までに戦死者は六名あり、村葬は五回行われたが、詳しいことはわからない。**表5–5**にあるように、詳しい史料で次の村葬を確認できるのは、一九四二年八月三〇日になる。前節でふれたパターンでの戦闘で戦死した八名中五名の村葬である。この村葬は、おそらく基本的な部分については最初のそれを踏襲していると思われる。『戦病死者村葬一件』という簿冊には、

表5-5 村葬一覧（1942～1945）

| | 葬儀の日 | 戦死者 | 所属 |
|---|---|---|---|
| 1 | 1942/8/30 | 羽田栄作、畑中勝治、松本正一、吉岡正信、吉岡博 | 全員陸軍 |
| 2 | 1942/10/3 | 吉岡貞雄、吉岡亀吉、吉岡増郎 | 全員陸軍 |
| 3 | 1944/8/5 | 奥田正治、松本嘉一郎 | 松本は海軍2等機関兵 |
| 4 | 1944/10/7 | 吉岡万蔵、松本金二、松下季昭 | 吉岡は陸軍<br>松本は海軍1等兵曹、松下は海軍水兵長 |
| 5 | 1944/12/22 | 森栄之助、嶽信二郎 | 二人とも海軍1等兵曹 |
| 6 | 1945/8/6 | 吉岡信 | 陸軍 |
| 7 | 1945/8/12 | 柴田賢治 | 海軍 |
| 8 | 1945/12/21 | 杉本健二（44.10）、三宅健治（44.7）、松本和吉（44.5）、松本哲雄（45.5）、松本清（44.10）、吉岡勇（45.7） | 杉本は海軍中尉、三宅は海軍上等兵曹<br>ほかは陸軍 |

出典：木津村役場文書504『戦病死者村葬一件』より作成。
注：一九三八年から一九四〇年については、三八年に一回、三九年に二回、四〇年に三回行われていることが判明している（『史料集』【2-79】235頁）。

最初に、龍献寺・遺族・在郷軍人分会長・国民学校長あての遺骨凱旋の打合せ会の通知が綴じられている。続いて区長会でもこのことが協議されていることがわかる。[43]

遺骨の帰還は次のような順で行われた。**表5-5**の1にある松本正一・吉岡博については七月二五日に東本願寺で「聯隊告別式」が行われ、遺族と村長が参列。二六日に木津駅で「英霊」を出迎え、それを自宅へ安置した。羽田栄作ほか二名については、七月二四日に東本願寺で「原〔聯〕隊告別式」があり、二五日昼前に木津駅に帰還した。駅頭での出迎えについての整列の仕方を図示した史料が残されている（**図5-2**）。

後者については詳細な記録があり、それによると、祭主を村長、葬儀委員長を助役とし、「式場係、受付係、進行係、弔辞・焼香係、記録係、指揮係、会計係、調度係、案内接待係、役割係〔野送り役割〕、香炉持廻、英霊迎係、使役」に各種団体役員などが割り当てられた。

図５－２　遺骨の出迎え駅頭整列図解（木津村）

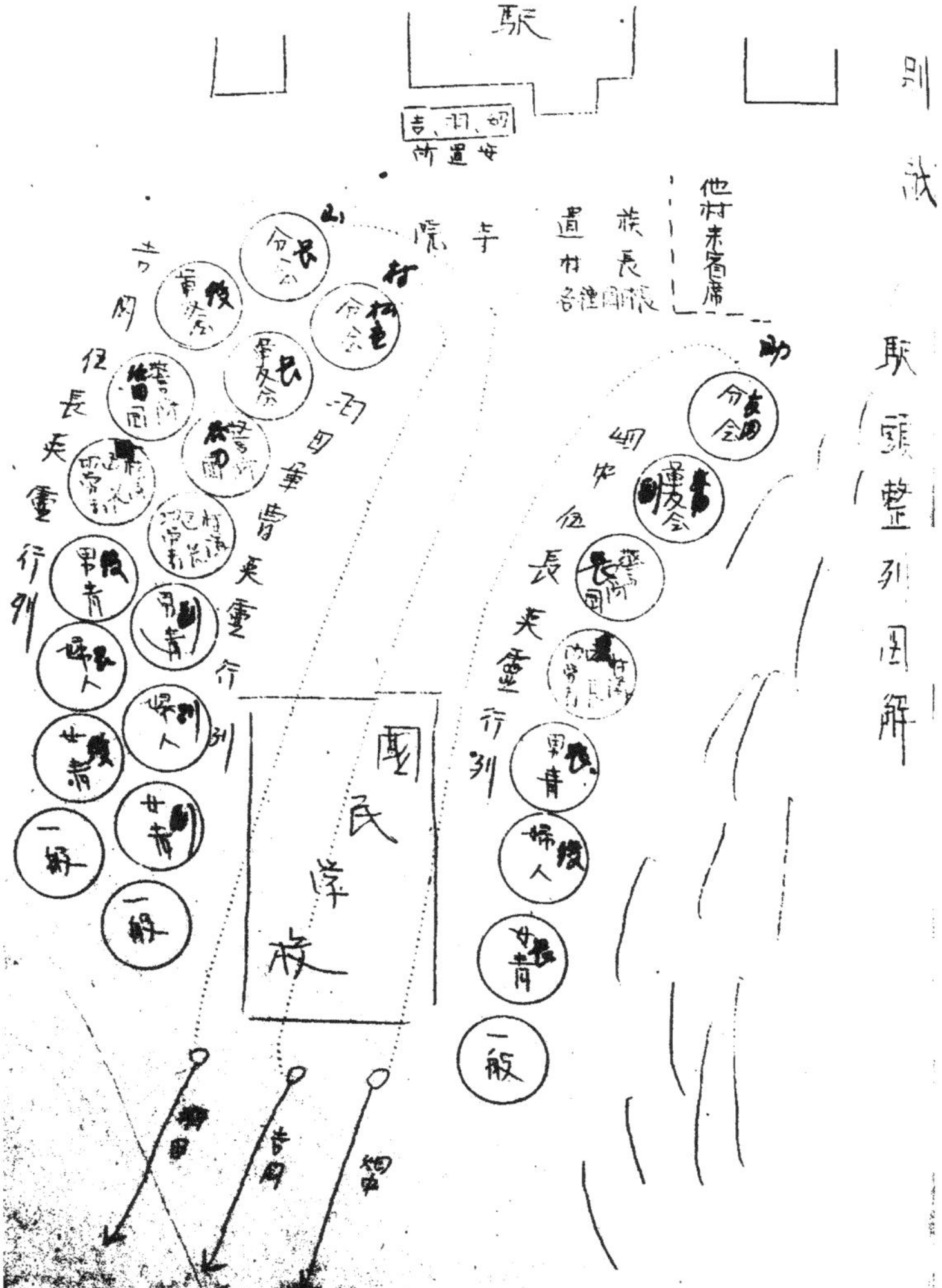


出典：木津村役場文書504『戦病死者村葬一件』。

日中戦争下での最初の村葬と比べると、役割係以下の係を新たに作り、機能的な運営を行うことに配慮がなされている。

式次第については、最初のそれと若干違いはあるが基本は変わらない。記録係による記録から式を再現してみよう。[44]

（一一時四五分）校庭において国民学校児童、青年学校生徒ならびに一般村民が参集して「英霊」を出迎える。

（〇時）五柱の「英霊」五列を作り整然として式場に入る。

（〇時二〇分）各英霊安置終了。

（〇時二五分）国民学校児童男女別に組に分かれ式場に入り礼拝を行う。続いて青年学校生徒参拝。村民一般入場。

（〇時五〇分）導師入場。各来賓入場。

（一時八分）進行係による開会の宣言。

（一時一〇分）読経。

（一時二〇分）村長祭文朗読、「一同ヲ感激セシム」。弔辞・弔電（「久美浜農学校長ノ弔辞ニ於テハ遺族ハ云フニ及ズ村民一同ヲ感激セシメ村葬ニ一段ノ色彩ヲ引立テタリ」）。読経・焼香。

（二時二五分）村長挨拶、遺族代表謝辞。

（二時三五分）一同退散。

（三時五分）葬列に移る。「英霊静カニ列ヲナシ校門出発」。

微細な点にまで深入りしすぎたかもしれないが、こうした村葬が多少の違いはあれ全国的に執行されたことは、地域における戦争を考える際に、決してゆるがせにできない問題である。

### 村葬の構造と役割

木津村の事例を通じて村葬の構造、役割についてまとめておこう。

**表5―5**の村葬1と、一九三八年の村葬とを比較すると、大きな違いは村葬が執り行われた場所にある。三八年の場合は龍献寺であったが、以降は小学校（国民学校）講堂で行うことが通例となった。これについては、籠谷が紹介している大阪府の通達（一九三八年九月）が参考になる。それによると、大阪府は、葬儀場は儀式の荘厳保持、設備の簡易化、経費の節減のため、なるべく学校講堂等で行うよう指示している。京都府の場合も似たような事情だったのではないだろうか。加えて、木津村の場合、忠魂碑が小学校に隣接していることから、小学校の方が都合がよかったと思われる。

次に留意すべきは、国民学校児童や青年学校生徒の参加によって、村葬が全村挙げての行事であることが視覚化されていることである。もちろん、小学校児童の村葬への参加はこのときに始まったことではない。木津村では記録の残っている日露戦争のときにも、小学校児童の参列の記録がある。さらに、羽賀祥二が、愛知県宝飯郡牛久保町（現豊川市）での村葬を取り上げて明らかにしているように、日清戦争時の村葬でも小学校児童は参列している。近代日本の戦争全体を通じて、小学校児童の参列が村葬の不可欠の要素となっていることを記憶にとどめておこう。

ところで、これまで村葬という言葉を特に定義せずに使ってきたが、以上の事例からわかる通り、遺骨の出迎えと葬儀とを合わせた一連の行事を村葬ととらえるべきである。村が負担する経費として、遺骨受け取りの旅費が計上されていたこと、小学生の遺骨出迎えへの参列などが何よりもそれを証明している。村という空間に遺骨が帰ってくるということは、特別な意味を与えられていたのである。京丹後市には、木津村とは別の地域で遺骨の出迎えの写真が残っているが、その人混みはまさに村を挙げてといった様相を呈している。

もう一つ、村葬は決して一村だけで完結していないことに注意が必要である。というのは、郡内村葬のネットワークとでも言うべきものが存在するからである。これまで参照してきた『戦病死者村葬一件』には、竹野郡内一〇町村の町村葬案内状が綴られている。木津村の村葬の参列者名簿を見ると、郡内町村長はほぼ毎回参列しており、郡内の町村葬には互いに参列することが慣習になっていたようである。たとえば、四二年七月から一二月にかけては、木津村長あてに郡内町村から二六通の町村葬の案内が来ている。これらを見ていくと、郡内町村長が参列できるように、町村葬は互いに日時を調整して執行されていたことがわかる。こうした町村葬のネットワークは、二つの意味をもった。一つは、町村葬が内容面で標準化され、郡レベルの参列者を得ることによって、ある程度の規模（盛大さ）を保つことができたということである。いま一つは、町村葬の実施を相互に監視する役割である。戦死者があった場合、どの町村も同じような水準で公葬が行われているかどうかが、結果的にチェックされることになる。

こうした村葬が、それぞれの村内部の総力戦体制にどのような役割を果たしたのかも考えてみなくてはならない。村の指導層にとっては、郡内町村葬に参列することは、総力戦体制下における情勢認識を共有し、緊張感をもって体制の維持に取り組ませることになったであろう。自村出身者の戦死という冷厳な事実に直面した村民は、指導層によって、一層精力的に軍事援護に取り組むことに駆り立てられたと推測される。とはいえ、おそらく戦死者の家族にあっては、複雑な感情・情念も生まれたことだろう。それを表現することはそもそも許されず、個々人が自分の気持ちに蓋をして押さえ込むしかない。残念ながら、そうした情念は、残された役場文書によって証明することは困難である。村葬で読まれた弔辞類を見ても、「赫々タル武勲」「痛憤ノ至リニ堪ヘス」「窮リナキ忠烈ト不滅ノ勲功」「名誉ノ戦死」「尽忠報国ノ御偉業」等々、形式的な用語をつなぎ合わせたものがほとんどである。

祭文でいくら戦死者の名誉が称揚されても、それだけで遺族の喪失感が満たされるわけではない。それらの言葉が遺族の感情を一層抑圧する働きをしたことは、十分に想定できる。だからこそ、不満を表面化させないように、遺族に対する軍事扶助は最も重点をおかなくてはならない課題であり続けた。軍事扶助や遺族の生活実態、遺児の靖国神社参拝などについては、一ノ瀬が詳細に解明しているので割愛する。(45) 一つだけ補足すると、遺児の靖国神社参拝はそれだけで終わったわけではない。一九四一年の京都府の事例であるが、靖国神社に参拝した戦没者遺児とその母を招き、京都霊山護国神社に参拝させ、そのあと「靖国ノ子ト母ノ会」が催されている。(46) 靖国神社参拝と同様、旅費は軍人援護会京都府支部が支給している。希望者だけとはいえ、遺児や遺族を靖国神社を中心とする慰霊体系に何重にも絡め取ろうとしていることがわかる。

## 児童と村葬

もう一度、児童と村葬の問題に戻って、その教育的意味を掘り下げておこう。小学校（国民学校）児童の参列や英霊の出迎えは当の児童にも鮮烈な印象を残し、戦争についての教育的効果を上げたことは想像に難くない。その点に関わって、木津村の西に接している熊野郡田村（現京丹後市）の田村国民学校での様子を紹介しておく。時は一九四二年五月二二日のことである。『田村国民学校日誌』の「記事」欄には次のような記録がある。

一、午前八時ヨリ青少年学徒ニ賜リタル勅語奉読式アリ
一、第四時限右記念行事トシテ閲童並ニ分列式ヲ行フ　初三〔初等科三年生〕以上
〔中略〕
一、昨日関〔田村の部落〕出身N・Y氏戦死ノ公報アリ本日朝会ニ学校長ヨリ児童へ通達セラル(47)

「青少年学徒ニ賜リタル勅語」とは、一九三九年五月二二日、皇居前広場で、天皇が全国から集められた青少年学徒の部隊行進を親閲して発した勅語である。「国本《こくほん》ニ培ヒ国力ヲ養ヒ以テ国家隆昌ノ気運ヲ永世ニ維持セムトスル任タル極メテ重ク道タル甚ダ遠シ、而シテ其任実ニ繋《かかり》リテ汝等青少年学徒ノ雙肩ニ在リ」として、青少年学徒が国家隆昌に身を捧げることを要請したものである。以後、すべての学校は、毎年五月二二日にこの勅語を奉読し、分列行進、神社参拝、武道訓練などの行事が催されるようになった。田村国民学校でもこのような行事を行っているが、奇しくもこの日に、田村出身兵の戦死の報が伝えられたのである。「教育勅語」「青少年学徒ニ賜リタル勅語」で求められた国民の務めを、身をもって実践したのが戦死であった。

七月二六日、この兵士の遺骨の帰還に際して、高等科児童は最寄り駅頭まで、初等科児童は村境まで出向いている。村葬は八月九日午前八時から行われた。児童の参加は特に記されていないが、参加していないということはありえない。この時期の国民学校では、季節によっては勤労奉仕も相当な頻度に達しており、通常の慰問文だけでなく、戦地から届いた出身兵からの便りに返事を書くこともあった。遺骨の出迎えや村葬も、そうした一連の行事と一体をなすものとしてとらえる必要がある。

**表5-6**を見てみよう。これは一九四二年度の田村国民学校の児童が、軍事動員にどれだけ関わっているかを示したものである。一九四二年はこの村でも戦死者が多く出た年である。遺骨の出迎えが

表5－6　田村国民学校と動員（1942年）

| | |
|---|---|
| 1月14日 | 出征者見送り・壮行式 |
| 3月29日 | 遺骨の出迎え |
| 4月9日 | 出征者見送り・壮行式 |
| 4月30日 | 出征者見送り・壮行式 |
| 6月1日 | 勤労奉仕 |
| 6月2日 | 勤労奉仕 |
| 6月3日 | 勤労奉仕 |
| 6月6日 | 勤労奉仕 |
| 6月19日 | 勤労奉仕 |
| 6月20日 | 勤労奉仕 |
| 6月21日 | 勤労奉仕 |
| 6月22日 | 勤労奉仕 |
| 6月23日 | 勤労奉仕 |
| 6月24日 | 勤労奉仕 |
| 6月25日 | 勤労奉仕 |
| 7月12日 | 出征者見送り・壮行式 |
| 7月26日 | 遺骨の出迎え |
| 8月9日 | 村葬 |
| 8月13日 | 出征者見送り・壮行式 |
| 8月25日 | 遺骨の出迎え |
| 9月10日 | 遺骨の出迎え |
| 9月15日 | 村葬 |
| 9月29日 | 勤労奉仕 |
| 9月30日 | 遺骨の出迎え |
| 9月30日 | 出征者見送り・壮行式 |
| 10月7日 | 村葬 |
| 10月13日 | 勤労奉仕 |
| 10月14日 | 勤労奉仕 |
| 10月14日 | 出征者見送り・壮行式 |
| 10月15日 | 勤労奉仕 |
| 10月16日 | 勤労奉仕 |
| 10月19日 | 勤労奉仕 |
| 10月20日 | 勤労奉仕 |
| 10月21日 | 勤労奉仕 |
| 11月15日 | 出征者見送り・壮行式 |

出典：『自昭和十五年度至昭和十七年度田村国民学校日誌』（京丹後市教育委員会蔵）より作成。

五回、村葬が三回、入営・入団の壮行式と見送りが八回などと、頻繁に参加していることがわかる。それぞれの場合に児童すべてが参加するわけではないが、田村国民学校としてみればこの数は相当なものと言わねばならない。

## 3　「一億国民総武装」と戦闘配置につく村

### 遺骨送還と遺族問題の深刻化

一九四二年後半の海戦で海軍が多大な損害を出したことは先述した。戦況の悪化にともなって、総力戦体制の矛盾が顕著になっていることを、さまざまな文書が語っている。一九四二年一二月の京都府からの通知は、海軍次官から軍事保護院副総裁にあてた文書を添付して、一般村民ばかりでなく「少国民ノ指導」についても徹底を期すよう指示している。付された文書は、次のような事例を紹介している。最近、横須賀海軍人事部長が神奈川県某町の海軍中佐遺族を弔問したとき、未亡人が語った話である。長男が、子供同士の会話で「僕の父は戦死した」と話したら、ほかの子供から「艦は何だ」と聞かれ、母の言いつけを守って「艦は言えない」と答えたら、「艦の言えん様なものは戦死ではないだろう」と言われ、泣きながら帰ってきたという。未亡人は、息子が可哀想でならない、と訴えた。海軍の機密保持の方針が、遺家族の境遇に深刻な事態を引き起こしていることを雄弁に物語っている。

海軍次官は、こうした事例は数件しかないが将来簇生《そうせい》するであろうから、個別の問題とせず全般的な問題として処理すべきだとした。とはいえ、海軍としては、実際の損害を偽って戦果として公表している以上、戦没者の所属する艦船部隊名の秘匿という方針を曲げるわけにはいかなかった。「遺族ヲシテ国家ノ処置ニ不満怨嗟ノ念ヲ抱カシムル惧レ」を払拭し、機密事項の口外を避けるためには、「啓蒙指導」に頼るしかなかった。

陸軍においても、ガダルカナル島からの撤退に関わって、同じように遺族の不満をきたしかねない事態が懸念された。ガ島では、日本軍は約二万名（うち約一万五〇〇〇名は餓死・病死）の死者を出し、一九四三年二月初旬に撤退を終えた。一九四三年八月、京都連隊区司令長官から、ガ島作戦における死者の遺骨の還送についての陸軍次官の講演要旨が通達された。それは次のような内容である。戦争の激甚さを反映して、海上ないし水際の戦闘では海没した遺骸の収容が困難な場合があり、収容しても火葬できずに埋葬したものがある。したがって遺骨交付にあたって、何も収容していないもの、砂や石が入っているものがあるが、その場合でも英霊は必ず還ってくる。箱内には遺骨ではなく英霊ありと考えるように、と訓示している。これを受けて、京都連隊区司令長官は、将来ともこうした事態の発生が予期されるので、「遺家族ノ心構ヲ強化シ危懼疑念ナカラシムル」よう配意することを通達している。[48]

こうした戦局の推移による矛盾を押さえ込むために、意識的に軍人援護活動が強化されていくのが一九四三年の特徴である。この年、三月には奥丹後銃後奉公会連合会なるものが結成された。同会は、各町村から会費（均等割一〇円と一戸につき七銭の戸数割）を徴収して運営にあてている。[49] この連合会の結成は前年七月、地方官官制の一部改正により地方事務所が設置されたことと関わっている。地方事務所は、食糧増産・配給、経済統制、部落会・町内会の指導など、府県と町村の中間にあって戦時統制機能を強化することを目的に設置された。[50] その一環として、銃後奉公会専任職員の講習会開催、軍事援護強化運動の実施などを事業内容とする銃後奉公会連合会が結成されたわけである。ちなみに、奥丹後地方事務所は中郡・竹野郡・熊野郡と与謝郡の一部を管轄しているから、約二〇年前に廃止された郡役所よりも広域をカバーする行政機構であった。

七月には早速、銃後奉公会職員などを対象として、軍人援護に関する講習会が二日間にわたって実施された。軍人援護の「根本精神」、運営、相談の処理、軍人援護会事業など、講義科目は七科目にわたっている。[51] 同月、府下一斉に銃後奉公会（町村軍事援護相談所）に婦人相談員を置くことになった。「遺家族に対する相談指導の方法」として、入営・応召があった場合にはただちに家庭訪問を行うこと、紛議の発生する恐れがある者、あるいは素行不良に陥る恐れがある者に対しては、しばしば家庭訪問を行って強化指導を徹底することが挙げられている。[52]「各種紛議ノ発生」を極度に警戒し、問題の発生を予防することに力が入れられていることがわかる。

九月には、大政翼賛会京都府支部が、次官会議で決定された軍人援護強化運動の実施について、市町村支部に通牒している。実施期間は一〇月三日（「軍人援護ニ関スル勅語」の記念日）から八日までの六日間、「主眼事項」は、戦意の昂揚、戦力の増強（生産増強、食糧増産）、援護の強化とされた。一〇月三日は、全国一斉に行うべき事項として、官公署・学校・会社・工場などで「軍人援護ニ関スル勅語」[53]奉読、正午を期して戦没軍人の英霊を追悼し、傷痍軍人の平癒・出征軍人の武運長久を祈願することを指示している。学徒・青少年に対しては、「決戦精神ヲ徹底シ」戦力増強に協力せしむることとした。[54]

### 「勝ち抜く誓」

この通牒は、町内会・部落会向けに、苛烈の度を加えた大東亜戦争に対し「必勝ノ信念」を強固にすべく、「勅語奉読並ニ決戦完勝宣誓式要領（案）」も提示している。要領は、一〇月三日の午前中、適当な時間を選び、各町内会、部落会ごとに最寄神社に参集して、次の式順に準拠して式を挙げるよう促している。式順は、①開式宣告、②一同礼、③宮城遥拝、④「国家君ヶ代斉唱」、⑤「軍人援護ニ関スル勅語」奉読（町内会長、部落会長）、⑥祈念、⑦町内会長（部落会長）訓話、⑧「勝ち抜く誓」朗唱（会員全員）、⑨一同礼、⑩閉会宣言、とされている。[55]

⑧の「勝ち抜く誓」とは、七月の大政翼賛会第四回中央協力会議で決定されたもので、次のようなものである。

みたみわれ　大君にすべてを捧げたてまつらん／みたみわれ　すめらみくにを護りぬかん／みたみわれ　力のかぎり働きぬかん／みたみわれ　正しく明るく生きぬかん／みたみわれ　この大みいくさに勝ちぬかん。[56]

これまで何度も述べてきたが、このような儀礼を通じた、また全員朗唱といった情感に訴えかけた動員を、単なる形式や儀式として軽視することはできない。

木津村では、この通達に従って軍人援護強化実施計画を立てている。「勅語奉読並ニ決戦完勝宣誓式」が行われたかどうかは定かではないが、一〇月三日には、学校で詔書奉読式、一般には正午を期して各自の祈念、四日には、慰問文の一斉蒐集（各団体員一名一通以上）、六日には招魂祭と遺家族慰安激励会、七日には軍人遺家族家庭訪問（援護家庭の調査、婦人方面委員の家庭訪問）という内容である。(57)

この運動の実施に先立って、九月下旬、奥丹後銃後奉公会連合会は「銃後奉公会専任職員事務打合会」を開き、各町村の軍事援護組織の整備状況を点検し、軍人援護強化運動を含む各種の援護活動について確認・協議を行った。一一月には、同会の主導によって、一町九村の銃後奉公会専任職員が天田郡兎原《うばら》村（現福知山市）銃後奉公会の視察を行っている。(58)こうした方法によって、各町村銃後奉公会の活動は数郡を束ねる奥丹後銃後奉公会連合会によって統制され、同時に奥丹後の枠をこえて標準化し底上げすることがはかられた。

なお、この時期、一〇月二七日には、府下町村長会が農村決戦体制強化を決議し、一二月二日には、府会が大東亜戦完遂決議を行っていることも付け加えておきたい。(59)

### 大政翼賛実行計画

こうした銃後の活動を含めた地域の総力戦体制を統括していたのは、京都府・郡・町村など、さまざまなレベルの大政翼賛会支部である。木津村では、毎年一月に「大政翼賛実行計画」を作ってその大要を村報に掲載している。すべてを分析する余裕はないので、ここで一九四三年度のものを取り上げてみよう。村報に掲載された計画（大要）は、基本的に前年度のそれを踏襲しながら、前年の村報では省略されていた詳細な細目を記載している。また、号外で発表されていることから、村民への周

### 表5-7 昭和18年度木津村大政翼賛実行計画

| | | |
|---|---|---|
| 総務部 | 1.優良部落の選奨 | 農業共進会貯蓄成績、時刻励行、銃後活動成績、部落計画、供出成績、保健衛生成績 |
| | 2.常会の開催 | 村幹部会（毎月20日）、村常会（毎月23日）、村総常会（毎年1月） |
| | 3.部落会長並隣組長会 | 毎年2回開催、常会運営に関する研究会 |
| | 4.幹部養成 | 中堅人物の養成のため若干幹部を受講派遣 |
| | 5.村報発行 | 隔月発行 |
| | 6.部落計画指導 | |
| 産業部 | 1.主要食糧増産計画 | 生産責任数量の各戸割当、作物別耕種改善基準並施肥料改善基準の樹立 ①米穀②麦類③甘藷④馬鈴薯⑤大豆（①～⑤まで本年目標と昨年実績の記載あり） |
| | 2.大麻の増産 | 本年目標、昨年実績 |
| | 3.蓄牛並自給飼料増産奨励 | |
| | 4.肥料 | ①購入肥料（作物別配給計画樹立／共同保管による適期配給） ②自給肥料（堆肥増産・緑肥栽培・木炭増産・焼土奨励） ③増産施設（堆肥増産品評会・木炭増産品評会） |
| | 5.果樹 | ①現在面積において反当収穫増加 ②出荷統制の強化 |
| | 6.林業 | ①森林組合設立（用材供出／植林励行） ②木炭の増産奨励 |
| | 7.農業共進会開催、8.講習講話会開催、9.農事研究会開催、10.部落農会整備、11.指導組織の整備強化、12.共同作業の実施、13.各種統制の強化 | |
| | 14.養蚕 | ①産繭計画数量の確保 ②能率飼育の奨励 ③能率栽桑の奨励 ④肥料対策 ⑤産繭確保奨励方針の普及徹底 ⑥研究委託<br>※各項目の細目については省略 |
| 経済部 | 1.貯蓄増加目標額 | 22万円（産業組合18万円、国債郵貯保険4万円） |
| | 2.金融事業 | 貸出金の整理／生産必要資金の貸出 |
| | 3.国民貯蓄 | 永安貯金、更生貯金は国民貯蓄組合貯金に登録／昭和17年9月義務貯金を産業組合の国民貯金とす／昭和18年度6万円の増加目標 |
| | 4.物資配給統制 | 配給の公平適切を期す |
| | 5.販売購買事業 | 購買部取扱目標高8万5千円 販売部取扱目標高8万5千円 |
| | 6.利用部 | 作業場設備の全能力を発揮する組合利用の奨励 |
| 教化部 | 1.必勝信念の啓培堅持 | ①宣戦の大詔奉読（諸会合） ②海ゆかば斉唱 ③大詔奉戴日行事（毎月8日） |
| | 2.時局認識深化 | ①時局講演会 ②時局問題講話 ③時局映画会 ④週報の普及 ⑤村民総動員訓練 |
| | 3.防空思想涵養と訓練 | |
| | 4.興亜生活の実践 5.家庭教育の振作 6.農村文化の昂揚 7.学校教育に対する理解と協力援助 8.徳行者の表彰 | |
| 厚生部 | 保健衛生に関する事項 | ①国民健康保険組合の活動（全村民の加入奨励、保健施設の強化） ②母性乳幼児の保護（妊婦の早期検診実施により優良児の出産に努む／乳幼児一斉診断（年3回）・優良児の表彰） ③国民体力検定実施 ④清潔法の施行 ⑤国民学校児童の体錬奨励並に給食 ⑥季節保育所の開設 ⑦村民運動会の開催 |
| | 防空警備に関する事項 | ①警防設備の充実 ②隣組防護班の活動（家庭防護組合の強化／組合長の訓練／各家庭の防空用具備付） ③防空精神の徹底強化 |
| | 銃後援護に関する事項 | ①応召兵、現役兵の激励慰問（入退営者の送迎は盛大に行う／慰問文の発送〔月ごとの各種団体への割当は省略〕／慰問雑誌の発送／慰問袋の発送） ②軍人遺家族の援護（慰安激励会年3回／家庭訪問／生活援護・労力奉仕・軍事扶助の完璧を期す） ③戦没軍人の弔慰及び招魂祭 ④帰郷軍人・傷痍軍人の生業援助 ⑤軍人援護相談所 ⑥方面事業（方面委員会 毎月5日／結婚斡旋／時局認識：幻灯機・紙芝居利用／年末同情金募集） |
| | 職業補導に関する事項 | ①離職者の職業斡旋（帰還軍人・傷痍軍人の職業補導） ②労務動員協議会の開催 ③大陸拓士の進出指導 |
| | 労力対策に関する事項 | 共同作業・共同炊事の研究（軍人遺家族の勤労奉仕／農閑期の労力奉仕） |

出典：『木津村報』号外（1943年1月24日）より作成。

知に力点がおかれていたことがわかる。

**表5-7**を第二章の**表2-3**、**2-4**と比較してみると、「大政翼賛実行計画」の組み立ては、「自力更生計画」を踏襲していることがわかる。ことに各部の構成は、名称こそ異なるが更生計画のそれをほぼそのままスライドさせたものと言えよう。とはいえ、当然のことながら、「大政翼賛会実行計画」には戦時ならではの活動内容が多く盛り込まれている。たとえば、産業部では、主要食糧増産が重点化され、各戸に責任数量が割り当てられる一方で、果樹では反当収穫増加、養蚕では能率飼育の奨励などの言葉に見られるように、経営の拡大を目指すものではなくなった。これまで木津村が力を入れてきた多角化への道は大きくねじ曲げられてしまった。

経済部の計画では、貯蓄増加目標額が設定されて貯蓄が半ば強制され、物資配給統制が重要な課題として浮上した。更生計画では、負債の整理と家計の改善によって各戸の生活の改善が目標とされたが、「大政翼賛実行計画」は一転して収奪と統制のシステムを作動させるプログラムへと変貌を遂げている。教化部については、戦争遂行のための精神動員へと一元化されたことは言うまでもない。要するに、「大政翼賛実行計画」は、組織の組み立て方については更生計画の実績を利用し、また取り組みの内容も利用できる部分は利用しつつ、すべてを総力戦体制へと一元化させていくものであった。

しかるに、役場文書によるかぎり、その移行は円滑に粛々と進んでいるように見える。と言うよりもむしろ、村の側にも自らその動きを受け入れ、積極的に順応していく要因があったことを見逃すべきではない。そうでなければ、一九四三年一〇月、軍人援護強化運動最終日に、木津村の銃後奉公会が京都府知事から表彰を受ける[60]といったことはありえないだろう。更生計画から銃後奉公会、そして大政翼賛会へと、役場を中枢とする指導層を中心に、組織化の熱意は持続したのである。

## 戦局の悪化と決戦貯蓄

ここでまた、一九四三年後半から四四年にかけての戦争の推移と村の動向をたどっておこう。一九四三年九月、イタリアが連合国に無条件降伏し三国同盟の一角が崩れた。月末の御前会議は、「千島、小笠原、内南洋（中、西部）及西部ニューギニア、スンダ、ビルマヲ含ム圏域」を「絶対国防圏」と設定した。これは、圏外となるラバウルなどにいた多くの将兵が置き去りにされることを意味したが、それどころか現実には、圏内を守り切ることさえ不可能な情勢が刻々と迫っていた。一一月にギルバート諸島、翌年一月にマーシャル諸島と、アメリカ軍は着々と進攻し日本軍は各地で「玉砕」した。二月半ばには、アメリカ軍は絶対国防圏東端のトラック島（カロリン諸島）を猛爆し、日本側は艦船四三隻・航空機二七〇機を失った。

一九四三年一一月二〇日に発行された『木津村報』一三四号は、「一一月の常会徹底事項」として、「総員戦闘配置につけ」という国家の要請に応えて、軍需生産の急速増強と「日満通ずる食糧の絶対的自給態勢を確立」すべきことを伝えている。そのために、①新穀感謝の念を深め、来年の増産に備えること、②ニッケルや銅などの補助貨は全部引き換えること、が提起されている。詳しく見ると、①の前半は精神面での訓戒で、後半は食糧増産のための土地改良の話になっている。全国で一〇〇万町歩の改良を四ヵ月間で達成するために、木津村は何をしなければならないかを解説している。②はニッケルや銅が具体的に何に使用されるのかを説明し、一家庭一枚の銅貨を出せば、三〇〇機の飛行機の資材ができるとし、取り組みの意義を丁寧に述べている。三〇〇機という機数は、皮肉なことに、この村報発行の約三ヵ月後にトラック島で喪失する航空機の数にほぼ一致する。

年が明けて一九四四年一月、前年度と同様に号外が出され、昭和一九年度の「大政翼賛実行計画」大要が掲載されている。**表5-8**がその内容である。細目を省略したので前年の**表5-7**とそのまま比べられないが、部の構成が変化していることがわかる。教化部と厚生部が統合されて文化部に一本化され、総務部の分担内容が明らかに脹らんでいるのである。機能的な役割分担を行う余裕がなくなり、総務部が自ら統制を強める組織に改編されたと言えよう。

その数ヵ月後、一九四四年五月一五日に発行された『木津村報』一三七号は、「昭和十九年度国民貯蓄増強方策」と題して京都府の通牒を一面に転載している。片仮名まじりの文体は、それまでとは異なる強い緊張感を読者にもたらす効果があった。この通牒は、「戦勝ノ要訣ハ国家ノ総力ヲ挙ゲテ戦力増強ノ一点ニ集中スルニアリ、而シテ国民貯蓄ノ増強コソ之ガ絶対要件タリ」とし、「決戦貯蓄ノ真義徹底」と「決戦生活ノ断行」を指示している。

**表5－8　昭和19年度木津村大政翼賛実行計画大要**

| | |
|---|---|
| 総務部 | 1．諸機関の運営連絡<br>2．優良部落の選奨<br>3．部落会隣組指導<br>4．常会及委員会開催<br>5．国民貯蓄<br>6．国民徴用<br>7．幹部養成<br>8．徴兵徴募<br>9．防空警備<br>10．軍人援護<br>11．方面事業<br>12．部落計画の樹立指導 |
| 経済部 | 1．貯蓄目標額25万円<br>2．金融事業<br>3．国民貯蓄吸収強化<br>4．物資配給<br>5．購買販売<br>6．利用事業<br>◆農業＊<br>◆養蚕＊<br>◆森林組合＊ |
| 文化部 | 国民精神錬成昂揚<br>戦時生活の実践<br>農村文化建設<br>健民生活の徹底<br>健康家庭表彰 |

出典：『木津村報』号外（1944年1月24日）より作成。
注：＊の項目の配列に混乱が見られるので、昭和18年度に即して整理し直した。

当年度の増加目標額は、国家全体で三六〇億円、京都府が九億円であった。この目標額に関わって、これまでの経過をもう一度振り返っておこう。国民貯蓄組合法が制定された一九四一年度の目標額は一三五億円、翌一九四二年度は一挙に二三〇億円、一九四三年度は二七〇億円であった。したがって三六〇億円という額は、四一〜四二年度ほどの伸び率ではないとはいえ、相当な増額であったと言えよう。にもかかわらず、四四年の九月、さらに五〇億円の追加が閣議決定され、結局四四年度は四一〇億円となった。

このような目標額を受けて『木津村報』は、木津村の「増加目標」を二九万六〇〇〇円、一戸あたり九八七円、一人あたり一七二円に設定したと報じている。このうち、国債債券が村全体で三万四〇〇〇円とされ、さらにそのうちの二万一六〇〇円が住民税を基準に各区に割り当てられている。[61] 国民貯蓄における一人あたり何円という基準値の設定は、実行の点検と監視を徹底する作用をもった。京都府の通牒の中の「決戦生活ノ断行」という項目では、勤労の責務、配給物資のみによる生活態勢の確立や、無駄を排除した物資の完全利用など、生活統制も同時に強調されており、国民貯蓄運動が国民を総力戦体制に拘束する重要な道具であったことを証明している。

こうした村の取り組みの一方で、軍を通じた在郷軍人会の活動の強化がはかられている。すでに、一九四一年一一月の兵役法施行令改正と翌年二月の兵役法改正によって、これまでは召集の対象とされていなかった第二国民兵も、兵籍に編入されることになった。これを受けて在郷軍人会も会則を改正して、第二国民兵を会員とすることにした。すでに、日中戦争開始後、未入営補充兵の軍事教育・訓練が分会の役割として課され、さらに一九三八年末には第二補充兵も会員となっていた。[62] 動員可能な在郷軍人数がどんどん減少していく中で、さらなる会員拡大が必至となったのである。

その結果、それらの未入営・未教育者の教育が分会の事業の最も重要な柱となっていった。一九四三年の木津村の「分会状況報告書」はそのことを鮮やかに示している。教育に関する項目では、簡閲点呼予習教育（五回）、軍隊宿泊訓練予習教育（三回）、第二国民兵教育（四回）、未召集補充兵教育（四回）、夜間行軍（第二国民兵一回）、分会査閲予習教育（四回）、銃剣術予選会（全員一回）と報告されている。銃後後援の取り組みについては、慰問文発送、遺家族慰問、遺家族慰安激励会、戦没軍人の墓参、慰霊祭、勤労奉仕、出征軍人の見送りが列挙されている。その他にも、徴兵検査の立ち会いはもちろん、帰郷軍人の援護指導、他村村葬への参列など、その活動内容は多岐にわたっている。[63]

少し先走るが、注目されるのは、翌一九四四年五月の第二次連合分会長会同における師団長の講演である。[64]その中で師団長は、この年から徴集されることになった朝鮮人について、「家庭並戸籍ノ整理或ハ学力向上ニ関シ特ニ隣組及町内会等ヲ通シ之カ指導ノ徹底」を期すよう指示している。朝鮮人に対しては一九三八年に陸軍特別志願兵制度が導入されていたが、一九四四年四月から徴兵制が実施されることになったためである。

## 迫る空襲の脅威

在郷軍人会の活動強化とともに、一九四三年末頃から顕著になっていくのは、防空体制の強化である。その根拠となる防空法は、一九三七年の制定後、四一年一一月、四三年一〇月と二度の改正を経ている。改正点を細かく説明すると煩雑になるので、国民動員に関わる部分についてのみ言及しておこう。

第一次の改正では、動員の対象は「特殊技能ヲ有スル者」に加えて「防空ノ実施ニ関スル特別ノ教育訓練ヲ受ケタル者」を含むようになった。また、基本的に国民の事前の避難を禁止し、防火に協力することが義務づけられた。第二次の改正では、防空業務に「分散疎開」が加わり、「一定ノ区域内ニ居住スル者ニ対シ期間ヲ限リ其ノ区域ヨリノ退去ヲ禁止若ハ制限シ又ハ退去ヲ命ズルコトヲ得」（傍点は改正部分）とし、実質的に人口疎開を強制することができるようになった。

一一月には特別防空訓練が京都府一円で行われた。防空訓練は毎年数次にわたって行われてきたが、今回は、防空監視哨において仮設敵機発見の場合「大、中、小」ではなく、機種名を報告することとした。おそらく監視能力の向上を念頭においたものだろう。また、これまであまり完全ではなかった僻地への伝達に徹底を期すよう注意を促している。[65] 翌一二月には京都市防空総本部が設置され、都市域での本格的な防空体制の構築が始まった。京都府の機構も決戦態勢確立のため見直され、一九四四年四月、内政部学務課に動員係と錬成係が設置され、七月には警察部に国民勤労動員課と輸送課が設置された。[66]

その間、六月一五日、アメリカ軍はサイパン島に上陸し、翌日、中国の基地から飛び立ったB29爆撃機が北九州を空襲。加えて一九、二〇日のマリアナ沖海戦で、日本海軍は空母・航空機の大半を失ってしまった。七月八日、サイパン島で日本軍が全滅すると、不満・不信を押さえきれなくなった東條内閣は総辞職し、同じ陸軍大将の小磯國昭が首班となって組閣した。八月初めにかけて、マリアナ諸島のグアム島・テニアン島でも次々に日本軍は全滅し、「絶対国防圏」は崩壊した。

戦況が目に見えて悪化しつつある中で、マリアナ沖海戦の直後、網野警察署長の署員に対する訓示が管下の警防団に伝達された。[67] 訓示は、B29による北九州空襲の際、一年ぶりに防空警報が発令されたが、そのときの警備状況・管制状況について「徒ニ形式ニ流レ真剣味ヲ欠キ居ルモノ相当アリ」と戒めている。「形式的ナフシダラナ勤務振リニ接スル時、私ノ激情ハ勤務スル人々ノ非国民的ナ態度ガ眼底ニ焼キツケラレテ悲憤ト慷慨終日楽シムコトガ出来ヌノデアル」という怒りに満ちた強圧的な言葉も伝えられている。本土空襲の危険が現実のものとなったことに対する強い危機感を抱いた防空訓練の主導者側と、その駒として動かされている側の意識のギャップが露呈している。

　網野警察署はさらに七月一〇日、「防空措置ノ徹底促進方ニ関スル件」[68]を管内町村長・警防団長に通知した。この文書は、六月一六日と七月八日に出された警報下での防衛措置が、完璧とは言いがたかったとし、将来注意すべき事項を列挙している。警報の伝達方法、灯火管制の徹底、各戸における防空処置について具体的に記し、ことに「婦人ノ教養ノ必要」「婦人ノ関心ヲ昂揚」することを強調している。また、「戦局ノ急迫化ハ〔ニヨッテ〕当地方ニモ待避壕ノ設置ヲ考ヘネバナラヌ時期ガ来マシタ」として、役場、警防団、学校、工場が率先してそれを実施するよう促している。

　この文書に付随して「警報伝達アリタル時ノ措置」[69]という手書きの文書も綴じられている。これは、部落会長・隣組防護係長・各戸が警報伝達時にどのような措置をとるべきかを示したマニュアルである。各戸は敵機の爆音が聞こえたら一名を残して待避すること、爆弾や焼夷弾による災害が起きたら避難所から飛び出し、隣組員や警防団に大声で知らせ「消火ニカヽルコト」とされ、防空・消火活動の一端を担うことが指示されていた。

　京都府レベルでの防空体制は、七月に一挙に進展する。七月一七日からの臨時府会で建物疎開の予算審議が行われ、二一日には疎開実行本部を設置、翌日には疎開相談所を設置している。その後、ひと月ほど間を置いて九月五日に防空総本部が設置された[70]。これによって、行政機構における本格的な防空体制が成立したと言えよう。

### 「一億国民総武装」

　小磯内閣は組閣後「一億国民総武装」を掲げ、各地では竹槍訓練が始まった。「総武装」を主導する在郷軍人会は、九月一〇日を在郷軍人の精鋭からなる国土防衛隊編成完結日とし、その翌日には、「郷軍蹶起動員態勢」を確立するため、全国一斉に暁天動員を行った。戦争完遂を目的とする国策映画の「日本ニュース」は次のようにその様子を伝えている。

非常事態に備えて立ち上がった帝国在郷軍人会は、九月一一日、全国一斉に暁天動員を行い、国土防衛隊を組織。常在戦場の緊急配備を完了した。この日、東京でもいまだ明けやらぬ午前四時半、それぞれその結成式を決行。滅敵護国の誓いも固く、烈々の闘魂を分列に見せて、国民総武装の先端を行く。(71)

こうした光景が東京にかぎらず、全国津々浦々で見られたのである。

京都では、帝国在郷軍人会京都支部長が連合分会長・分会長に対して、九月一一日早朝、分会ごとに各神社社頭などで暁天行事を実行するよう指示している。示された「次第」によれば、「宣戦ノ詔書奉読」のほかに、「滅敵護国ノ誓」の斉唱も挙がっている。「日本ニュース」のそれよりもやや長い「誓」が次のように例示されており、こちらの方がまだ内容がある。

我等は大元帥陛下の股肱なり、皇軍と協力仇敵を撃滅し皇国を護持して宸襟を安んじ奉らん
我等は在郷軍人なり、愈々軍人精神を鍛練して、国家の干城国民の中堅たるの実を挙けん
我等は生産戦の戦士なり、日々の職場に軍人精神を発揮して敢闘し皇国臣民の道を守り貫かん
我等は銃後闘魂掲揚の原動力なり、飽くまで聖戦完遂の気魄を堅持し郷閭に垂範せん
神勅日の如く神州悠久なり、我等は聖戦の礎石に甘んし天業恢弘挺身して神霊祖霊に応へん

「国家の干城」「国民の中堅」「生産戦の戦士」としての在郷軍人に対して、「聖戦完遂」のために従来よりも一段高い水準で国民を指導することを求めている。

実際、木津村役場文書の中には、『防衛隊訓練の参考』[72]という冊子が残されており、訓練を本格化する準備が進んでいたことがうかがわれる。この冊子は、帝国在郷軍人会京都支部が作成したもので、二段組・九頁にわたってびっしり書かれた戦闘マニュアルである。目次だけ記すと、「一、組の格闘法に就て、二、方向維持の方法に就て、三、対落下傘部隊射撃の要領、四、防衛隊を以てする遊撃戦闘に就て、五、竹槍製作要領、六、竹槍術訓練指導要領、七、投石法に就て、八、接戦格闘法に就て」、となっている。一の「組の格闘法」とは、二名以上の敵に対して三名が組を作っていかに闘うかを解説したものである。二の「方向維持」とは、磁石や地図を使って進行方向を確定・維持することを意味する。

本土決戦を想定した準備がこうして始まった。この冊子は、装備不良のため手榴弾を使用できないから投石で代用するとも書いており、竹槍ともども原始的な戦闘法に頼らざるをえない防衛隊の実態をさらけ出している。問題はいかに彼我の兵器に懸隔があろうとも、「聖戦完遂」すなわち本土決戦の準備が進められようとしていたこと自体にある。

さて、木津村の場合、国土防衛隊はどのように結成されたのだろうか。残念ながらそれを直接示す史料は見当たらない。ただ、一九四五年一月の『木津村報』には、前年一二月下旬、在郷軍人動員態勢強化にともなう「出戦準備特に防衛隊の教育訓練の徹底強化を図る目的を以て」、浜詰村で「郷軍分会査閲実施せらる」とある。これによれば、防衛隊はすでに結成されていることは確実である。[73]

こうした「一億国民総武装」が進められた背景には、一九四四年後半期の戦局の急速な悪化があった。マリアナを攻略したアメリカ軍はフィリピンを目指して進攻を始め、九月半ば、フィリピン西方のパラオ諸島の島々を攻略して足場を築いた。次いで一〇月九日から一二日にかけて、アメリカ海軍第三艦隊は南西諸島・台湾を空襲した。この間、日本軍は、米軍主力との決戦方針を定め、フィリピンに重点を置き、ルソン島での地上決戦を予想して兵力の集中を図った。一〇月一八日、アメリカ軍はレイテ島に迫り、これに反応した日本軍との間で陸海の決戦が行われた。日本海軍は戦艦三隻・空母一隻など多くの艦船を失い、連合艦隊は潰滅、日本陸軍もレイテ決戦で戦死者八万名弱を出して一二月には全滅状態になった。

こうした戦局の悪化を反映して、人心の動揺は少しずつ広がり潜在化していった。この間、毎年行われてきた行事のいくつかが中止された。京都霊山護国神社では、毎年、春季合祀大祭に祭神縁故者全員を招いていたが、来年は中止することを、奥丹後地方事務所が各町村に通報している[74]。一二月には、同様に毎年行われていた京都府戦没軍人軍属慰霊祭を今年は取りやめる、という通知も出している[75]。恒例の事業の取りやめは、戦局の厳しさを人々に印象づけたことだろう。すでに一〇月、奥丹後地方事務所は、軍人援護強化徹底を通知するかたわら、軍人援護に対する関心、熱意が薄らぐ傾向が一部にあるように見受けられるが、そのような「動向原因対策並具体的事例アラバ」その概要を報告するよう指示している。同時に、傷痍軍人、軍人遺族・家族においても、「指導上特ニ注意ヲ要スルガ如キ言動ヲナス者アラバ」その概要を報告するよう命じている。

一九四四年一一月の『木津村報』にも、動揺の広がりを推測できる記事がある。翼賛壮年団「一億総武装と農村」がそれである。この記事は、誰もが兵隊のように剣を取り銃を構えて武装するわけにはいかないが、最も大切なのは「心の武装」だとしている[76]。前述の通り、翼賛壮年団の署名がある記事の多くが、農事関係であったのに比べると、大きな様変わりである。

しかし実際には、村当局が把握している以上に問題は深刻であった。九月から一二月にかけて、木津村出身者は相次いで八名が戦死している。所属部隊は、歩兵第二〇連隊三名、中部第三七部隊（伏見）・土浦航空隊・舞鶴海兵団が各一名、不明が二名である。日中戦争開始後一年ほど経った頃から、伏見・福知山では多くの連隊が編成されるから、応召者は必ずしも第一六師団に所属するわけではない。ただ、右の戦死者は所属不明の二名を除き、いずれもフィリピンでの陸・海戦で戦死している。この頃には戦死の通知は相当に遅れており、『木津村報』一四〇号（一九四五年一月）の「亡くなった人」欄は前年四月からの死者をまとめて掲載しているが、戦死情報は、一年近く前の四三年一一月から一二月が五名、四四年の六月と一〇月が各一名となっている。村葬の執行状況から判断すると、戦死公報は遅ければ一年かかる場合もあったと推定される。(77)

註

（1）『木津村報』一一九号（一九四一年三月一〇日）。
（2）『木津村誌』二八三、二八七頁。
（3）『木津村報』一一九号。
（4）木津村役場文書771『木津青年団史（昭和7年発行）・橘青年会史（昭和27年発行）』。
（5）文部省［編］『学制百年史』（一九七三年）一〇〇頁。
（6）青年学校の義務化の意味については以下を参照。小澤熹「国家総動員体制下における教育制度改革――青年学校男子義務制化への動き」（『東北女子大学・東北女子短期大学紀要』五〇、二〇一二年）、同「国家総動員体制下における教育制度改革2―― 青年学校教育男子義務制実施案要綱の提示とその特色」（同前、五一、二〇一三年）、同「国家総動員体制下における教育制度改革3――青年学校令改正による男子義務制度の成立とその意義」（同前、五三、二〇一五年）。青年学校の研究については、本書と関わりの深いものを挙げておく。佐々木尚毅「青年学校」（寺崎昌男・戦時下教育研究会［編］『総力戦体制と教育』第四章第二節、東京大学出版会、一九八七年）、八本木浄『戦争末期の青年学校』（日本図書センター、一九九六年）、向井啓二「滋賀県今津町の青年学校について」（『種智院大学研究紀要』五、二〇〇四年）、海老沼宏始「青年訓練所と青年学校に関する一考察――千葉県を例に」（『帝京大学文学部教育学科紀要』三七、二〇一二年）。

（7）海老沼同前、一二六頁。錬成概念を用いて総力戦下の教育を分析した前掲『総力戦体制と教育』序章は、全国民を対象とする「錬成体制」が国家のレベルで成立する過程を、次の四期に分けて説明している。第一期は一九二〇年代後半以降から三五、六年まで、第二期は四〇年頃まで、第三期は四三年頃まで、第四期は四五年まで。文部官僚によって思想対策・教学刷新の原理として「錬成」が創出され（第一期）、やがてそれが教育用語として市民権を確立するにいたり（第二期）、その後、全国民を対象とする国家レベルの「錬成体制」は機構的に確立した（第三期）。決戦段階を迎え、戦局の悪化によって「錬成は「特攻」精神に象徴されるような国民を死へと誘う狂気の「自発的」強制装置と化し」た（第四期）、とされている（一五～二〇頁）。本書では、第五、六章で地域社会の中からどのような経緯で「特攻」精神が出てくるのかを問題としている。

（8）一九三八年四月一九日の閣議で国民貯蓄奨励に関する件が決定された。その結果、大蔵省内に国民貯蓄奨励局が設置され、諮問機関として国民貯蓄奨励委員会が設けられた。一九三八年度は実際に運動に着手したのが七月頃であったこともあり、目標額八〇億円に対して実績は七三億三千万円にとどまった（情報局［編］『週報叢書9　国民貯蓄組合法解説』（一九四一年）一〇頁）。

（9）同前、三～五頁。

（10）同前、二五～五五頁。

（11）京都市戦時生活局振興課［編］『昭和十八年度　国民貯蓄増強のしるべ』（一九四三年）二頁。

（12）石川健「十五年戦争期の国民貯蓄運動について――山口県内の貯蓄活動から」（『山口県地方史研究』八四、二〇〇〇年）は山口県内漁業組合の貯蓄運動と県内の部落会・町内会の貯蓄運動を分析している。また大石嘉一郎、西田美昭［編著］『近代日本の行政村――長野県埴科郡五加村の研究』（日本経済評論社、一九九一年）第四章第二節三で貯蓄奨励、国債消化運動について言及されている。

（13）『木津村報』一二四号（一九四一年九月一日）。

（14）木津村役場文書189『昭和十六年国民体力法・防空・海軍・警防・労務動員・金属類回収』、京丹後市編さん委員会［編］『史料集　総動員体制と村　京丹後市史資料編』第二章史料編2【86】（京丹後市役所、二〇一三年）

二三九〜二四〇頁。以下『史料集』【2-86】のように記す。

（15）同前、『史料集』【2-83】二三七〜二三八頁。

（16）この記事では、「婦人方面委員を設置して母性並に児童保護事業に参与せしめんとする」ものと説明されている。

（17）『木津村報』一二一号（五月一日）、一二二号（七月一日）、一二三号（八月一日）、一二四号（九月一日）。

（18）同前、一二七号（一九四二年一〇月一日）。

（19）木津村役場文書196『昭和十六年軍事援護・学事』、『史料集』【2-92】二四九〜二五〇頁。京都府学務部長・京都府総務部長・大政翼賛会京都府支部長の連名で、市区町村長・銃後奉公会長・大政翼賛会市区町村支部長にあてられた文書である。

（20）軍事保護院［編］『銃後奉公の誓』（一九四二年）。

（21）『大阪毎日新聞』（一九四一年九月一三日）。

（22）木津村役場文書189『昭和十六年国民体力法・防空・海軍・警防・労務動員・金属類回収』、『史料集』【2-93】二五〇〜二五三頁。

（23）「3大日本翼賛壮年団要覧」、JACAR：B02031308800（第4画像目）、大政翼賛運動関係一件 第五巻（A.5.0）（外務省外交史料館）。

（24）木津村役場文書207『昭和十七年大政翼賛』、『史料集』【3-4】二五八頁。翼賛壮年団については、金奉湜「翼賛壮年団論」（『歴史評論』五九一、一九九九年）、山本多佳子「地方青壮年にとっての国民再組織——壮年団から翼賛壮年団へ」（東京女子大学学会史学研究室『史論』四三、一九九〇年）を参照。金は翼壮が、国策を底辺まで徹底させ国民を協力に駆り立てる一方で、行政への批判や「下情」を吸い上げようとしたことを指摘し、「上から」と「下から」の動きを媒介する役割を果たしたと総括している。また、中央団の精動化とは異なり、戦局が悪化しても地域団は運動を展開する余力を備えていたことを強調している。一方、山本は、新体制運動の中で翼壮が国民再組織の実践団体となり、新たな担い手が参入することによって、地域の実践団体としての性格が変化したことを指摘している。

（25）木津村役場文書207『昭和十七年大政翼賛』。団長は一九四三年六月から一九四四年一一月まで井上正一。

（26）同前。
（27）同前。
（28）郷村役場文書13『傷痍軍人関係一件』、『史料集』【３－７】二五一頁。
（29）木津村役場文書207『昭和十七年大政翼賛』。
（30）同前。
（31）『木津村誌』一九二頁。
（32）『木津村誌』では、吉岡巌夫が戦死したことになっているが（六四七頁）、村葬の簿冊では村葬の対象になっていないことを確認できる。「身上明細書」によれば、現住所が兵庫県豊岡町となっており、数年前に家族ともども転居したことがわかる（木津村役場文書174『昭和十四年兵事・日支事変』）。このように戸籍がそのままで移転した場合などは、公葬がどのように行われたのか、あるいは行われなかったのか、検証が必要である。
（33）木津村役場文書200『昭和十七年兵事・軍人援護』、史料集【３－13】三六五～三六六頁。
（34）『木津村報』一二七号。
（35）木津村役場文書207『昭和十七年大政翼賛』。これらの運動のうち、ヒマ栽培献納運動は九ヵ月間。堆肥生産倍加運動と飼料自給増産報国運動の期間ははっきりしないが、長期的な取り組みであったと思われる。
（36）『木津村報』一二七号。
（37）赤澤史朗ほか［編・解説］『資料日本現代史12大政翼賛会』（大月書店、一九八四年）二二五～二二七頁。
（38）『木津村報』一二九号（一九四三年一月一日）。なお、「四」の藁工品は荷造用のもので、これがないと物資の輸送に差し支えること、「五」の補助貨幣の回収は前月から実施されていて、含有されている銅やニッケルが軍需品として重要であることが説明されている。
（39）木津村役場文書207『昭和十七年大政翼賛』。
（40）『木津村報』一三一号（一九四三年六月二五日）。
（41）内容は、「麦作必行事項」、「甘藷温床準備は今から」、「甘藷切干の簡易製法」である。
（42）籠谷次郎「戦死者の葬儀と町村――町村葬の推移についての考察」（『歴史評論』六二八、二〇〇二年）。白川哲夫「慰霊・追悼と公葬」（『地域のなかの軍隊９　軍隊と地域社会を問う』吉川弘文館、二〇一五年）も参照。

なお、羽賀祥二「戦病死者の葬送と招魂——日清戦争を例として」(『名古屋大学文学部研究論集　史学』四六、二〇〇〇年)も対象時期は異なるが参考になる。
(43)木津村役場文書504『戦病死者村葬一件』。
(44)同前。
(45)一ノ瀬俊也『銃後の社会史——戦死者と遺族』(吉川弘文館、二〇〇五年)五六～一五九頁。
(46)木津村役場文書196『昭和十六年軍事援護・学事』、『史料集』【2-88】二四一～二四二頁。
(47)『自昭和十五年度至昭和十七年度田村国民学校日誌』(京丹後市教育委員会蔵)。
(48)木津村役場文書200『昭和十七年兵事・軍事援護』、『史料集』【3-24】二七七頁、木津村役場文書213『昭和十八年軍人援護』、『史料集』【3-35】二八七～二八八頁。
(49)木津村役場文書213『昭和十八年軍人援護』、『史料集』【3-26】二七八頁。
(50)森邊成一「地方事務所の設置と再編——郡制廃止後の郡域行政問題」(『広島法学』二三—四、二〇〇〇年)。なお、深見貴成「戦時期の地方事務所に関する一考察」(『神戸大学史学年報』二三、二〇〇八年)は、地方事務所の産業経済面での意義を強調し、配給・供出が重要な問題となる中で農業団体の補完的存在となったことを指摘している。
(51)木津村役場文書213『昭和十八年軍人援護』、『史料集』【3-32】二八二～二八三頁。
(52)同前、『史料集』【3-34】二八四～二八七頁。
(53)「軍人援護ニ関スル勅語」は、一九三八年一〇月三日に下賜された。
(54)木津村役場文書213『昭和十八年軍人援護』、『史料集』【3-36】二八九～二九二頁。
(55)同前。
(56)『週報』三五五(一九四三年八月四日号)表紙裏。
(57)木津村役場文書213『昭和十八年軍人援護』、『史料集』【3-36】二九二頁。
(58)同前、『史料集』【3-37】二九二～二九四頁。
(59)京都府立総合資料館[編]『京都府百年の年表1 政治・行政』(一九七一年)二五二頁。
(60)『木津村報』一三四号(一九三八年一一月二〇日)。

(61) 同前、一三七号（一九四四年五月一五日）。
(62) 加藤陽子『徴兵制と近代日本――１８６８―１９４５』（吉川弘文館、一九九六年）二四二頁、藤井忠俊『在郷軍人会――良兵良民から赤紙・玉砕へ』（岩波書店、二〇〇九年）二八六～二八九、三〇六頁。
(63) 木津村役場文書234Ｂ『在郷軍人分会書類』、『史料集』【3－45】三〇四～三〇五頁。
(64) 同前、『史料集』【3－54】三一一～三一二頁。
(65) 木津村役場文書211『吏員臨時手当・国民健康保険・交付金指令・方面事業・警防・金属回収』、『史料集』【3－42】三〇一～三〇三頁。
(66) 『京都府百年の年表１ 政治・行政』二五四頁。
(67) 木津村役場文書222『昭和十九年防空警防・公付金指令』、『史料集』【3－58】三一五～三一七頁。
(68) 同前、『史料集』【3－61】三一八～三二〇。
(69) 同前、三二〇～三二二頁。
(70) 『京都府百年の年表１ 政治・行政』二五四頁。
(71) 「日本ニュース」二二四号（一九四四年九月一四日公開）、ＮＨＫ戦争証言アーカイブス〈http://cgi2.nhk.or.jp/shogenarchives/jpnews/list.cgi〉（最終閲覧日二〇一六年三月一日）。
(72) 木津村役場文書234Ｂ『在郷軍人分会書類』、『史料集』【4－4】三三一頁。なお、「滅敵護国ノ誓」も同簿冊にあるが、『史料集』には未掲載。
(73) 『木津村報』一四〇号（一九四五年一月一日）。
(74) 木津村役場文書224『昭和十九年選挙・土木・軍事援護』、『史料集』【4－1】三二八頁。
(75) 同前、『史料集』【4－6】三三三頁。
(76) 『木津村報』一三九号（一九四四年一一月一日）。
(77) これらの戦死者の村葬は、一九四四年八月、一〇月に行われた（表5－5参照）。

# 第6章 戦争末期の村と復員

## 1 本土決戦態勢と国民義勇隊

### 本土空襲と神風精神

マリアナ諸島を攻略したアメリカ軍は日本本土空襲のための航空基地を建設し、一九四四年一一月二四日、B29による初空襲を行った。以後、東京・名古屋・大阪・神戸などの航空機工場や工業地帯を対象とした高高度からの爆撃が実行された。一二月八日、対米英開戦から四年目に入ったこの日、木津村では国民学校校庭で「米英撃滅村民大会」が開催され、寒気が厳しく雪が降る中、「多数村民の出席」があった。村民大会は、村長挨拶、国民学校長による村民大会決議文の朗読と続き、全員拍手によって決議文を可決し、万歳三唱して終了した。そのあと、衆議院議員中村三之丞の「今ソ米英撃滅ノ秋」と題する講演も行われた。「一億の憤激」を飛行機増産と米の増産に向けて、頑張り抜こうというのがその趣旨だったようである。講演終了後は、村の幹部有志が、夜遅くまで「胸襟を開いて」時局について話し合った(1)。

年が明けて、一九四五年一月発行の『木津村報』一四〇号には、村長の「年頭所感」が掲載されている。村長は、「比島海面に散つていく必死必中の空の烈士神風特別攻撃隊の報道は、全く熱鉄を噛《の》むの思ひであるが、而し日米決戦の現段階は今やその好まざる犠牲をも涙を呑んで敢へて断行せねばならぬ程に緊迫してゐると言ふことを、私共一億国民は此の際はつきりと銘記したいのであります(2)」と述べている。所感の趣旨は、「神風精神」は空の兵士だけのものではなく、それを「日常の生活の上に、生産の上に具現すること」がわれわれの使命だという点にある。次の頁にも、翼賛壮年団による「特別攻撃隊」という記事があり、「一億総武装憤激を新にし、必勝の戦意を昂揚し、戦力増強の実践に推進に、殉国捨身の突撃を行わねばならぬ」と同様の主張が繰り返されている。こうして、特攻（精神）は戦局の極端な悪化の中で、戦争遂行態勢を崩さず国民を動員するためにも不可欠なものとなったのである。

ところで、ここまで地域のことに視点を置いてきたために、応召者がどのような部隊に編入され、どこに行ったのかについては、あまりふれてこなかった。前章の**表5－4**で見た通り、出征兵士は戦域の拡大にともなって、広範な戦場・占領地に分散していった。**表6－1**に見られるように、多くの部隊が編成され、作戦の推移によってさまざまな地域に投入されていったのである。これらの部隊の主な作戦地域を示しておこう。「垣」は第一六師団の通称で、一九四四年九月に米軍がフィリピンのレイテ島に上陸して以降、壊滅的な打撃を受けた。「祭」は第一五師団の通称で、インパール作戦（一九四四年三月～七月）に参加し、これも大きな損害を出した。「安」は第五三師団の通称で、一九四四年末から翌年三月までのイラワジ会戦（ビルマ）に参加している。「嵐」は第一一六師団の通称で、中支方面でいくつかの作戦に参加している。「石」は第六二師団の通称で、外地に派遣された部隊としては最後に編成された。初めは中国山西省東部の警備にあたり、一九四四年四月から実施された大陸打

**表６－１　京都連隊区・福知山連隊区が編成に関わった部隊（歩兵）**

| 部隊名 | 通称号 | 終戦時<br>上部師団 | 編成地 | 編成時期 |
|---|---|---|---|---|
| 歩兵第9連隊 | 垣6554 | 16 | 京都 | 1874 |
| 歩兵第51連隊 | 祭7370 | 15 | 津／京都 | 1905／1938（＊1） |
| 歩兵109連隊 | 嵐6213 | 116 | 京都 | 1938 |
| 歩兵第128連隊 | 安10021 | 53 | 京都 | 1941 |
| 歩兵第20連隊 | 垣6555 | 16 | 福知山 | 1884 |
| 歩兵120連隊 | 嵐6212 | 116 | 福知山 | 1938 |
| 独立歩兵第13～15大隊 | 石 | 62（＊2） | 京都 | 1943 |
| 歩兵第349連隊 | 山城28227 | 316 | 京都 | 1945 |
| 歩兵第442連隊 | 護京22654 | 153 | 京都 | 1945 |
| 歩兵第444連隊 | 護京22656 | 153 | 京都 | 1945 |
| 歩兵第522連隊 | 比叡10253 | 216 | 京都 | 1945 |

出典:『別冊歴史読本　地域別日本陸軍連隊総覧（歩兵編)』24（123）新人物往来社、1990年）178～183頁より作成。
注1）＊1は宇垣軍縮で廃止されたが、1938年に京都で編成された。
注2）＊2は敦賀で編成された５大隊と合わせて、山西省太原で編成された。

通作戦に参加するが、途中八月に沖縄の第三二軍に転属される。**表５‐４**で沖縄での戦死者があるのは、そのためである。

## 疎開者の受け入れ

京都府が府下の市区町村などに人員受け入れの実施について通牒を出すのは、前年一〇月下旬のことである。京都府には知事を長とする「疎開受入協議会」が設置され、地方事務所が疎開希望者と受け入れ先との間にあって疎開を斡旋することになった。市町村においては受け入れ施設の調査を行い、台帳に記録するよう指導がなされている。疎開者は疎開後ただちに隣組に編入され、物資の配給や諸届については隣組長が担当することになっていた[3]。

木津村への疎開者の推移については、**図６‐１**を参照してほしい。一九四四年一一月からの統計しか存在しないが、もちろんそれ以前から疎開者は転入してきている。一一月の

**図6－1　木津村への疎開件数・疎開者数**

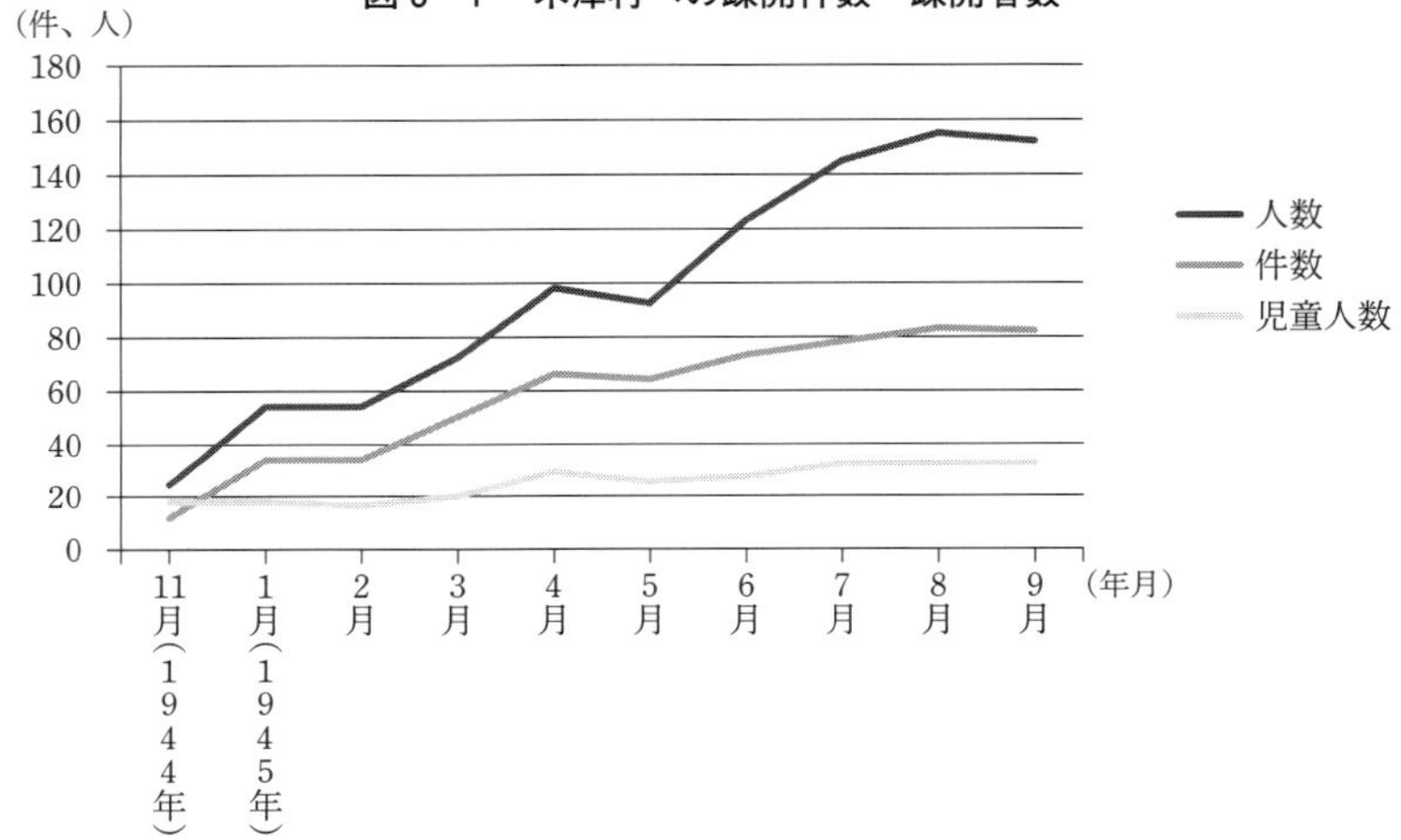


出典：木津村役場文書232『人員疎開一件』より作成。
注：当該時点での全疎開者の件数・人数を示している。

調査によると、木津村への疎開は一二件、二五名である。地域別の世帯数を見ると大阪府が五、兵庫県が四、東京都が二、京都府が一である。この時期は、学童の占める割合がかなり高い。疎開した学童の調査を見ると、一九四四年四月の事例が最初で、九月までに一八名が疎開してきている。

　四五年二月の調査によると、収容可能な世帯数は、空き家が一世帯分（一〇名分）、離れ家が三世帯分（二〇名分）、空き間が一世帯分（五名分）で、計五世帯分しかない。このほかの月にも、「収容余力見込」の調査項目があったのは確実だが、その部分だけが残っていなかったり、抹消の斜線が引かれたりしている。おそらく、二月段階で、ほとんどまともな収容空間がなくなったか、役場が限界だと判断したと思われる。ところが、図に見られる通りその後も疎開者は増え続ける。居住環境は相当に悪化していることが推測できる。実際、四月末の調査では、新たな疎開世帯二五のうち、間借りは一〇世帯で最多となっている。

一般に、疎開者との関係をめぐっては、受け入れた村内で軋轢が生じたと思われる。二月に京都府が出した「疎開受入態勢整備強化ニ関スル件」という文書は、「疎開者ノ悪口ヲスル前ニ隣組及部落会、町村ノ風習ニ慣ワセ善隣指導スル」よう指示していることが、間接的にそれを証明している。木津村での六月末の調査によると、縁故疎開が八件（二六名）、無縁故疎開が六八件（一一一名）、八月の調査では同じく一四件（二七名）、七二件（一三一名）となっていて、無縁故疎開が圧倒的に多くなっている（図とは多少誤差がある）。こうした事情が、疎開者と在住者との関係に「きしみ」をもたらす背景となったと考えられる。

増加した疎開者は、決して総力戦体制からはずれることは許されず、新たな統制の対象となる。そもそも、一九四四年一〇月末に京都府が通達した「人員疎開受入実施要綱」は、疎開は都市からの一時的避難・退去ではなく、「防衛都市建設ノ為ノ戦時配備」であり、「随ツテ疎開者ニ於テハ従来ノ都会生活ヲ払拭シ転出先ノ地方生活ニ馴染ミ軍需生産、食糧増産等戦力増強ニ積極的ニ努メシムル様」、大政翼賛会や翼賛壮年団が誘掖することを求めていた。同時に、市町村長に対しても疎開者との懇談会を随時開催するなど、疎開者の指導を行うよう指示していた。

それから半年後の一九四五年四月下旬、戦況の一層の悪化によって、そのような方針をただちに実行に移さねばならなくなった。奥丹後地方事務所は、疎開者の「無為徒食ハ断乎排撃」しなければならないとして、「農業生産面ニ活用」するか、就労・就職の斡旋をするよう各町村に指示している。特に、就労についての調査は執拗に行われている。調査は「稼働能力者」「稼働不能力者」を区分し、さらに後者について、学童、乳幼児、妊婦、老者、要介護者、家事担当者に分けた人数を報告させている。ちなみに、六月の木津村の調査では、転入者一二四名に対して「稼働能力者」が一八名、このうち就職者が七名となっている。

戦争末期のこの時期には、こうした京都府からの通達がどれだけ実効性をもったかは疑わしい。六月初旬の京都府の通達は、すでに各町村に設置するよう指示した疎開受入協議会を、未設置のところは急速に実行するよう督促しており、設置があまり進んでいないことを示している。また、木津村では、半数を大政翼賛会や翼壮関係者が占める疎開者指導委員九名を任命しているが、それを京都府に報告したのは、戦争終結後、八月二二日のことである。

## 空襲による罹災者と学童集団疎開

木津村に移ってきた人たちの中には、空襲による罹災者も含まれている。五月末にはそれらの転入世帯は三世帯（大阪二世帯、神戸一世帯）であるが、六月末には一三世帯（三〇名）に増加している。九月半ばには、さらに増加して二三世帯（六七名）となった。これらのうち、戦時災害保護法による給与金の支給を申請しているのは、役場文書で見るかぎり、全部で一七世帯である。大阪や神戸の空襲で住宅を失った人たちが多く、ここでも木津村との関係が明らかなのは八世帯にすぎない。

いくつか例を示せば、①木津村出身者で大阪で就職・居住し、三月一四日の空襲で焼け出され縁故をたどって帰ってきたが、縁故先も経済的に余裕がないため申請している事例、②同じく木津村出身者で東京で就職、日中戦争に際して応召したが傷痍軍人となり、五月下旬の東京空襲で焼け出されて家族四名で帰ってきた事例、③本籍地が兵庫県の一五歳の少女で、兄二名が応召していて、六月の神戸空襲に遭い、家が全焼したため移転してきた事例、などがある。

これらの罹災者は、木津村役場を通じて戦時災害保護法に規定された給与金を申請している。戦時災害保護法は、軍人・軍属以外の国民の戦災被害の一般的な保護を行うために、一九四二年に制定された。同法は、本来の施行日を前倒しして、四月一八日のドゥリットル空襲（日本本土への初空襲）から適用された。戦時災害とは、「戦争ノ際ニ於ケル戦闘行為ニ因ル災害及之ニ起因シテ生ズル災害」と定義されている。具体的には、航空機の来襲や潜水艦の砲撃による災害はもちろん、高射砲の破片や第三国の敷設した機雷による災害も包含する。保護の内容は、救助・扶助・給与金に区別されるが、煩雑になるので、深入りはしないでおこう。[4] 木津村で申請されている給与金は、いずれも住宅・家財が滅失した場合に給付されるものであったことを指摘しておけば十分である。ただし戦災保護法については、次の二点を指摘しておく。

第一に、戦争による損害はすべて国家が補償するという原則、すなわち「補償主義」に基づいていないということである。戦災保護法は軍事扶助法と同じように、真に国家の保護を必要とするもののみを慈恵的に保護する「救済主義」によっている。とはいえ、赤澤史朗が指摘しているように、空襲被害の甚大化にともなって支給資格審査の簡略化が行われ、事実上、補償主義の立場に接近していった。[5]

第二に、一九四六年九月に戦時災害保護法が廃止され、空襲被災者への援護が法制度から消滅したことも忘れてはならない。このことが、東京大空襲訴訟（二〇〇七年提訴）や大阪空襲訴訟（二〇〇八年提訴）などで提起されているように、戦時災害に対する国家責任・補償の問題を未解決のまま放置させることになった。

さて、もう一つ、疎開や移転に関わる問題として、学童集団疎開についてもふれておかなくてはならない。学童疎開の促進に京都府が乗り出すのはかなり遅く、四五年三月である。学童の疎開は縁故疎開を原則とし、それが困難な場合のみ集団疎開とする方針をとっている。集団疎開の対象となる児童は、京都市と舞鶴市の国民学校初等科三年から六年までで、保護者の申請によるとされている。京都市だけでその数は約一万三〇〇〇名で[6]、これを受け入れ町村に割り当てることになっていた。

木津村の場合は、四月に新舞鶴国民学校児童九六名を受け入れている。『木津村誌』では一〇六名となっているが、八月に役場が奥丹後地方事務所に報告した数値は九六名であり、ほかに派遣教員が五名、寮母が六名、作業員が四名となっている。児童は、村内の三つの寺院に分宿することになり、寺院は、舞鶴市学童集団疎開代表者と契約して、学童一名に対して月額四円六〇銭の使用料で宿舎を提供した。なお、戦争終結後、学童が木津村を引き揚げたのは一〇月のことである。

## 本土決戦態勢と在郷軍人会

一九四五年三月になると、戦局はいよいよ悪化の度を増した。アメリカ軍は二月後半に硫黄島に上陸。三月下旬に日本軍守備隊は全滅した。同月中旬から本土空襲は低高度からの焼夷弾爆撃に転換し、一〇日東京、一二日名古屋、一三〜一四日大阪、一七日神戸と相次いで大都市が爆撃された。

ちょうどこの頃、切迫した情勢を踏まえて、在郷軍人会京都支部長が分会長会議で講演を行っている。支部長は、本土戦場化を必至とし、郷土防衛隊の編成と活動について詳しく述べている[7]。郷土防衛隊の重要な意義は、軍の作戦準備に即応して、米軍の上陸防御と空挺部隊進入作戦に備えて訓練を強化し、国民抵抗組織の徹底充実をはかることにあるという。そのため「形式的観念的防衛隊ヨリ一歩前進シ郷土防衛ノ具体的活動ヲ基準」として次のことを提起している。①郷土防衛計画の樹立、②編成および隊員の掌握、③個人戦闘、少人数をもって行う「挺身戦闘」に重点を置く、④諜報・宣伝・謀略戦についても教育を行い、敵の思想攻勢に対し確固たる信念を堅持させる、⑤予想される戦闘の状況に応じた「応用兵器」を考案し、使用訓練に努める、といった内容である。

また、支部長講演は、戦局にともなう在郷軍人会の使命として、「国民戦争完遂意志」、軍需生産、食糧増産の三点において軍人精神を発揮することを求めている。軍需生産と食糧増産においても、軍人精神と「必勝ノ信念」がその基盤となると述べ、精神主義を一層強調している。そうならしめたのは、支部長自ら述べているように、「戦局ノ消長ニ一喜一憂シ」必勝の信念が揺らいでいることが危惧されたからであった。また、応召者が増大し幹部の獲得が困難となったばかりでなく、「職域ノ多忙ニ伴ヒ郷軍指導ノ時間的不足ヲ招来シツヽア」り、在郷軍人会の活動自体も危うくなっていた。

「国民指導」上の留意事項についても精神面の指示が多い。たとえば、食生活については最悪の場合、「原始民ノ如キ生活ニ還元スルモノト考ヘ、創意工夫ヲ凝ラシ如何ニ食生活窮屈化スルモ常ニ朗カナル心境ニ立チテ国民ヲ善導感化スルノ矜持ヲ発揮セシム」と述べている。精神主義の極致と言えよう。また、在郷軍人会はあくまでも「精神的実力的」であらねばならず、「黙々トシテ修養訓練に努メ」防衛隊発動時の準備を怠らぬよう命じている。他方で、各種の実践的活動に対して在郷軍人会が積極的になるあまり、「万事郷軍依存ノ風潮ヲ醸成シ各団体関係者ヲ萎縮セシメテ」その積極的活動を阻碍したり、「警察的態度」に堕してしまうことを戒めている。結局、具体的な活動として指示しているのは、航空燃料確保のために不可欠な甘藷の栽培、空襲時の身を挺した積極的活動、大日本婦人会の指導などであった。

この支部長の講演要旨は、在郷軍人会を「国内中核的推進力及先達」としながら、他団体との関係においては中心となって責任を負うことを回避しようとしている点が特徴的である。このような対処方針は、陸軍中央の意向を正確になぞったものであった。年初から陸軍内では「官民の義兵組織」「国民戦闘組織」について研究が進められていたが、在郷軍人をその中に包含するという決定はなされておらず、本土防衛態勢に向けての国民の組織化の主導権を内務省に譲っていた(8)。

三月二一日、大本営が硫黄島守備隊の玉砕を発表し、本土決戦は目睫の間に迫った。翌々日、閣議で国民義勇隊を組織することが決定された。とはいえ、国民義勇隊が末端で実際に組織されるまでに約二ヵ月もかかっている。その原因の一つは、組織の性格をめぐって理解のズレが存在していたからであった。小磯内閣は、国民が国土防衛に関して軍の指揮にしたがい、場合によっては武器を取って闘うことを考慮していたが、閣内には、国民総武装といっても広い意味の総武装と解し、国民が直接武器をもって戦闘に参加することには否定的な意見もあった。[9] そのことが、閣議決定の内容を曖昧にしていた。

また、閣議決定を行った小磯内閣と四月初旬に成立した鈴木貫太郎内閣との間にも、解釈の相違があった。前内閣は主として勤労出動を想定していたが、鈴木内閣は職域における任務完遂を第一義としていた。[10] そうしたさまざまな不一致が影響したのだろうか、四月末になって、内務省はやっと各都道府県に「国民義勇隊ノ組織ニ関スル要綱」を示して、その編成を命じた。

この間、四月初めから沖縄戦が本格化し、沖縄本島中部の西海岸に上陸したアメリカ軍は東海岸へと進軍し、続いて北部を占領した。ちょうど首里で激しい戦闘が行われていた五月中旬、京都府は府下の市町村に対して急速に国民義勇隊の組織を完了するよう指示している。

## 国民義勇隊の編成

当時の新聞は、国民義勇隊について、本土防衛体制を完備するとともに、生産と防衛の一体的強化をはかりつつ、事態が急迫した場合には、一般国民を武装化して戦列に参加させるため組織されると説明している。また、「小磯前内閣が発足当時標榜した国民総武装は、ここに具体的態容を具現したものというべく」、「一億総突撃の態勢はここに逞しい第一歩を踏み出した」とも述べている。[11] とはいっても、国民義勇隊員は直接戦闘に参加するのではなく、法的には非戦闘員で、情勢が緊迫した場合に対応する武装組織については特別の措置が講じられるとして、「一億総突撃」が誤解されないよう説明を加えている。

国民義勇隊の組織系統の概要は、**図6–2**に示されている。国民義勇隊は地方ブロックごとに構成され、地方長官（知事）が郡連合国民義勇隊をはさんで地域組織と職域組織を統率するという特徴がある。興味深いことに、この図では地方長官はどのような命令系統に属するのかが示されていない。その理由は、地方長官を統率する中央機関が設けられず、内務大臣が地方長官を指揮するという行政ルートに依存していたからであった。

さらに注目される点は、最終的に、大政翼賛会およびその所属団体（大日本婦人会、大日本青少年団、大日本商業報国会、農業報国会）、翼賛壮年団は解散し、国民義勇隊に統合されたことである。[12]日中戦争後、総力戦体制を支えるために編成された団体の多くが解散することになったわけである。その意味で、国民義勇隊の編成は戦時体制がまったく新たな段階に突入したことを示している。

では、実際に地域において国民義勇隊はどのように編成されたのだろうか。内務省の要綱を受けた各都道府県は、本部の職制・幹部などを定めてその結成を急ぐとともに、各々の要綱を作り市区町村・地方事務所に通達した。京都府の場合、五月二四日に石清水八幡宮において結成報告祭と結成式を行っている。[13]六月中旬までには、府内のすべての市町村に国民義勇隊が結成された。[14]木津村では、五月一一日付で京都府から通知された要綱に基づいて、木津村国民義勇隊の綱領・規約・義勇隊出動計画が作成された。それらは、要綱にある「目的」の項目を「綱領」に、「組織」の項目を「規約」に、「出動様式」の項目を「出動計画」に改めて三つの文書とし、市町村という一般名称を木津村に修正したり、木津村に該当しない字句を除いて整えたものである。[15]これまで何度も繰り返し行われてきたやり方であり、当然、全国で同じことが行われたはずである。

図6－2　国民義勇隊系統図

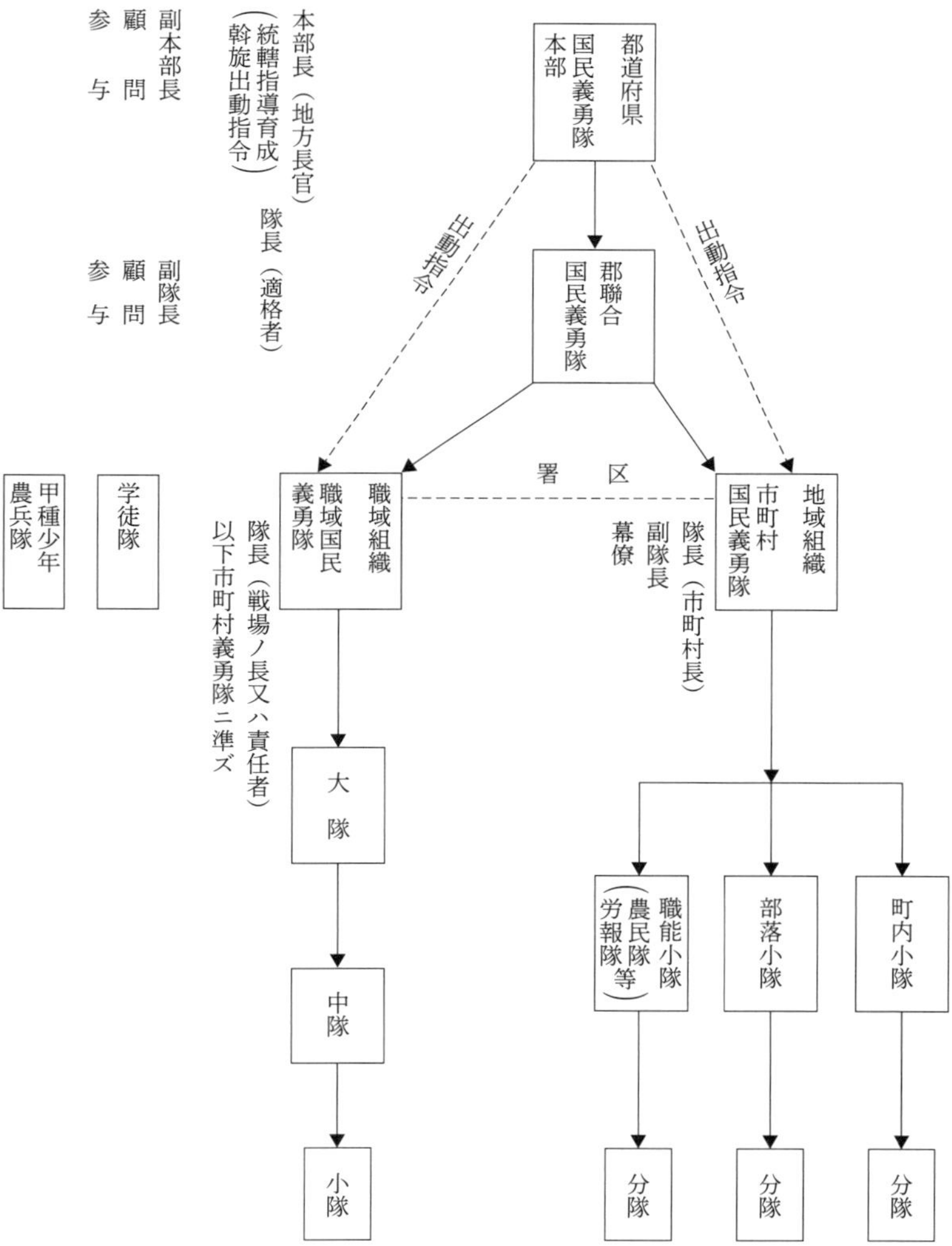


出典：北博昭［編・解説］『国民義勇隊関係資料』（不二出版、1990年）15頁。

「綱領」によれば、国民義勇隊の任務として挙げられているのは、「防空及防衛、食糧及軍需ノ増産、空襲被害ノ復旧」のほか、陸海軍部隊の作戦行動の補助として陣地構築や兵器・弾薬・糧秣の補給を行うこと、防空水火消防などの警防活動の補助であった。組織の編成については「規約」で定められている。組織は、部落会を単位小隊とし、男子隊と女子隊に分かつとされ、男子隊は国民学校初等科修了以上六五歳以下、女子隊は国民学校初等科修了以上四五歳以下（病弱者と妊婦を除く）が対象となった。また、「規約」では、実際に隊が出動するにあたって、陸海部隊補助の場合は当該部隊長の指揮下に入り、警防活動の補助の場合は当該官署長の指揮を受け、作業や工事の場合は施行者の要請にしたがって行動する、と規定されている。これについては、三月の閣議決定で示された運用方針[16]をそのまま踏襲している。

組織の編成について見ると、国民義勇隊の「隊長」には村長が就き、そのもとに「副隊長」として在郷軍人分会長が、「幕僚」には、助役、兵事主任（警防団長を兼任）、収入役、大日本婦人会支部長が選ばれている。ただし、中山知華子が指摘しているように、「副隊長」「幕僚」の任命については若干のいきさつがある。五月の時点で奥丹後地方事務所に提出されていた名簿では、「副隊長」には警防団長（兵事主任でもある）をあてていた。ところが、七月半ばに提出された名簿では、「幕僚」として挙げられていた在郷軍人分会長が「副隊長」に、警防団長は「幕僚」へと入れ替わっているのである。

中山論文は、これについて、幹部の人選にあたり、警察の関与があったことを推定している。根拠として挙げられているのは、五月下旬に官房主事・警察部長から各警察署長にあてられた「国民義勇隊ノ組織運営ニ関スル件」という通知である。この文書は、郡および島嶼連合国民義勇隊、区市国民義勇隊の副隊長などの人選については、地方事務所長・支庁長・区長・市長などと連絡を密にし、「不適格者ノ排除ニ努ムルト共ニ積極的ニ有為ノ人材ヲ登用スル様内面連絡ニ努ムルコト」とし、町村国民義勇隊についても同様の措置をとるよう指示している。[17]
この指示が実行されたことは、ほぼ同時期に、奥丹後地方事務所長が「副隊長」の人選については決定前に事前協議を行うよう求めていることから確認できる。もう一点付け加えると、「副隊長」となった在郷軍人分会長は、一九三七年八月に召集され、三九年四月に復員した人物である。警防団長にはそのような経歴は確認できない。これらのことから、「副隊長」の交代について、上からの指示があったことは間違いないだろう。その際、実際の戦闘経験が考慮されたのではないだろうか。

## 必死敢闘・宿敵撃滅

さて、残る義勇隊の「出動計画」には何が書かれているのだろうか。最も目を引くのは、「情勢急進セル場合転移シ其ノ郷土ヲ核心トシテ防衛戦闘ニ任ズベキ体制」を準備するため「戦闘隊（仮称）」を編成する、という規定である。対象となるのは、男子が一五歳以上五五歳以下、女子が一七歳以上四〇歳以下で、子女を有する母親などを除く、とされている。この段階では、一般国民を戦闘に加えることを重視していたわけではないが、村民を強制的に戦闘に参加させることを想定していること、そして、村長がこの組織のトップに据えられたことは軽視すべきではない。

さて、ここで**表6-2**を参照してみよう。この表は、中山が作成した各区ごとの人員表をもとに他の情報を付け加えたものである。「規約」にもあったように小隊は部落会（区）ごとに編成されることになっており、該当する年齢七五九名（うち女子は三九九名）の各区ごとの名簿が作られている。[18]各区長は村長あてに、「小隊長」「小隊副隊長」および小隊を編成する人名を報告しており、このレベルまで、国民義勇隊の編成が進んでいたことがわかる。小隊長には区長が就くとはかぎらない。木津村の事例では、九名のうち三名が日中戦争で応召し復員した在郷軍人であることが確認できる。先の「副隊長」の場合と同じく、「小隊長」の選定においても、日中戦争での従軍経験がある程度考慮されていると言えよう。

なお、**表6-2**に示しているように、地域組織とは別に職域組織もあり、工場など職域で義勇隊が結成されれば、その従業員は地域の国民義勇隊から抜けることとなる。その場合は、市町村の国民義勇隊にその旨を報告しなければならない。**表6-2**の括弧内の数値はそれを示している。

**表６－２　木津村国民義勇隊小隊別人員表**

（単位：人）

| 区(部落)名 | 男 | 女 | 役員 | 計 | 人口 |
|---|---|---|---|---|---|
| 奥 | 60(11) | 62(13) | 1 | 123(24) | 326 |
| 岡田 | 35(7) | 42(9) | 2 | 79(16) | 205 |
| 中立（舘） | 44(24) | 66(14) | 1 | 111(38) | 271 |
| 下和田 | 43(11) | 39(7) | 1 | 83(18) | 216 |
| 上野 | 50(11) | 82(1) | 0 | 132(12) | 342 |
| 俵野 | 54(7) | 55(2) | 0 | 109(9) | 233 |
| 溝野 | 22(5) | 15(4) | 0 | 37(9) | 92 |
| 日和田 | 26(6) | 17(2) | 1 | 44(8) | 119 |
| 温泉 | 20(12) | 21(6) | 0 | 41(18) | 92 |
| 計 | 354(94) | 399(58) | 6 | 759(152) | 1,896 |

出典：木津村役場文書235『国民義勇隊・勤労動員』をもとに中山が整理した表（本章註(9)70頁）に依拠した。各区の人口については、木津村役場文書245『昭和21年人口調査・軍人援護』に依拠した。
注：１）括弧内は地域隊から除かれると考えれる者（中山の推定に依拠した）。
　　２）女子はこの時点で45歳までの人数（のちに60歳までとなる）。
　　３）役員は木津村国民義勇隊正副隊長、幕僚。

こうして、国民義勇隊はやっと結成されたのだが、六月から七月にかけて、本土空襲は新たな段階に突入していた。大都市に対する無差別爆撃をほぼ終えた米軍は、六月中旬、今度は中小都市へと目標を移行させた。そのような情勢の推移のもとで、国民義勇隊の活動を実質化するために残された手段はかぎられていた。一つは、小隊以上の幹部の講習会を行うこと、そしていま一つは、隊員一人ひとりに自覚を持たせることであった。

前者については、奥丹後地方連合国民義勇隊が、七月中旬に郡ごとに幹部を集めて、国民義勇隊の運用に必要な訓練を行っている。後者に関して、京都府は、七月上旬に京都府国民義勇隊「隊紀」・「誓」を制定し、周知をはかるために部落常会には両方を、短い行事には何れか一方を斉唱することを指示している。京都府庁文書『国民義勇隊関係通牒綴1』には、内務省地方局が案を通知してきている文書があるので、それを京都府なりに改変したのが次の「隊紀」「誓」であろう。紹介されることはあまりないので、煩を厭わず記しておこう。

「隊紀」とは次の通りである。

一、隊員は義勇奉公誓って皇国を護持すべし／一、隊員は憤激挺身職任を完遂すべし／一、隊員は必死敢闘宿敵を撃滅すべし／一、隊員は廉潔己を正し道義を顕揚すべし／一、隊員は和親一体隊紀を振作すべし。

「誓」は次の通りである。

一、我等ハ戦列ノ一員ナリ　義勇奉公誓ツテ皇国護持ノ礎石タラン
一、我等ハ戦列ノ一員ナリ　憤激挺身競ツテ生産戦力ノ源泉タラン
一、我等ハ戦列ノ一員ナリ　必死敢闘ノ先駆タラン

「隊紀」では、「義勇奉公」「憤激挺身」「必死敢闘」「宿敵を撃滅」と、激情が次第にエスカレートしており、近代日本の教化政策の帰着点を明示している。

**義勇兵役法と国民皆兵**

これより先、六月二二日に、義勇兵役法が一連の勅令・軍令とともに公布された。義勇兵役に服す

るのは、男子が一五～六〇歳まで、女子が一七～四〇歳までの者とされた。男子の場合、兵役法の適用を妨げないとしているから、兵役法が優先されることになる。兵役法とは別に義勇兵役法を制定した理由について、『週報』の「義勇兵役問答」は、次のように述べている。[19]「真に一億国民を挙げて光栄ある　天皇親率の軍隊に編入し、各人その総力を最大限に発揮し、皇土防衛のための直接決戦参与、その他運輸、通信、築城、軍需品の生産補給、修理等の任務に服させる必要」が生じた。

つまり、義勇兵の任務として「直接決戦参与」が筆頭で挙げられているように、そのための準備がいよいよ必要となったわけである。この点について、七月一七日付の奥丹後地方連合国民義勇隊長から単位隊長あての通牒でも、率直に「情勢急迫セル場合ハ直チニ武器ヲ執リ蹶起スル態勢ニ移行セシ

**図6－3　国民義勇戦闘隊編成一覧表**

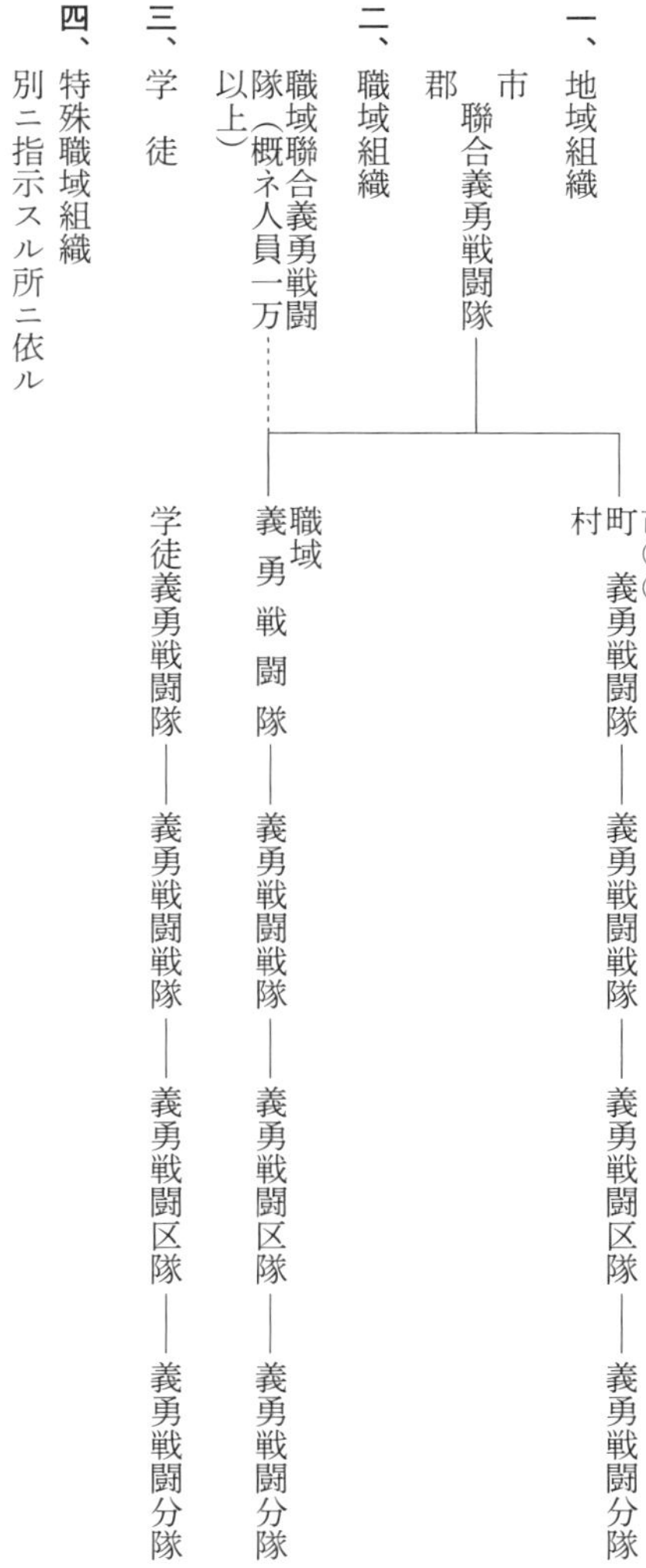


出典：図6－2に同じ。141頁。

図6－4　木津村国民義勇戦闘隊編成表

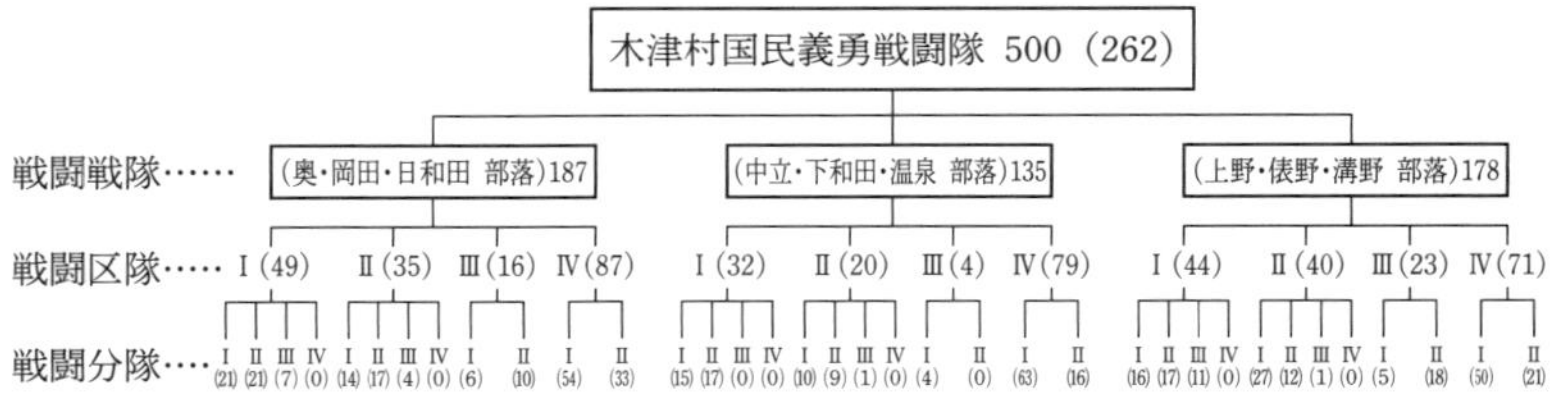


出典：中山論文（本章註(9)）73頁。
注：1）数字は隊員数。木津村国民義勇戦闘隊の括弧内は女子の人数。
　　2）戦闘戦隊の名称は不詳。
　　3）区隊の構成要員は概ね以下の通り。Ⅰは第1次編成要員、Ⅱは第2次編成要員の女子、Ⅲは第2次編成要員の男子、Ⅳは第3次編成要員。

メン」と記されている。国民義勇戦闘隊の編成は図6－3のようになっていて、これを見るかぎり、基本的には国民義勇隊を改編したものと解される。

ところが、細部を見ていくと国民義勇隊と明確に異なっている点がある。木津村での義勇戦闘隊について図6－4を参照しよう。戦闘戦隊は三つの区（部落）が連合して形作られているが、戦闘区隊のⅠ～Ⅳという区分に注目してほしい。この区分の基準は地域ではなく、性別と年齢によっている。すなわち、Ⅰは一七～四五歳の男子、Ⅱは一七～二五歳の女子、Ⅲは一五・一六歳と四六～五〇歳の男子、Ⅳは五一～六〇歳の男子と二六～四〇歳の女子である。あくまで地域に基づく編成をとっていた国民義勇隊とは異なっていることがわかる。京都地区司令部から「隣組組織ニ拘泥スルコトナク一括編成スルモノトス」という指令が出されていたことが、その理由である。

ここに来て、総力戦体制を支えてきた隣組さえも無視されており、体制の自壊が進んでいることが明白になった。なお、木津村国民義勇戦闘隊の「隊長」から「分隊長」までの名簿が京都連隊区司令官に報告されたのは、八月七日付の文書であったことを付記しておこう。国民義勇隊が実際に国民義勇戦闘隊に転移した事例はかぎられており、必要とされた戦闘隊幹部の訓練も実質的にはほとんど行われていない。木津村の事例を見ても、名簿を作成しただけでは、隊員であることを自覚できたとさえ思えない。

ここで問わなければならないのは、こうした国民義勇隊・国民義勇戦闘隊が編成された歴史的意味をどう考えるかということである。さしあたり二つの観点から迫ってみよう。一つは、沖縄戦における住民の役割と位置づけである。この点について重要なヒントを差し出しているのが、「義勇兵役問答」と同じ号の『週報』に掲載された大本営報道部「沖縄決戦は何を訓へたか」である。

この記事は、沖縄決戦の根本的性格は「地上作戦で支へ航空作戦で撃つ」ことにあったとし、離島作戦の不利に堪え、「寡勢克く三ケ月の貴重な時を稼いだ地上部隊の勇戦は、潰えたりと雖も、作戦的には赫々たる勝利として讃へなければならない」と総括する。その上で、得られる戦訓として次の三点を挙げている。第一に、海空特攻隊による米艦船への攻撃に見られる特攻精神の発揮である。第二に、整備された本格的築城。第三に、「鉄血勤皇隊」による陣地構築・伝令・輸送、「乙女勤皇隊」による負傷将兵の救護や戦闘員の炊事などに見られる、「軍に対する地方民の統制ある協力」である。少し長くなるが、これに続く記述を引用しておこう。

一般男子は学徒隊に対して義勇隊を組織し、島田沖縄県知事統率の下、軍に協力、或ひは竹槍その他の武器を携へ戦列に参加した。働き得るものは婦女子と雖も老幼を遠隔地に後送した後、敢然として兵站任務に服したのである。特に、慶良間列島における可憐な国民学校児童の、手榴弾を抱いての敵中突撃の報に至つては、たゞ頭を垂れていふべき言葉を知らない。

これを彼の独仏戦場において、ドイツの電撃作戦に追はれた仏国避難民の群れが道路に溢れ、戦場に増援される自国機械化部隊を途中に立往生せしめた醜態と考へ合せる時、そこに民族魂の相違をまざまざと見せられる思ひがあり、この沖縄島民の統制ある軍への協力こそ、本土決戦に備へて結成されたわが国民義勇隊に示唆するところ大なるものがある。[20]

改めて要約する必要がないほど明瞭に、国民義勇隊に期待するところが記されている。

さて、もう一つの観点は、秩序の維持、国民の統制ということである。小出裕・倉橋正直は、国民義勇隊が設置された理由の一つとして、「敗戦が明らかとなるなかで国民が統制を失い、われがちに逃げだし、上陸したアメリカ軍へ投降する可能性」が十分に予想され、本土決戦の構想が瓦解するのを、政府・軍は避けようとしたと指摘している。また、松村寛之は、内務省が国民義勇隊の行政補助機関化を促進し、地方行政の中で一層包括的かつ組織的な国民支配を実現しようとしたことを強調している。松村によれば、終戦時に軍は戒厳令を布くことを志向しており、その場合、クーデターをともなう軍政へと立ちいたることを内務省が警戒していたという。[21] 小出・倉橋は内務省と軍、国務と統帥の相克という問題には踏み込んでいないが、両者ともに国民の統制、治安・秩序の維持という機能に着目している点では同一である。

これらの先行研究を踏まえて補足すれば、国民義勇隊に期待されていたのは、四月に、国民義勇隊の組織に関して大政翼賛会が作成した参考案にある、「自覚セル服従」であった。参考案は、国民義勇隊を「命令団体ニアラズシテ自覚セル服従団体タルコト」としていた。わかりやすく言うと、戦争に勝つためには国民は何でもやる、ただ天皇の政府の大号令を俟つのみ、ということであり、硬く表現すれば、「自ラ生命財産ヲ捧ゲテ聖戦必勝ノタメニ自覚アル服従ニヨル白熱的行動ヲナス」ということになる。[22] これは、もともと大政翼賛会に期待されながら実現できなかったことを、いよいよ情勢が逼迫する中で、国民義勇隊に託したものにほかならない。

これについては、戦争終結後になるが、国民義勇隊の解散をめぐる八月二二日の閣議決定も示唆的である。この閣議について新聞は、「政府は国民義勇隊の解散をここに見るも、今後国民は国体護持及び国運の発展のため、いよいよ隣保扶助の精神を生かして、これが使命の達成に邁進すべきことを要望した」と伝えている。[23] 戦争に勝つためではなく、国体護持と国運の発展のために「自覚セル服従」を求めていると言えよう。

こうした二つの点を押さえつつ、もう少し長いタイムスパンで考えてみると、一八七二年の徴兵告諭に思いいたる。この告諭は、「苟モ国アレハ則チ兵備アリ、兵備アレハ則チ人々其役ニ就カサルヲ得ス、是ニ由テ之ヲ観レハ民兵ノ法タル、固ヨリ天然ノ理ニシテ偶然作意ノ法ニ非ス」とし、男子の国民皆兵を謳っていた。それから七〇年余のときを経て、戦前国家は、義勇兵役法によって想定をはるかにこえた、文字通りの「国民皆兵」へと突き進んでいった。国民義勇隊・戦闘隊の編成は、「日本ファシズムの国民動員体制の極限の形態[24]」、あるいは「ファッショ的人民支配の極限形態[25]」であることはもちろんだが、明治維新によって構築されてきた国家体制の一つの帰結としてもとらえることができよう。

**動員システムの限界と敗戦**

すでに述べたように、六月半ば以降、アメリカ軍は都市機能を喪失した大都市に代わって、中小都市を主要目標として空襲を継続した。**図6-5**を見ると、警戒警報・空襲警報の回数は六月以降、飛躍的に多くなる。

この時期、義勇隊の編成とともに注目しなければならないのは、六月一五日から一ヵ月間「六百億

図6－5　警戒警報・空襲警報の月別回数（木津村周辺地域）

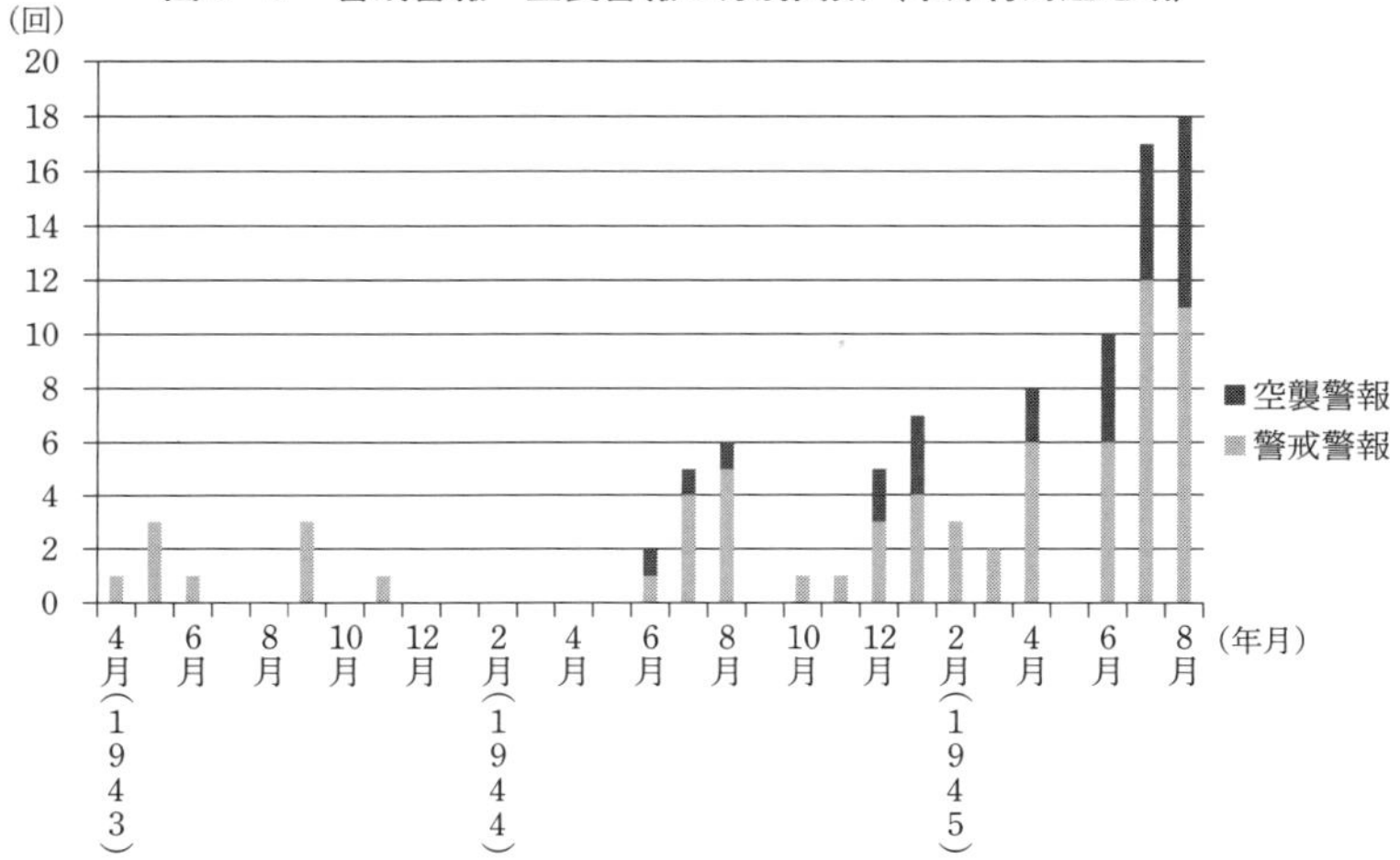


出典：『昭和自十八年度至昭和二十年度田村国民学校日誌』より作成。

貯蓄攻勢強調期間」が設けられて貯蓄運動が実施されたことである。前章でふれたように四四年度の目標額は三六〇億円（のち四一〇億円）であったから、六〇〇億という目標は途方もない数字である。京都府の要綱でも、「本年度本府国民増加目標額一五億円ハ未曾有ノ巨額ニシテ之ガ達成ハ実ニ容易ノ事ニアラズ」としている。全体の増加率と同じく、京都府の目標は前年度当初の約一・七倍に設定されている。

　過大な目標を達成するために、「攻勢強調期間」の実施要綱は警察の関与を強化し、期間内にさらに約一週間の「貯蓄特攻期間」を設けるなど、強制的性格を一層強く打ち出している。警察については、「職域貯蓄指導員ノ活動ヲ促進シ、職域貯蓄ノ査察並ニ貯蓄成績低調ナル部面ニ対スル重点的実地〔施カ〕推進」を指示していることが注目される。職域貯蓄を指導・監督する役割が警察に課されているのである。また今回の運動は、戦災者を含む疎開者の、受け入れ地域での貯蓄推進が強調されていることも特徴である。さらに、市町村には、貯蓄実行票により隣保組織を通じて貯蓄状況を調査し、実行世帯数を報告するよう求めている[26]。「木津村役場文書」の中には、「貯蓄特攻期間」の調査結果が残っていて、一部の区の氏名と金額を記した一覧表も保存されている。木津村全体では、「特攻期間」だけで貯蓄額が約一万一〇〇〇円に達しているが、貯蓄額上位の二名分だけで六〇〇〇円となっていることが判明する[27]。

実は数ヵ月前にも、こうした貯蓄期間が設定されている。三月の「決戦貯蓄努力期間」がそれである。その期間中、三月一〇日の「陸軍記念日（勤倹貯蓄記念日）特別貯蓄」は「決戦硫黄島皇軍将兵感謝貯蓄」と名づけられ、村長は、一戸あたり一〇円以上の貯蓄を実行することを各区の貯蓄組合長に要請している。このほか期間の設定はないが、奥丹後地方事務所は各町村に、四月二九日の天長節にともなう記念貯蓄を実行するよう求めている[28]。その上での「攻勢強調期間」である。戦況の極度の悪化が貯蓄運動を一層強制的なものとしたことは、容易に推測される。

戦争末期の木津村役場文書においてもう一つ確認できることは、勤労動員の強化とその対応策である。三月に、国民皆働・総員勤労配置を実現するため国民勤労動員令が公布・施行された。この勅令は、国民徴用令、国民勤労報国協力令、女子挺身勤労令などの労務関係の五勅令を一本化したものである。五月には、軍需生産・運輸・通信・土木建築・生活必需物資の補給など、国家総動員上必要な業務の要員を確保するため、厚生・軍需両省は戦時要員緊急要務令を公布・施行した。勤労動員の強化に即応してその援護事業の拡大が必要となり、奥丹後地域では、七月初旬、国民勤労動員援護会京都府支部峰山出張所に「動員勤労援護相談所」が設置された。続いて同出張所は、分会を町村に設置し、さらに「動員勤労家庭相談委員」を選出するよう通達している[29]。

役場文書に見られるこのような動員システムは、地域においてはもはや運用の限界に達していたと思われる。ことに木津村のような小規模な村では、上からかぶせられていく諸組織を有機的に機能させることはほとんど不可能だったのではあるまいか。同一人物がいくつもの役職を兼任し、構成員をほぼ同じくする組織が何重にも積み重なるという強制的組織化の重圧によって、実際には窒息状態にあったと想定される。加えて空襲による戦局の悪化は、確実に人々の戦意喪失につながっていった。七月二八日付の在郷軍人会分会の報告では、国民の戦意や情勢について「一部ニハ敗戦ヲ諦観スルモノアリ」とか、「現在ノ不利ナル戦況ニ対シテハ多大ノ不安ヲ抱クモノアリ」「戦局時局ノ真相ヲ知ラシメヨ」などという記述が見られる。(30) これまで「思想指導上注意スベキ事項」の欄には、ずっと型通りに「時局認識ニ努メ機会アル毎ニ日本精神ノ昂揚・必勝ノ信念ノ培養ニ努メツヽアリ」としか書かれていなかったのに比べると、劇的な変化と言わねばならない。

そしていよいよ八月一五日の敗戦を迎える。木津村に戸籍のある戦死者は一九四五年一月からこの日までで二四名に達していた。このうちフィリピンでの死者がその半数の一二名を占めていた。また、四月以降の戦死者を見ると、四月が六名、五月が三名、六月が四名、七月が三名、八月が二名で、計一八名にのぼっている。村当局でも、これだけの戦死者が出ていることは掌握しきれないまま戦後を迎えたことであろう。

## 2　復員——終わらない戦争

### 戦後の中の戦争

戦後は始まったが、地域における戦争は終わったわけではない。たしかに、八月二九日の京都府国民義勇隊解散、八月三一日の帝国在郷軍人会解散宣言と、戦時体制を支えた組織は解散へと動いた。しかし、地域においては、戦時に作られたすべての組織を即座に消滅させるわけにはいかなかった。

多くの応召者を出した村としては、復員者をどう迎えるかは大きな課題であり、占領地や植民地への移住者の引揚をどうするかという問題も残されていた。しばらくは、「戦時」と「戦後」が混在した状況が続いたと言えよう。

木津村役場文書を見ていくと、軍事援護と貯蓄運動に関しては、総力戦体制下の手法が戦後もほぼそのまま用いられていることがわかる。まず、前者から見てみよう。敗戦からまだ一ヵ月も経たない九月初旬、京都府知事から奥丹後地方事務所長に「時局転換ノ下ニ於ケル軍人援護ニ関スル件」という通牒が発せられている。その通牒は、事態は急変したが、軍事援護事業は緊要であるから、終戦の詔書に示された「聖旨ヲ奉戴シ」本事業の拡充強化をはかるよう指示している。たしかに、戦争が終わったからといって、応召者が復員していない家族や遺家族の生活状態が改善されたわけではないから、これまでの軍事援護事業を即座に中止するわけにはいかない。それにしても、この通牒が戦争終結について、「聖戦完遂ノ為」官民一致協力し軍事援護事業を実施してきたが、「事志ニ違ヒ戦争ハ一応終末ヲ見ルニ至レリ」とさらりと流している点は見逃せない。[31]敗戦という未曾有の事態に直面して、国家体制に対する疑問を遮断するためには、あたかもそれが不可抗力の災害であるかのように対処することが必要とされたのである。

それにもまして、この通牒で注目すべきことは、次の部分である。すなわち「時局ノ一大転換ニ際会シ精神的平静ヲ失シ、或ハ各種ノ流言ニ迷ハサレ、或ハ独断的臆測ノ下ニ一部ニ於テハ軍人援護ノ将来ニ疑義ヲ挟ミ、或ハ危惧ノ念ヲ抱懐スル者アリ。更ニ早クモ官民ノ軍ニ対スル態度ニ於テ従来ノ趣ヲ異ニスル者等アルヤ趣ナリ」として、戦時体制のもとで構築された秩序を維持するために、軍事援護を継続することを求めているのである。[32]

ただし、軍事援護精神が強調される背景については、この時期から顕著になってくる戦後特有の事情も考慮する必要がある。敗戦の実相が国民の前に明らかにされ、軍需物資の持ち逃げなどに見られる軍の混乱によって、国民の軍や復員将兵に対する反感は急速に高まりを見せた。復員将兵を迎える目が極めて冷たいものになり、帰郷途上にある復員将兵に罵声を浴びせるといった事例も報告されていた[33]。無秩序と混沌を危惧すればするほど、「軍人援護精神ノ昂揚」にしがみつかざるをえなかったとも言えよう。

その典型的な事例が、「帰還軍人慰藉運動」である。その趣旨は、帰還軍人を慰藉して「其ノ労苦ニ報ユルト共ニ今日以後斉シク国民トシテ結束ヲ新ニシ刻苦奮励国家ノ再建ニ邁進シ以テ聖旨ニ応ヘ」るというものであった。実施要綱には、軍人援護会支部と銃後奉公会が適当な時期を選んで、①各神社の合同参拝、②座談会開催（労苦を慰藉し新生活発足を誓う）、③駅頭における歓迎、④召集解除者生業援護事業の活用、⑤帰還軍人の職場の優先確保、⑥遺族や未復員者の家族に対する慰問を行うこと、が定められている[34]。敗戦直後の混乱を反映してか、要綱には実施期間を九月中としているにもかかわらず、奥丹後地方事務所からの通知は九月二八日付となっている。これでは運動を実施することはほぼ不可能だが、ここでは実施されたか否かというより、こうした通達が出されたこと自体が重要である。

戦後の軍事援護の意味を考える際に、事業や「運動」の継続による国家秩序の維持という側面とは別に、それが復員者や傷痍軍人に対する一定の保護的な性格をもっていたことも無視してはならない。たとえば、一〇月下旬、村には戦没軍人遺族・傷痍軍人に対して感謝の意を表すため、衣料品を贈呈するという通知が地方事務所長から来ている。また、一一月初旬には、地方事務所長から村長あてに、戦争終結にともない急遽軍病院から帰郷を命じられた者で引き続き医療を要する場合には、軍病院に復帰するか、証明書を持参して住所地最寄りの軍病院へ再入院させるよう指示があった[35]。

## 変わらない動員の論理

国家が引き起こした戦争のために犠牲となった人々への援助を、戦争に負けたからといって停止することは国家の自己否定につながる。国家が存続していることを認識させ、旧来の支配秩序を瓦解させないためには、戦後も軍事援護は不可欠であった。戦後しばらくは、戦中と本質的に同じ論理で援護が継続していることを改めて確認しておきたい。傷痍軍人への対応に、そのことが顕著に認められる。傷痍軍人に対しては、国家に対する忠誠をつなぎとめるための努力が一貫して払われていた。たとえば、九月下旬には、大日本傷痍軍人会京都府支部は、親睦・修養・陶冶、品位の向上を通じて「皇国ノ為終生奉公ノ誠ヲ致スコトヲ図ル」ことを目的に、支部総会を開催することを指示している[36]。支部総会といっても、京都府の傷痍軍人会員がすべて一つの会場に参集するわけではなく、分会単位で神社や寺院などを選定して、そこで講演や修養座談などの行事を行うというものであった。敗戦にともなう傷痍軍人の動揺を防ぎ、秩序を維持することにねらいがあったと思われる。

また、一一月には、大日本傷痍軍人会京都府支部が、京都府下の四〇名の重度傷痍軍人を参集させ、「特別修養会」を開催する旨の通知を出している。「積極進取ノ気概ヲ旺盛ナラシメ急変セル時局ニ即シ修養陶冶ニ励ミ衆ノ範タル可キ人格実力ヲ涵養セシムル機縁ヲ培養スル」ことが目的とされている[37]。「衆ノ範タル可キ人格実力」とは何か。これだけでは不明だが、九月の指示を参照すれば、時局に動揺せず「皇国ノ為終生奉公」することを意味していたと解される。

軍事援護とともに戦後も継続されたのは、またも貯蓄運動である。九月初旬、奥丹後地方事務所は、悪政インフレの対策、国民生活の破滅を防ぐという理由で、戦時に引き続き国民貯蓄増強の意義を強調する通牒を出している[38]。また、奥丹後地方事務所は、九月下旬に、「必勝国民貯蓄組合」や「米英撃滅貯蓄」などの字句を使用している場合には、「必勝」「米英撃滅」の文字を削除するか改称するよう命じつつ、「事態ニ即応心気ヲ新ニシ」、従来通り貯蓄を推進するよう指示している。[39]

さらに一〇月末に京都府は、「郵便貯金増強運動」について通達を出している。添付された実施要綱には、「国民経済ノ未曾有ノ困難ニ直面」し、「挙国新生ノ意気ニ合一シ忍苦耐乏勤倹貯蓄ノ美風ヲ涵養シ経済秩序維持ノ基盤タル貯蓄増強ニ邁進」すべきときだとある。[40] これを受けて一一月、木津村は目標額を達成した結果、国民貯蓄増強助成金を交付されている。続いて一二月には、「再建日本国民貯蓄強調期間」に合わせて、以前と同じように貯蓄組合ごとに年度内の目標を定め、それを地方事務所長に報告している。[41] 同月、奥丹後地方事務所は貯蓄を一層強力に推進するため、民間学識経験者などをもって「国民貯蓄奨励委員会」を各町村に設けるよう指示した。[42]

京都府はまた、各町村に「再建日本国民貯蓄強調期間」の立て看板を掲出するよう指示しているが、その標語がなかなか興味深い。「再建も、平和の道も貯蓄から」を筆頭に、「新日本成るも成らぬも貯蓄から」「建設の道は一すじ貯蓄から」「サア貯蓄今に物資は出廻るぞ」といった例が挙がっている。要するに、戦争に関わる語句が「再建」とか「平和」に変わっただけで、戦時体制下で作られた地域動員のシステムはそのまま戦後に継続し、国家のための動員という本質はまったく変わっていないのである。[43]

もう一つ、戦後にも継続したものとして、村葬についてもふれておきたい。戦後の村葬は、六名の戦没者を対象として一二月に行われている。海軍が二名、陸軍が四名で、そのうち四名は一九四四年に戦死しており、最も早い時期の戦死は四四年五月である。戦死から村葬までに一年半以上の年月が経っている。駅頭での遺骨の出迎え、村葬次第についてはほぼ戦中の形式が踏襲されている。駅頭での出迎えについては、児童の参加の記述がないが、実際どうだったのか定かではない。

このときの弔辞の一つを紹介しておきたい。竹野郡町村長会長の弔辞には、「此処ニ戦局ハ一変シ、我等一億只々滂沱《ぼうだ》タル悲憤ノ熱涙ヲ感ズルノミ。建国三千年始メテ国民ガ直面セル此ノ厳烈ナル現実ニ直面シ今後吾等ハ崇高ナル民族精神ニ徹シ強ク逞シク国体ノ護持ト国威ノ恢弘ニ邁進シ以テ諸士ガ忠誠ニ応ヘンコトヲ誓ヒ謹ミテ英霊ヲ弔フ」とある。また、網野警察署長の弔辞には、「其ノ遺烈ハ新日本建設ノ礎石トシテ永ク青史ニ燦《きらめ》キ家門郷間〔閭〕ニ光被セン」とある。(44) 国体の護持、国威の恢弘、新日本建設の礎石と、いずれもその死は国体や国家主義に回収されている。

なお、この時点までに村葬の対象となっていない戦没者がかなりいるが、村葬がこれ以後実施されたのかどうかは不明である。

## 総力戦から日本再建へ

一九四五年の年末が近づくと、行政による援護の対象は軍人から戦災者へと拡大された。戦災者や引揚民の援護は切迫した問題であり、それへの対応として、年末には「戦災者引揚民越冬援護運動」が展開されている。一二月初旬、奥丹後地方事務所は打合せ会を開催しているが、その通知文書とともに回覧板の文面が簿冊に残されている。いろいろ考えさせられる内容なので、全文引用しておこう。

白魔迫る厳冬を控へて戦災者同胞に暖い手を

日本国民一億が力の限りをつくした大東亜戦争は遂に非〔悲〕運の終りを告げましたが、終戦の御詔書を拝した私共はいつまでも只「敗けた残念だ」と口惜しがつたり、ぼんやりしてはゐられませぬ。

戦時以上の辛い事、困難〔ママ〕の事が有る事を覚悟せねばなりませんが、御互ひが全力を出し合つて一日も早く平和日本を再建する様突進せねばなりません。

この時、不幸戦災の為家を焼かれ、家財を失ひ、親兄弟の肉親と別れてこの寒空に家はなく、衣類なく寄るべなく打ち震へてゐる気の毒な全国数百万の同胞を思へば私共どうして（ママ）黙つてゐられませう。勿論戦時中凡ての不自由を忍んで耐へて来た御互にあり余る物が有る筈も有りませんが、幸にも直接戦災を免がれた私共はせめて其の乏しい中から一枚の夜具、毛布、衣類、食器をさいてこれ等の人々に贈らうではありませんか。

国民道徳の低下が敗戦の原因だといはれ、人情の冷たさが詮ぜられては居ますが、私々〔ママ〕の地方にまでそんな風潮がしみ込んでゐるとは考へたくありません。今こそ日本人同志〔士〕として乏しきを分け苦しみを背負ひ合ひ、励まし合つて日本再建に振ひ起うではありませんか。あなたの温い同情を以つて是非この運動に力を合せて下さい。そして御家庭から何か一品戦災者を喜ばす物を御出し下さい。

震災の同情の有難さを戦災家庭に送りませう。(45)

この回覧板は、援助の必要性を同胞愛や思いやりに訴え、窮乏と困苦を共有することによって日本再建に奮い立つことを呼びかけている。今、ここで苦しむ人たちを救おう、という誰もが否定しがたい取り組みを前面に打ち出し、そこで生まれる同胞意識、同情、行動のエネルギーをまるごと「日本再建」に誘導していこうとする姿勢を見て取ることができる。この運動への協力を要請した通牒には、「熾烈ナル同胞愛ノ赤誠モテ」「戦災者ニ対シ必需物資ヲ供出シ援護ノ微衷ヲ披瀝セン」とあり、運動自体が、なぜ今の事態に導かれたのかという問いを封殺する効果をもっていた。(46)

こうした行政システムの作動のさせ方は、戦時体制下でしばしば使われた手法とほとんど異なるところはない。正確な作成月日はわからないが、「戦災者援護実施要綱」という文書が残っている。恩賜財団戦災援護会京都府支部が作成したのではないかと思われる。要綱の内容は、戦災者のための生活必需物資の買い上げや供出、応急援護、死亡者に対する弔慰金の贈与、戦災者相談所の設置、戦災者の職業「補導」、戦災者集団帰農など、多岐にわたっている。特徴的なことは、戦時災害保護法の非該当者も援護の対象とし、住宅給与金や家財給与金、遺族給与金などを支給するとしている点である。[47]この要綱が指示する戦災者援護の論理は、軍事扶助法による援護からこぼれる人たちを援護する軍人援護会のあり方をそのまま踏襲している。

こうした援護はたとえ不十分なものであったにせよ、戦災者の窮状を考えれば不可欠であったことは確かである。ただ見逃してはならないのは、要綱の冒頭に置かれた「方針」の内容である。すなわち、援護は単なる保護救済にとどまることなく、戦災者の生活を再建して業務に復帰させることを主眼とし、「戦災者ヲシテ不撓不屈其ノ全力ヲ振ツテ皇国再建ノ大任ニ邁進セシメントス」としているのである。ほぼ同じ時期に作成されたと思われる「外地（含樺太）外国関係引揚民援護実施要領」という文書も、これとまったく同じ論理になっている。総力戦体制下の動員の精神が、そのまま「皇国再建」に流れ込んでいることを確認しておきたい。

## 戦災者・引揚者援護

後回しになったが、恩賜財団戦災援護会について補足しておこう。この団体は、一九四五年四月末に正式に発足するが、その前身は、一九四四年一〇月に厚生大臣を会長として設立された財団法人戦時国民協助義会である。当初の目的は、戦況の悪化にともない小笠原諸島、南西諸島などから本土に移住した人々の援護を行うことにあった。その後、本土空襲の開始とともに戦災者が増えてきたので、戦災者に対する援護も同会が行うことになり、三月下旬、財団法人戦災援護会に改編された。さらに四月一七日、戦災援護の詔書が発せられ、下賜金があったことを受けて組織の見直しをはかり、高松宮を総裁、厚生大臣を会長とする恩賜財団戦災援護会が成立したのである（恩賜財団として勅許を得たのは五月）。これに合わせて、知事を支部長とする各都道府県支部が置かれ、戦時災害保護法に基づく援護を実施した[48]。

奥丹後地方における戦災者・引揚者の援護は、戦災援護会京都府支部奥丹後分会が統括して行った。奥丹後分会が設置されたのは、一一月であることが、この分会の「規程」に書き込まれた鉛筆書きのメモによって確認できる[49]。「規程」では、分会を地方事務所内に置き、分会長には奥丹後地方事務所長が、副分会長には地方事務所主管課長と郡町村会長が就くとされていた。これも軍人援護会など、戦前に作られた同種の組織とほぼ同じ構造である。なお、「規程」の末尾に残されたメモによれば、町村支会の設置は当分見合わせになったようである。

さて、「戦災者引揚民越冬援護運動」は、実際にはどのように展開されたのだろうか。運動開始に先立って、その「実施要目」が示されている。それによると、収集物資は、布団・毛布などの夜具類、衣類、鍋釜などの炊事用具と食器で、原則として無償寄贈となっている。収集方法については、隣保組織によるも、方面委員各種社会事業団体の組織によるも、あくまで各個人の自発的供出に俟ち、一律に各戸に割り当てるような強制を行わないこと、としている。実際の収集状況から見て、そもそも供出ができるような余裕はまったくなかったと思われる。

木津村の戦災者は、一九四六年一月の調査では、全体で二二世帯・六〇名、このうち一二月に転入したのが二世帯（人員三名）であった。これらの戦災者に対しては、すでに一一月下旬、この運動が提起される前に、奥丹後地方事務所から布団が有償で配給されている。続いて一二月下旬にも、役場で布団と布地の配給が行われた。一二月末の調査によれば、希望数量は、布団三三点、毛布三点、着物二〇点、シャツ二〇点、茶碗一〇〇点などであった。布団、毛布以外のものは必要数程度の供出があったが、特に布団の供出は大変少なかった。年が明けて四六年にも四月にかけて何度か配給が行われているが、煩雑になるので省略する。[50]

連合国軍から返還を受けた「特殊物資」の配給（原則有償）も、何度か行われている。史料で確認できるのは、二月と四月の配給である。[51] 二月の場合、タオル、手袋、組足袋、腹巻、防寒半袴など、四月においては、防暑衣・防蚊面などが、その品目である。配分にあたっては、戦災者・引揚民への各戸配分とせず、厳格に困窮状況を勘案するよう指示が出されている。配給元として連合国軍が登場していることに留意しておこう。

これに加えて、五月半ば、奥丹後地方事務所は、恩賜の真綿頒布（無償）、手編チョッキ（有償）などの配給通知を出している。恩賜の真綿は下賜金で購入した真綿を生活困難な戦災者と引揚民に頒布するもので、別紙として、「戦災者引揚民各位に於かれましてはこの有りがたい御聖旨を奉戴せられ一日も速やかに生活再建を図られます様お祈り致します」という厚生大臣芦田均の言葉が添えられている。[52]「戦災」という言葉は使われているが、あたかも一般的な「被災」であるかのようなさりげなさである。近代天皇制の慈恵的機能は、こうした回路を通じて戦後へと引き継がれていった。

なお、残存史料がほとんどないため、ふれることができなかった朝鮮人についても、わかる範囲で言及しておきたい。木津村の場合、朝鮮人がどれだけ住んでいたかは、やっと戦後の簿冊で確認できる。一九四六年二月、GHQは「朝鮮人、中国人、琉球人及び台湾人の登録に関する総司令部覚書」を発表した。これに基づく京都府からの指示で、該当する者を調査している史料が残されている。三月に実施された調査（申告票）によれば、木津村の朝鮮人は、二世帯一〇名であった。一世帯は三名（夫婦と二歳の子供）、もう一世帯は七名（夫婦と五名の子供）の家族構成である。二世帯とも職業は無職となっており、学童は三名である。前者の世帯は、戦災援護の対象となっていることが確認できるので、木津村に避難してきたのであろうが、後者の世帯については詳細が不明である。帰還の希望も調査されていて、それぞれ、一〇月頃の予定で慶尚南道、八月頃の予定で京畿道への帰還を希望していることがわかる。申告票の裏面には、「帰還希望者ハ日本政府ノ指示ニ従ヒ帰還セネバナリマセン、ソウデナイト帰還ニ関スル特典ヲ失ヒマス」と書かれているが、その後この二家族がどうなったのかは不明である。

一つだけ気になる問題は、この調査が何のために行われたかである。GHQの指令の意図はさておき、少なくともそれを日本側がどう受け止めたかは、次の京都府の指示の中に示されている。

本登録ハ連合国軍総司令部ノ好意的指令ニ基キ実施スルモノニシテ、本登録ノ完全ナル実施ニ依リテ日本内地ニ於ケル食糧配給治安確保等ノ上ニ及ボス影響極メテ大ナルベク、本登録ニ依リ帰還希望ヲ表明セル者ノ引揚ニ対スル便宜供与ハ鉄道等関係各方面ト密接ニ連絡シ積極的ニ之ヲ実施スベキコト(53)

「八紘一宇」や「共存共栄」などの理念はまるでなかったかのように、できるだけ便宜を供与して希望者を帰還させることが、食糧配給と治安確保に好都合という、まことに手前勝手な理由が記されている。また、異民族の存在が治安と結びつけて認識されていることも軽視できない。自民族の優越を前提に、他民族に対する文明化の使命を掲げる帝国意識が、帝国崩壊にともなって利己的民族主義として露呈していることが印象的である。

## 復員

戦闘行為としての戦争は八月一五日で終わったものの、地域においては、それで戦争が終わりを迎えたわけではない。出征した兵士たちの復員、遺骨の帰還が行われてこそ、市町村にとっての戦争は一応の区切りを迎える。最後にこの点についてふれておきたい[54]。

国家機構のレベルで復員業務の組織が整えられ、国外にある部隊の情報が系統的に入手されるのは一九四五年末である。一九四五年一二月一日付で陸軍省・海軍省が廃止され、第一復員省・第二復員省が設置されたので、両省が復員を主管することになった。それに合わせて、府県には地方庁として地方世話部が設置され、京都の場合は深草の連隊区司令部跡に京都地方世話部が置かれた[55]。

京都地方世話部は、一九四六年一月一九日、市町村の軍事援護事務主任者を集めて懇談会を行っている[56]。地方世話部の事業内容、外地部隊の消息、恩典（扶助料、恩給、傷病賜金、行賞）などについて周知させることが目的であった。外地部隊の安否は、出征兵士の家族にとっては喉から手が出るほどほしい情報であった。その問い合わせが殺到したためか、京都地方世話部は、各地域における部隊の消息について回答している。「満洲北鮮」「樺太・千島」「支那台湾」「南方」などの全般的な状況とともに、「京都府関係主要兵団ノ概況」も報告されている。その中で、京都府出身部隊の多くが「相当激戦地且状況不利ナル方面」に派遣されていて、仮に部隊が復員しても「相当数ノ戦死者及未帰還ノ所謂生死不明者等ガ出来ルノデハナイカト危惧セラレテヰマス」と概括しているのが印象的である。

また、外地からの復員者は「戦場ノ苦悩去ラズ然モ激変シタ冷酷ナル世相ニ逢着シ極メテ気ノ毒ナ状態デアリマス」として、復員者を取り巻く世情を憂えている。その上で、「連合軍ノ指示ニヨリ一般ノ特ニ物質的ナル援護ハ禁止セラレテ居リ心苦シイ立場ニ在リマス」とも述べ、関係者が援護に尽力することを要請している[57]。この文書には、メモの書き込みが多く、出席者が懸命に状況を認識しよ

## 表6－3　京都地方関係主要部隊状況一覧表（1946年2月8日、京都地方世話部）

| 方面 | 部隊名 | 情〔ママ〕況 | 復員予定 | 備考 |
|---|---|---|---|---|
| 中支 | 嵐部隊<br>（第百十六師団）<br>自 嵐 六二〇〇<br>至 嵐 六二三四 | 昭和十九年四月以来湘桂作戦、昭和二十年四月～六月芷江作戦ニ参加シ中支ノ最前線ニ於テ相当ノ激戦ヲ交損害相当大ナリ<br>漢口西南方宝慶附近ニ於テ終戦トナリ目下武昌周辺ニ終結中<br>現在糧食治安共ニ良好 | 昭和二十一年夏頃 | |
| 沖縄 | 石部隊<br>（第六十二師団）<br>自 石 三五九一<br>至 石 四二九七 | 沖縄本島守備中昭和二十年三月米軍上陸以来終戦迄激戦ヲ重ネ損害極メテ大ナリ　生存者ハ目下屋嘉楚辺牧港ノ各収容所ニアリ　給養良　作業ニ従事シアリ | 一部復員セルモ目下輸送中止<br>七月以降再開<br>復員完了本年中 | |
| 比島 | 垣部隊<br>（第十六師団）<br>自 咸〔ママ〕 六五五一<br>至 咸〔ママ〕 六五六九 | 比島「レイテ」島守備中昭和十九年九月米軍上陸ニ伴ヒ沖縄同様潰滅的損害ヲ生シタリ<br>生存者ハ目下同島「タクロバン」収容所ニ在リ<br>給養概ネ良好ナリ | 一部復員ス<br>目下極ク少数（患者婦女子）ヲ除キ輸送中止 | 六五五七部隊及六五五八部隊中左記部隊は「マニラ」ニ在リ　沢田隊、田頭隊、有田隊、岡安隊、橋本隊 |
| ビルマ | 祭部隊<br>（第十五師団）<br>自 森〔ママ〕 七三六〇<br>至 森〔ママ〕 七三七八 | 昭和十九年四月上旬「インパール作戦」ニ参加　爾後「マンダレー」「トングー」作戦ヲ重ネ損害相当大ナル見込ミ<br>終戦時ニハ泰国「バンコツク」西方ニ在リ | 昭和二十二年夏迄ニ復員完了見込ミ | |
| | 安部隊<br>（五三師団）<br>自 森〔ママ〕 一〇〇一七<br>至 森〔ママ〕 一〇〇四一 | 「イラワシ」河ヲ北上「ミートキーナ」附近ノ戦斗ニ参加<br>「カーサ」附近ニ於テ英印軍落下傘部隊ト激戦ヲ交ヘ且「マンダレー」附近ノ作戦ニ参加シ損害相当大ナル見込<br>終戦時ニハ「ラングーン」北方ニ在リ　目下「モールメン」附近ニ終結中 | 右ニ同ジ | 但シ一〇〇二七部隊、川北隊、吉村隊、和田隊、西隊ハ「比島」ニアリ |
| 満洲（其他） | ソ連占領地区ハ目下情況一切不明ナリ | | 不明 | |

出典：木津村役場文書240『昭和二十一年戦災者引揚民援護』、『史料集』【4-60】399～401頁。
注：縦書から横書に改めた。

うとしていたことをうかがわせる。

ここで、**表6-3**を見てみよう。この表は、京都地方世話部が一九四六年二月初旬に作成したもので、京都に関係する主要部隊の状況を示したものである。沖縄戦、レイテ島守備、インパール作戦などに参加した部隊は、いずれも損害が大きいことが記されている。一つの村が送り出した兵士たちは、広くアジアの各地で侵略戦争を担わされ、その過程で多くの戦死者が出た。かろうじて生き残った兵士たちの復員は、**表6-4**の通りである。一九四五年八月以降に復員した兵士の六割弱は、一九四五年内に帰還している。その後、四七年一〇月までは、断続的に数名の帰還があるという状態が続いた。最後の復員は一九四九年八月で、シベリア抑留からの帰還であった。

ただし、何度も引用した「戦争出動者名簿」においても、帰還ないし戦死の年月日欄が空白の兵士が六七名もいる。なぜ空欄なのかについては、次のような理由が考えられる。すなわち、本籍地である木津村を通じて応召しても、実際に村に居住していない場合には、軍から召集解除の連絡が来ない以上、帰還年月日をつかむことは困難だったということではないだろうか。村からは復員軍人の数が

**表6-4　復員者の月別人数（木津村）**

（単位：人）

| 年月 | | 人数 |
|---|---|---|
| 1945年 | 8月 | 10 |
| | 9月 | 26 |
| | 10月 | 16 |
| | 11月 | 2 |
| | 12月 | 2 |
| 1946年 | 1月 | 0 |
| | 2月 | ＊2 |
| | 3月 | 3 |
| | 4月 | 4 |
| | 5月 | ＊2 |
| | 6月 | 9 |
| | 7月 | ＊5 |
| | 8月 | 0 |
| | 9月 | 0 |
| | 10月 | 0 |
| | 11月 | 1 |
| | 12月 | 0 |
| 1947年 | 1月 | 0 |
| | 2月 | 1 |
| | 3月 | 1 |
| | 4月 | 2 |
| | 5月 | 0 |
| | 6月 | 1 |
| | 7月 | 3 |
| | 8月 | 1 |
| | 9月 | 3 |
| | 10月 | 2 |
| | 11月 | 0 |
| | 12月 | 0 |
| 1948年 | 8月 | 1 |
| 1949年 | 8月 | 1 |

出典：「戦時出動者名簿」（『木津村誌』631～652頁）より作成。
注：＊は、戦病死者が１名含まれていることを示す。

定期報告として京都府に提出されているが、その数はあくまで村で確認できる範囲のものでしかない。敗戦にともなう混乱の中で、本籍地主義をとっている徴兵制においては、避けがたい事態であった。

復員にかぎらず、戦争の影響は長く続いた。敗戦にともなって供出はむしろ強化され、生活の混乱も容易におさまらなかった。こうした経過を丁寧に追うことが必要であるが、一書でなしうる課題ではない。本書では、一九三九年以降、戦時組織として重要な役割を担った軍人援護会が、その使命を終えて戦災援護会と合併し、戦後組織としての同胞援護会に編成替えされた一九四六年三月をもって一応の区切りとしたい(58)。

註

（1）『木津村報』一四〇号（一九四五年一月一日）。

（2）同前。文の主語・述語関係が正確ではないがそのまま引用した。

（3）木津村役場文書232『人員疎開一件』。以下の疎開に関しては、この簿冊の史料に依拠した。

（4）戦時災害保護法についての研究は少ない。さしあたり以下を参照。宍戸伴久「戦後処理の残された課題――日本と欧米における一般市民の戦争被害の補償」（『レファレンス』六九五、二〇〇八年）、赤澤史朗「戦時災害保護法小論」（『立命館法學』二二五・二二六、一九九三年）。

（5）赤澤同前、二七七～二七八頁。

（6）向井啓二「京都市の学童集団疎開――行政史料の紹介・要約を中心に」（『種智院大学研究紀要』三、二〇〇二年）五頁。同「京都府舞鶴市における学童集団疎開について」九（同前、二〇〇八年）。京都市の学童疎開については、京都市教育研究所『戦後京都市教育史資料（1）』の「（1）学童集団疎開資料集」に関係の行政史料が収録されている。

（7）木津村役場文書234B『在郷軍人分会書類』、京丹後市編さん委員会［編］『史料集　総動員体制と村　京丹後市史資料編』第二章史料編4【13】（京丹後市役所、二〇一三年）三三九～三四四頁。以下『史料集』【4-

13】のように記す。
（8）照沼康孝「国民義勇隊に関する一考察」（『年報・近代日本研究１　昭和期の軍部』山川出版社、一九七九年）二〇三〜二〇四頁。
（9）中山知華子「国民義勇隊と国民義勇戦闘隊」（『立命館平和研究』一、二〇〇〇年）六八頁。
（10）同前、六九頁。国民義勇隊については、松村寛之「国民義勇隊小論――敗戦と国民支配についての一断章」（『歴史学研究』七二一、一九九九年）も参照。なお、中山は京都府庁文書『国民義勇隊関係通牒綴１・２』や木津村役場文書235『国民義勇隊・勤労動員』などを使いながら京都府および木津村の事例について国民義勇隊の編成の経過と実態を解明している。この点については中山の研究に依拠している。
（11）『朝日新聞』（一九四五年三月二五日）。
（12）これらの団体の解散は四月二日の閣議で決定された（赤澤史朗ほか［編・解説］『資料日本現代史13　太平洋戦争下の国民生活』（大月書店、一九八五年）五二六頁）。大政翼賛会は六月一四日をもって本部と地方支部の機構を解散した。
（13）『京都府百年の年表１　政治・行政編』二五六頁。
（14）中山前掲「国民義勇隊と国民義勇戦闘隊」七〇頁。
（15）木津村役場文書235『国民義勇隊・勤労動員』、『史料集』【5-14】三四六〜三四八頁。以下の木津村国民義勇隊については、この簿冊の史料に依拠した。
（16）『資料日本現代史13　太平洋戦争下の国民生活』五二三頁。
（17）北博昭［編・解説］『十五年戦争極秘資料集㉓　国民義勇隊関係資料』（不二出版、一九九〇年）七七頁。
（18）木津村役場文書235『国民義勇隊、勤労動員』。以下、この項の記述は同史料に依拠している。
（19）『週報』（四五〇・四五一、一九四五年七月二日）一一〜一二頁。
（20）引用は同前、七頁。「沖縄決戦は何を訓へたか」は三〜七頁。
（21）小出裕・倉橋正直「愛知における国民義勇隊」（『歴史評論』五五六、一九九六年）五九頁。註（10）参照。
（22）『資料日本現代史13　太平洋戦争下の国民生活』五三六〜五三七頁。
（23）『毎日新聞（東京）』（一九四五年八月二三日）。

(24)藤原彰『太平洋戦争史論』(青木書店、一九八二年)一九〇頁。
(25)木坂順一郎「日本ファシズムと人民支配の特質」(歴史学研究会編『歴史における国家権力と人民闘争――一九七〇年歴史学研究別冊特集』青木書店、一九七〇年)一二七頁。
(26)木津村役場文書234『昭和二十年防空・兵事・貯蓄強調』、『史料集』【4-20】三五二～三五五頁。
(27)同前、金額の一覧表は『史料集』未収録。
(28)同前。
(29)木津村役場文書235『国民義勇隊・勤労動員』、『史料集』【4-21】【4-22】三五五～三五八頁。
(30)木津村役場文書234B『在郷軍人分会書類』、『史料集』【4-23】三六〇～三六一頁。
(31)木津村役場文書278『昭和二十四年軍人援護・方面委員会・社寺・土木・衛生・統計・公付金指令』(以下『昭和二十四年軍人援護』と表記する)、『史料集』【4-29】三六三～三六四頁。
(32)同前。
(33)木村卓滋「復員――軍人の戦後社会への包摂」(吉田裕[編]『日本の時代史26 戦後改革と逆コース』吉川弘文館、二〇〇四年)九五～九六頁。
(34)木津村役場役場文書278『昭和二十四年軍人援護』、『史料集』【4-37】三六七～三六八頁。
(35)同前。
(36)同前、『史料集』【4-34】三六五～三六六頁。
(37)同前、『史料集』【4-44】二七三頁。
(38)木津村役場文書234『昭和二十年防空・兵事・貯蓄強調』『史料集』【4-29】三六二～三六三頁。
(39)同前、『史料集』【4-36】三六七頁。
(40)同前、『史料集』【4-42】三七一～三七二頁。ただし『史料集』には添付書類は収録されていない。
(41)同前、『史料集』未収録。
(42)同前、『史料集』【4-48】三七六頁。
(43)同前、『史料集』未収録。
(44)木津村役場文書558『村葬弔辞』。

(45) 木津村役場文書240『戦災者引揚民援護』、『史料集』【4-46】三七四〜三七五頁。この回覧板は、「戦災者及引揚民越冬援護運動実施要綱」の趣旨をわかりやすく説いたものである。要綱はそれについて次のように記している。「今ヤ八千万国民ハ互助提唱苦楽ヲ倶ニシ平和日本ノ再建ニ各々渾身ノ努力ヲ傾クベキ秋不幸戦禍ヲ蒙リタル同胞ノ迫リ来ル厳冬」を前に戦災者の窮状に手をさしのべるのは、戦禍を免れた者の国民的責務である。百八十万府民は、これに鑑み、戦災者の窮状を座視するに忍びず「熾烈ナル同胞愛ノ赤誠モテ」府下二万世帯および近府県の戦災者に必需物資を供与し「援護ノ微衷ヲ披瀝セントス」。

(46) 同前。

(47) 同前、『史料集』【4-51】三七七〜三八二頁。住宅給与金は三〇〇円、家財給与金は一〇〇円、遺族給与金については、死亡者が「防空業務其ノ他特殊重要業務ニ従事中死亡」したときには三五〇円、そのほかの場合には二五〇円とされていた。

(48) 櫻井安右衛門［編］『同胞援護会史』（同胞援護会会史編纂委員会、一九六〇年）二一〜二三頁。

(49) 木津村役場文書240『戦災者引揚民援護』。

(50) 同前。一九四六年一月半ばには、戦災者に加えて、戦没者遺族、傷痍軍人に対する配給が行われ、二月初旬にも配給を行ったことが確認できる。

(51) 同前。

(52) 同前。この項の以下の叙述は、すべてこの簿冊の文書に依拠している。

(53) 同前。

(54) 復員とともに引揚についても言及しなければならないが、引揚については残された史料はわずかである。一九四六年一月下旬の調査では、外地在住者一二世帯のうち引き揚げていたのは二世帯で、いずれも朝鮮からである。引き揚げていない外地在住者の住所地は、樺太（一世帯）、満洲（五世帯）、台湾（一世帯）、ブラジル（三世帯）で、いずれも引揚の意志なしとされている（木津村役場文書240『昭和二十一年戦災者引揚民援護』）。『木津村報』に掲載された移民の情報を集めると、移民者は七名である。ただし、二名については、満蒙開拓団の募集に申し込んだ、あるいは、満蒙開拓義勇軍に入ったという記事があるのみである（『木津村報』九七号・一〇〇号・一〇四号）。この移民情報と先の調査と比較してみると、重なっているのは一名（一世帯）だけである。残り六名のうち、二名は応召していることが確認できるので、四名は調査時点では引き揚げていた可能性が高い。

(55) 復員と引揚については、最近のものとして加藤聖文「大日本帝国の崩壊と残留日本人引揚問題――国際関係のなかの海外引揚」(増田弘［編著］『大日本帝国の崩壊と引揚・復員』慶應義塾大学出版会、二〇一二年)がある。加藤は現地定着から引揚早期実施へと、方針がなぜ転換されたかを考察している。同論文の注1で関係の研究が整理されている。遺骨の帰還の問題も重要であるが、木津村役場文書の中には史料がないためふれられなかった。これについては、浜井和史「遺骨の帰還」(同前)および同『海外戦没者の戦後史――遺骨帰還と慰霊』(吉川弘文館、二〇一四年)を参照。

(56) 丹波村役場文書17-42『昭和二十一年復員関係一件』(京丹後市立峰山図書館蔵)、『史料集』【4-55】三八六頁。

(57) 同前、『史料集』【4-56】三九〇頁。

(58) 軍人援護会と戦災援護会との関係は形式的には対等合併とされたが、実質的には前者が後者に吸収され同胞援護会が設立された。「同胞援護要領」は、「政府の諸施策に協力し、援護対象者をして速やかにその生活再建せしむるの素地を与え」「平和日本の建設に寄与せしむる」という方針を掲げている(『同胞援護会会史』九頁)。「銃後一体」から「平和日本」に字面が代わっただけではないかという疑問を抱かざるをえないが、時間が経過するにつれて社会事業の民主化、厚生行政の民主化を進めることを謳い、民間社会事業団体として自己規定するようになる。

# 終　章

## 近代国家・地域社会と徴兵制

明治維新から大日本帝国の崩壊まで、戦前国家の歴史は約八〇年であった。アジア・太平洋戦争の終結から現在まで、戦後国家の経験した年月との差は、年々小さくなっていく。徴兵令は一八七三年に出されているから、大まかに言えば、徴兵制のある国家とない国家の割合は、ほぼ同等になりつつある。

本書が課題としてきたのは、地域社会が一九三〇年代以降の戦争にいかに巻き込まれ、あるいはそれを支えてきたかを、主として村の行政を中心に明らかにすることであった。その際に、決定的に重要なことは、この社会に徴兵制が深く埋め込まれているという、ある意味当たり前の事実である。その当然のことを、地域社会研究の中で系統的に位置づけることが困難だったのは、何といっても残存史料の少なさによるところが大きかった。敗戦時の兵事文書の焼却命令が、地域社会における徴兵制の作動の実態をみごとに隠蔽してきたのである。私たちの歴史認識もそれによって大きく制約されていたと言えよう。

一九八〇年代の兵事史料の発見に始まる地域文書の発掘によって、ようやくその陥穽を抜け出すことができるようになった。京都府木津村の役場文書も、そうした糸口を与えてくれる史料の一つであった。残された木津村の役場文書を見ていくと、平時においては、徴兵検査および現役兵の入営ばかりでなく、演習召集、教育召集、簡閲点呼など、在郷軍人の管理が兵事事務のもう一つの主要な職務であったことがわかる。円滑な戦時動員を可能にするためには、召集・点呼が最も重要であった。

村の兵事事務は、府県と連隊区司令部とによって監督された。図式化するには、村を支点とする逆三角形を描き上部の二つの頂点に府県と連隊区司令部を置けばよい。行政機構として府県と町村が結びついているのは当然のことであるが、連隊区司令部は村との直接的な関係を確保していたことが重要である。第二章で見た通り、三〇年代半ばの軍事的組織化の進展にあたっては、このルートが重要な役割を果たした。

木津村役場文書を見ていく中で、兵事事務に関するやりとりにおいて結節点として重要な役割を果たしていたのが、警察署であることがはっきりした。警察署を経由して連隊区司令部に送付された文書は、主として召集・点呼に関わるものであった。演習召集や簡閲点呼は、事実上、戦時召集のための予行演習になっており、連隊区司令部→警察署→役場というルートは、戦時の充員召集に素早く転化することになる。戦時に召集令状を公布する際、警察署が連隊区司令部との中間段階にあって不可欠の役割を果たしていたことは、すでに八〇年代の研究で明らかにされていた。本書では、平時においても、警察署は兵事事務の監督者として欠かせないものであったことを強調した。つまり、兵事事務全般にわたって役場の業務を直接統括していたのは、ほかならぬ警察署であったことが明確になった。それゆえ、連隊区司令部は警察署の兵事関係業務を定期的に検閲する必要があったわけである。

このようにして村の兵事事務の役割を明らかにすることは、地域社会の歴史を解明する作業の一環であるが、徴兵制が国家の制度である以上、それはそのまま、近代国家の歴史でもある。徴兵制が地域社会に埋め込まれていたというのは、正確に言えば、行政村が国家的制度の運用を担い、それなくして徴兵制は作動しないということであった。徴兵令（のちに兵役法）によって地方行政の中に埋め込まれた徴兵制は、国家のための地方自治を強制する楔の一つであった。二〇年代の村報の発行は、たしかに自治意識の高まりを反映していたが、戦前の国家体制は、元来、戦争に異を唱えたり抵抗したりすることを許さなかったことを銘記しておかなくてはならない。

満洲事変を契機に総力戦体制の構築が具体化し始めると、兵事行政は軍事行政として把握されるようになり、日中戦争を契機に軍事援護も包括した軍事行政へと完全に変貌した。軍事援護の末端を統括したのは市町村行政であり、その活動が府県の通牒によって指示される以上、取り組みに対する熱意の差はあれ、それにしたがわざるをえないことは自明であった。その意味で、行政機構を通じた総力戦体制こそが自治を窒息させたと言えよう。

## 戦争文化

本書では十分に展開することはできなかったが、地域における徴兵制の問題を考える際に、青年訓練所、青年学校における軍事教育の果たした役割に配慮する必要がある。青年訓練所、青年学校の対象年齢は青年団員の年齢と一部が重なっており、二〇歳になる青年団員は徴兵検査を受け、その中から現役兵となって兵営に行く者も出てくる。木津村の一九一八年の事例では、青年団員は一四歳から二五歳の男子一三〇名によって構成され、現役兵として在隊しているものが一〇名という記録がある。(1)したがって、在郷軍人の人数はこれを軽く上回ると考えられる。そうした場合、軍人精神や軍事的思考様式が青年団に入り込んでいくのは何ら不思議なことではない。青年団の仲間から出征兵士が出れば、戦争を支持し軍事援護を行うのはごく自然な流れだと言えよう。木津村のように団報をさかんに発行している青年団においては、団報が、ある場合には軍事的思考様式を定着させる媒体となることさえある。

　そうした筋道は、満洲事変のときにすでに明らかであった。一九三二年四月に発行された青年団報『若橘』三八号には、「兵舎の窓から」という欄に、二名の現役兵からの便りが掲載されている。そのうちの一つ、「満洲事変の感想」は、満洲事変は日清・日露戦争にまさり、「我が国開闢以来の問題」で、「我が大日本帝国民にとつては誠に困つた事である」とし、「此の事件はもと〳〵支那の不信〔ママ〕不行為と排日侮日の運動から起こったものである。我が国は帝国存立上又東洋平和延いては世界平和の為に、真に已むに已まれず起つたのであつて、誠に仕方の無い事である」と述べている[2]。軍の公式見解が現役兵を通じてそのまま青年団報に流れ込んでいることがわかる。

　こうした軍事的思考様式は、それらを取り巻く文化的背景と一体となって近代日本が培ってきたものであった。そうした戦争・軍事と結びついた文化を、「戦争文化」という概念で理解してみてはどうだろうか。戦争文化という研究分野を提起したのは、マーチン・ファン・クレフェルトの『戦争文化論』[3]であるが、クレフェルトの論じる戦争文化は、戦争に関わるありとあらゆるものをそこに投入した感がある。列挙すれば、兵士や装備の装飾品、軍人養成の方法、戦争をモデルにしたゲーム、戦闘に関わる儀式、旗や音楽などの集団的一体感や団結意識を醸成するもの、戦死者の埋葬・追悼や戦捷祝賀、戦争のルール、戦争に関わる歴史・文学・芸術、戦争記念碑などである。戦死者の追悼や戦争のルールなど、場合によっては戦争に対して批判的な要素を含むものも、おしなべて戦争文化に包含してしまうのは行きすぎであろう。もう少し限定的にとらえる必要がある[4]。

そこで、あくまで暫定的なものであるが、戦争文化を、戦争や軍事の政治・社会的役割を積極的ないし消極的（社会悪として）に肯定し、戦争は魅力的だという心性を養い、戦争を支持・讃美する文化と定義しておこう。総力戦体制の形成を第一次世界大戦の経験から説明するのは今や常識に属するが、本書で見てきた総力戦体制を支えるさまざまな仕組みは、日清戦争以前に起源をもつものが多い。徴兵制という観点から見れば、徴兵慰労・援護は一八八〇年代の半ばから有志の事業として始まって次第に一般化し、「地域行事の一画に軍関係行事が食い込み、兵事は役場兵事係の仕事の枠を超えて、村の日常風景として浸透しはじめていった」と荒川章二は指摘している。(5)続いて、日清戦争では、戦勝祈願・戦争祝賀会・献納・戦死者葬儀・犒軍《こうぐん》などの新しい行事が発生した。荒川の研究に依拠すれば、戦争熱として現われる行動の基幹部分は、「徴兵制の整備にともない日清戦争までほぼ一〇年をかけて行政主導でしだいにつくりあげられてきた諸活動経験と兵事関連組織を背景に生みだされたのであり、これらの組織活動を軸として、青年団体・学校以下の地域諸団体、新聞社などの諸組織が新たに加わり、形成された」。(6)これに加えて、浄土真宗本願寺派をはじめとする宗教団体も、出征兵士の送別や葬儀に密接に関わることによって、自らの組織的な活性化をはかっていったことにも注目しておこう。(7)日清戦争の段階で戦争文化の基礎は据えられたと言ってよいだろう。

その後は、繰り返される戦争を通じてそれらの文化装置がより大規模化・組織化されていく。それらが一次的に退潮することはあっても、戦争文化は徴兵制があるかぎり、その根を失うことはない。戦争と戦争との間の時期にも、それは社会に深く浸透することさえある。戦没者を慰霊し天皇への忠義を顕彰する忠魂碑が、日露戦争後と一九二〇年代に集中的に建設されたことは、それをよく物語っている。本書の対象範囲では、第一章で注目した一九三四年は、日露戦争から三〇年目にあたり、日露戦争が顕彰され戦勝の記憶が改めて呼び起こされた年であった。

出征者の歓送迎も日清戦争から繰り返し行われてきたが、兵士の歓送迎は戦時のみに限定されていないことに注意が必要である。満洲駐屯など、平時であっても本拠地から出向く場合には、さかんに歓送迎が行われている。(8) こうしたことが相俟って戦争文化が形成され、その蓄積の上で総力戦体制は構築される。その意味で、日本の総力戦体制は徴兵制という国家制度を核に形成された戦争文化の究極の姿でもあった。

## 農村自治と総力戦

地域から見た総力戦を考える際に、本書が問題にしてきたのは、一九二〇年代以降の地域における自治意識や自治的活動の高まりをどう評価するかという点であった。この問題について再論しておこう。第二章で主に考察してきたように、三〇年代の農村で中心的な課題となったのは、恐慌下で沈滞した経済の立て直しであった。既述の通り、経済更生運動を天皇制ファシズムの基盤としてとらえるのか、あるいは、地域振興的側面を評価するのか、この運動を二者択一で総括するのは困難である。たしかに経済更生運動は疲弊した農村の復興に村全体で取り組むというのが主要な目的であったろう。その意味で第二章でふれた庄司俊作の指摘は妥当である。ともすれば、部落（区）や個別の団体の利害が優先しがちであり、それらの衝突を止揚するためには、より高いレベルの公共性が打ち立てられなくてはならない。経済更生運動は行政村に依拠した「村中心」意識を涵養することによって、それを目指そうとした。経営の多角化や肥料の自給化、作業の共同化を進めることによって経営の安定化を村全体で進め、農村の復興をはかろうとした点を、町村の自治・行政の発展拡大の到達点として評価する観点は重要である。二〇年代の好況から一転して、恐慌の打撃を受けながら窮乏化を深めた農村再生の試みを、自治の深まりとしてとらえることに異論はない。安易な遡及は慎まなければならないが、現在の地域振興につながる要因を見出すことも困難ではない。

　とはいえ、このような動向を三〇年代の日本の歴史の中に置き直してみると、どうしても戦争との関係を論じないわけにはいかない。経済更生運動と軍事的組織化が同時期に進行していったのは、一見偶然のように見えるが、両者が実践される場である地域社会において、相互に無関係であったとは考えられない。簡潔にまとめると、軍事的組織化は経済更生運動の成果を取り込みながら展開していったと言える。経済更生運動の過程で形成されつつあった村の一体性や「村中心」意識と、運動を進めるにあたって必要とされた統制的側面が、総力戦体制の構築にとってまたとない好条件となったことは否定できない。地域社会の側から言えば、そうした流れに抵抗することはほぼ不可能だった。なぜなら、先に述べた通り、軍事的組織化の梃子となる徴兵制と戦争文化は行政村・地域社会に埋め込まれており、連隊区司令部→警察→役場のルートを通じた軍事的組織化に抵抗するといった選択肢そのものがありえなかったからである。

　一方で、経済更生運動それ自体の中にも、総力戦体制へと容易に巻き込まれていく因子は内在していた。もともと経済更生運動は、内務省が進めてきた教化的性格と、生活改善・向上を共同で進めるという自治の論理を併せもっていた。経済更生運動を主導した報徳思想は、天皇制イデオロギーと強く結びつくことによって、その政治的・社会的地位を獲得していた。報徳思想にとって、論理体系としては天皇制が不可欠だったとは言えないが、天皇制と結びつける論理操作を行っていたことは事実である。そうした体制に密着しようとする性格があったからこそ、経済更生運動を進める際の精神的支柱として国家の側もそれを推奨したのであった。経済更生運動の「精神更生」は、「20年代の経済発展で弛緩し、恐慌により動揺を強めた自治村落の共同性を国家により強化する政策であった[9]」とする大鎌邦雄の指摘は首肯できる。また、「更生運動は、農家が構成する自治村落と国家が、行政村レベルの諸団体を通じて向き合った施策であった」という点も正しい指摘だと思われる。しかし、「国家主義的思想がそのまま浸透するには、自治村落の壁が大きく立ちはだかっていたといえよう[10]」という総括については、本書の視点からはそのまま受容するわけにはいかない。

たしかに、経済更生運動に限定すれば、そのような総括も成り立ちうるかもしれない。だが、総力戦体制の構築という視点で総括するならば、そのような「自治村落の壁」は、行政的な強制の前には無力だったのではないだろうか。経済更生運動の中に流れ込んだ皇国思想や「日本精神」といった国家主義的イデオロギーが、たとえすべての住民に受容されなくとも、総力戦体制に地域社会を丸ごと動員することは可能である。要は、国家主義的イデオロギーが、国家の方針に対する異議や批判を封殺する役割を果たせばよい。戦争への軌道がどのように敷かれていったかを考える際、それに抵抗できる力があったかどうかという評価軸は、やはり決定的に重要である。抵抗するすべがなかった結果、総力戦体制が強化されるにしたがって農村は収奪の場となり、自治が窒息させられたことも本書で見た通りである。

では、そうした行政村を通じた統制は、何ら主体的対応をもたらさなかったのだろうか。それが強制一辺倒ならば、たとえば『木津村報』の内容はもっと形骸化してもよいはずなのだが、そうは言えない。『木津村報』は、一九四五年五月まで、単なる情報伝達紙に堕することなく、工夫した内容でそれなりの水準を維持し続けた。役場を中枢とする行政村の指導層を中心に、総力戦体制を主体的に担おうとする熱意は持続したと言えよう。それを支えた意識は、経済更生運動を進めてきた模範村としての気概であり、行政の指示を忠実に実行しようとする勤勉さとでも言うべきものであった。それを支えていたのが、皇国イデオロギーであり、より正確に言えば、皇国イデオロギーを取り込んだ報徳思想であったと言えよう。ただこれはあくまで木津村の事例から言えることであり、性急に一般化するわけにはいかない。

## 組織化の複線・複合的展開

地域社会における総力戦体制の構築について、これまで検討してきたことを一言でまとめるなら、総力戦体制のための組織化は複線・複合的かつ重畳的展開としてとらえるべきだ、ということになろう。現実の社会は、さまざまな要素が複合的に織りなされているから、複線・複合的というだけでは何も説明したことにならない。有意味な論証にするためには、この時期に見られる固有の複合性を具体的に明らかにしておくことが必要である。

組織化の過程を見ていく中で、前提としなければならないのは、歴史的に形成された日本の農村社会の自律性や組織性である。かつて足立啓二は、中国社会との比較を試みつつ、幕藩制は自律的共同体を組み込んだ支配制度を構築しており、近代国家もその統合原理の発展の上にあることを指摘した[11]。近年、坂根嘉弘は「家」や「村」により醸成された「村人間の信頼関係の高さ」が「日本の農業生産力向上の重要な一要因となったのではないのか」と主張している[12]。また坂根は隣保相扶の救済が、軍事援護事業における村民の自発性と自律性の確保を可能にし、軍事援護の社会的基盤となり得たとも述べている[13]。総力戦体制下では自律性とは何かが問題となるが、本書の観点からは、日本の農村社会が醸成してきた組織性や結合関係の強さが、総力戦体制の基盤となったことを改めて確認しておきたい。日本の近代国家は、下位の団体が上位の団体に包摂され支配されるという専制的な国家原理も自らの内に組み込んでいた、という足立の指摘はいま一度顧みられなければならない[14]。

ともあれこうした一定の自律性と組織性をもつ社会を基礎に、一九三〇年代半ばには新たな組織化が複線的に進んでいった。最も主要なものは、経済更生運動であり、町村の自治や行政の発展拡大という方向で農村の組織化が進んだ。同時に、連隊区司令部を通じた軍事的組織化は、防空演習を梃子に進展し、国防観念も徐々に浸透していった。日中戦争が起こると、戦時体制のための組織化が急がれたが、それが依拠したのは行政村であるから、府県を直接の司令塔とする行政的組織化・統制も強化された。戦時の総力戦体制を支える銃後奉公会は、行政機関ではないが、実質上、行政の指令系統を通じて組織され監督された。大政翼賛会はその延長上で、経済更生運動で作られた組織を利用しながら、従来から存在した諸団体や銃後奉公会、警防団など、新たに結成されたさまざまな組織を統轄するものとして成立した。その意味で、組織は複合化されていたと言えよう。さらに、木津村のような比較的小規模な村落では、複線的な組織化は人的な担い手を重複させることによってしか遂行されえなかった。人的な関係においても複線化は複合化・重畳化を招来したのである。

それぞれの組織化の推進力は、内務省、農林省、軍部などの官僚機構であり、それらの間には対抗関係がある。防空に関しては、内務省と軍部の間で主導権をめぐる対立があり、経済更生運動については農林省と内務省で重点の置き所に違いがあるなど、先行研究が指摘する天皇制国家機構の分立性に起因する諸矛盾を押さえておかなくてはならない。それらが地域社会にどのような影響を及ぼすかを検討することも重要な課題である。そのことを認めた上で強調しておきたいのは、それぞれの組織化の末端を統轄する行政村の場においては、総力戦体制に向けて諸力が相互の抗争を含み込みつつも合力化されて覆いかぶさる（重畳化）ということである。これも複合の一つの内容である。

## 国家行政システムと総力戦体制

一ノ瀬俊也は『故郷はなぜ兵士を殺したか』において、「〈郷土〉は人びとにとって親しいものであったけれど、同時に彼らを拘束し、死へと追いやるという面も持っていた」と述べている。同書は、「〈郷土〉はいかなる手段で兵士の死、苦難の意味付けを行ったのだろうか」という課題を提示している。[15]一ノ瀬は地域社会を〈郷土〉と言い換えているところもあるが、本書が主な対象としたのは、同じ地域社会でもあえて情緒的な要素を排した行政村であった。兵士の心理としては〈郷土〉と表現した方がしっくりいくことも多いが、総力戦体制の構築と地域社会の関係を見るためには、徴兵制を末端で作動させてきた行政村の機能が具体的に解明されなければならない。それについては、本書の全体で述べてきたので、ここで繰り返す必要はないだろう。ただ、あえて強調しておきたいのは、何度も述べた通り、徴兵制はあらかじめ行政村に埋め込まれ、国家システムとして作動したということである。したがって、総力戦体制における地域行政の役割を問うことは、そのまま国家行政を問題にすることにつながっていくのである。

ただ、戦前国家の行政システムについては十分に言及できていないので、特に道府県庁の役割について若干補足しておきたい。戦前の国家においては、道府県知事は公選ではなく勅任官であり、内務大臣の指揮監督を受けつつ、各省の主管事項については各省大臣の指揮監督を受けることになっていた。道府県は、国家の機関として、戦争遂行・総力戦体制構築のための中間指令機関のように機能していることを忘れてはならない。そのことを示すために、本書で使用した木津村役場文書については、できるだけ発出先や宛先を記してきた。その圧倒的な比重を占めていたのが、京都府庁の主管課ないし地方事務所であった。総力戦体制の構築にあたって、行政システムの中で道府県庁の果たした役割はもっと重視されなければならない。戦後の地方制度改革の歴史的意義を考えるにあたって、総力戦体制期の行政システムがどのように転換し、ある場合には、それを引き継いでいるかを解明していくことが求められる。

この点に関わって一つ興味深い事例を挙げよう。戦後の戦災者の援護をめぐって、道府県はどう対応したか、という問題である。一般戦災者に対する援護の問題を論じた池谷好治は、愛知県の対応を紹介している。それによれば、一九七二年一二月の定例議会で、ある議員が、一般戦災者が法体系上、差別を受けていることを指摘し、愛知県が二六回空襲を受けた事実も踏まえ、実態調査をして県単独でも援護に取り組むべきだと主張したのに対し、「桑原幹根県知事は、「国家の名前で戦争に巻き込まれたので」「国政上の施策として」の実施が「まず第一には望ましい」と答えた」という。また、翌年九月の定例議会では、戦災者援護について「「国の方針・国の善処を得」、それに伴い「県としての考え方も決め」たい」と答弁した。(16) そこには、都道府県(東京都ができたのは一九四三年)と国家を截然と分ける戦後的な発想があり、また、戦前国家における都道府県行政の責任という点に配慮がなされていない。

責任や補償の問題については、他の要因が介在して複雑になるため深入りはしないが、歴史認識の問題として、戦前の道府県庁が国家政策(ことに総力戦体制)を市町村に履行させるための機関であったことは、何度でも強調しておかなくてならない。ところが、大変残念なことに、それを語る行政文書を系統的に保存しているところは多くない。近年、ようやく近代行政文書の文化財的価値が認められるようになり、京都府を皮切りに埼玉県、山口県、群馬県などの府県行政文書が重要文化財に指定された。それ以外にも、奈良県、滋賀県や宮崎県など行政文書を比較的大量に保存しているところはあるが、軍事・総動員関係文書は、他の文書に比べれば残存率がかなり低い。そもそも、府県庁所在地の多くが空襲にみまわれ、混乱状況の中で多くの文書が失われたばかりでなく、敗戦にともなって文書が廃棄された。こうした事実が、行政機構としての道府県庁が総力戦体制において重要な役割を担ったことを、忘却させる背景になっているのではないだろうか。

ところで、全国でも有数の保存量をもつ京都府庁文書の場合、本書で述べてきた事柄はどの程度たどっていけるだろうか。実を言うと、『京都府公報』に掲載された告示・通牒・照会・彙報や、一部の簿冊を除き、該当文書を探すのはかなり難しい。逆に言うと、木津村役場文書を丁寧に見ていけば、京都府の通牒や照会などをある程度再現できるということである。その意味でも、現在の史料状況においては、村役場文書は行政村の歴史を知るためばかりでなく、道府県および国家行政の歴史を考察していく上で欠かせない史料群である。本書は一貫して行政村を対象としてきたが、裏返せば、京都府庁の役割を問うことによって国家行政システムの問題を追いかけていたことになる。

## 底流としての総動員

国民国家は絶えざる国民化を遂行し、国民軍の形成と動員によって戦争を行ってきた。このことを踏まえれば、総力戦体制は国民動員の究極的な形態である。戦争を総力戦たらしめたのは、基本的には資本主義が生み出した科学技術と生産力の発達であり、国家の組織力あるいは動員力が一定の高さに到達することが必要であった。そのためには、強制力だけではなく、主体化の契機が不可欠となる。国民としての主体化と動員は表裏一体をなすと考えるべきである。日本の場合、国民としての主体化は男子普通選挙の導入によって制度的には一定の段階に到達した。一九二〇年代の農村では、名望家支配が徐々に後退し、農村秩序の担い手が名望家より下の層へと拡張されるとともに自治意識が高まった。論理的には、それは必ずしも国民化と一致するわけではないが、実態的には国民化、より具体的には皇国民化の網に絡め取られていくことに留意しなければならない。

そこで想起されるのは、国民義勇隊の組織に関して大政翼賛会が作成した参考案にあった「自覚セル服従」という言葉である。さらにそこから連想されるのは、シモーヌ・ヴェイユの「服従と自由についての省察」である。ヴェイユはスターリン体制を念頭に置きながら、「多くの人間が、たったひとりの人間に殺されることを恐れてその者に服従することは、それだけで十分に驚くべき事実であるが、そのうえ、多数者が一者に対して、その者に命令されれば死ぬことをも受け入れるまでに服従をつらぬくという事実については、どう理解すればよいのだろうか」と問うている。[17] 総力戦体制の中の地域社会に関する本書の考察も、この問いに連なっている。

このようなヴェイユの思考の源泉になったのは、エティエンヌ・ド・ラ・ボエシが一六世紀半ばに著した「自発的隷従」論であった。ボエシは、圧制が、一者の力ではなくこの体制のもとで地位や利益を得ようとする無数の追従者によって支えられていることを論じた。[18] あえて歴史性を無視して言えば、「自発的隷従」は統治につきまとう不可欠の要素として時間をこえて潜在し続けるであろう。国民国家の段階では、その自発性、主体化の度合いは、当該国家を取り巻く歴史的環境によってさまざまな様相を呈する。国家の危機が喧伝され、統治が不安定化すれば、「自発的隷従」が強制されるという矛盾をはらんだ事態が進行する。第六章で見た国民義勇隊・国民義勇戦闘隊においては、それがこの上なく先鋭化したのであった。

さて、序章で掲げた課題、総力戦体制概念のタイムスパンという問題に移ろう。少なくとも、本書が重視してきた行政に埋め込まれた徴兵制という観点からは、総力戦体制を支えてきた組織が解体されたことによって、ひとまず総力戦体制は終結、というより破綻した。特に日本の場合、軍隊が解体されたこと、日本国憲法第九条によって戦力の保持が禁止されたことの意味は大きい。すでに述べたように、徴兵制と軍隊を梃子にした動員は基本的に不可能になった。これは国民国家としては巨大な変化と言ってよい。その意味で動員は総力戦ではなく、「再建」そして経済成長へと向かっていった。本書ではその端緒しか叙述できなかったが、総力戦体制のもとで形成された動員のテクノロジーは官僚制および戦後行政の中に引き継がれていくと考えるべきだろう。その証明は残された課題である。

次に、総力戦体制は国家レベルのものではなく、グローバルなものへとその位相を変化させたのかどうかという問題がある。冷戦体制をある種のグローバルな総力戦体制と考えられないことはない。ただし、国家体制として考える場合と国際体制として考える場合とでは、動員が直接か間接かという質において無視できない差異があると思われる。グローバルな総力戦体制というとらえ方を意味あるものにするためには、その点を明確にする必要がある。仮に、日本がアメリカを中心とするグローバルな総力戦体制に包摂されたとしても、「平和国家」を目指すという方向で戦後国家は再建されることが可能であった。両者には相互依存という側面もあったことは否定できないが、生成してきた平和運動と冷戦体制構築の動きの間には鋭い対抗関係があり、深い矛盾をはらんでいたことを軽視してはならない。

こう述べてくると、やはり総力戦体制概念を拡張して使用しない方がよいと思われるかもしれない。しかし、ここで急いで補足しなければならないのは、国家体制としての総力戦体制が、第二次世界大戦の終結をもって終わったとは言えないということである。その典型的な事例は、社会主義体制であろう。奥村哲は、日本とドイツの「総力戦態勢」は帝国主義戦争のために可能なかぎりを国家に集中して「私」や「個」を否定し、党や軍の独裁のもとで市場や思想を統制したが、社会主義体制はこれをもっと徹底化したものだ、と述べている。定式化するならば、「社会主義体制とは、工業化が遅れた地域における、ファシズムないし全体主義国の侵略を受けたことを歴史的経験とした、ファシズム以上に徹底して全体主義的な国家の防衛態勢であり、総力戦の態勢である」ということになる(19)。奥村は「総力戦体制」ではなく「総力戦態勢」としているから注意は必要だが、広い意味で戦後に適用可能な概念として総力戦体制（態勢）をとらえておくべきだろう。

さらに、現在のグローバル化の進展と関わらせつつ、総力戦体制概念の有効性いかんについて言及しておこう。グローバル化をどう把握するかについてだけでも優に一冊の書物を要するほど多様な見解があり、簡単に片づけられる問題ではない[20]。ここでは、本書の観点から考察を深めるために有効と思われる論点だけに限定し、ヨアヒム・ヒルシュの「国民的競争国家」という概念を取り上げよう。ヒルシュは次のように述べている。国民的競争国家の機能論理は、「グローバルな競争力の確保という目標へと社会のあらゆる領域をさし向けることにあり、そうしたグローバルな競争力の基礎は、国際的によりフレキシブルになっている資本にとっての「立地点」の収益性なのである」[21]。ヒルシュが問題としているのは、フレキシブルな資本によって「経済戦争」へと国民が広範に動員されようとしていることである。序章でふれた纐纈厚の総力戦体制の定義と近接していることが理解されよう。

ただし注意が必要なのは、ヒルシュの国民的競争国家の概念は、ポスト・フォーディズムという時代認識のもとで、資本主義的支配の、歴史的にまったく新しい類型として提出されていることである[22]。また、国民的競争国家のもとにある社会を「市民社会的全体主義」とも表現している。物理的暴力と政治テロに支えられた独裁によってではなく、自由主義的な代表制民主主義の制度的枠内で、またグローバルに解き放たれた市場経済を土台にした「市民社会的全体主義」のもとでは、「軍事的大衆動員は、経済的手段を用いて作用する大衆動員に席を譲った」とも述べている[23]。したがって、あくまでヒルシュを参照すればという限定つきだが、融通無碍な総力戦体制概念を採用することは、かえって現在の資本主義世界体制の段階的特徴を見誤る危険性がある、ということになろうか。しかし、ヒルシュも述べている通り、別種の大衆動員は存在するわけであり、その特質を解明するためにも軍事的大衆動員を正確に認識しておくことが必要である。さらに、軍事的大衆動員は消滅したわけではなく、いつでもどこでも顕在化する可能性があることも念頭に置いておくべきだろう。

## 場所のコミュニティ

最後に本書のもう一つのテーマであった行政村と自治の問題を、コミュニティ論という角度から見るとどうなるかについてふれて締めくくりたい。唐突に思われるかもしれないが、コミュニティよりも狭い概念の共同体ということであれば、戦後直後から論じられてきた。当初は封建的として克服すべき対象であった共同体が、やがて再評価されるようになったことについては、第二章でふれた。現在、急速に進展したグローバリゼーションのもとで人と人との関係が切断された個が析出されたことが、政治的・社会的にさまざまな問題を引き起こしていると解釈されることもあって、この問題が再び前景化している。

現在のコミュニティ論の特徴を示すのは、ジェラード・デランティの次のような記述である。

帰属としてのコミュニティは、制度的な構造、空間、ましてや象徴的な意味形態などではなく、対話的なプロセスの中で構築されるものである。〔中略〕かつてのコミュニティ論は、その大半が帰属感と特定の社会組織を混同してきたのであり、基礎的な道徳感覚、集団、場所を強調したのであるが、それとは対照的に私は、帰属についての経験の一形態であるコミュニティの討議的な性格に重点を置いた。〔中略〕今日の帰属は何よりもまずコミュニケーションへの参加であり、多様なコミュニケーション形態は、私たちがコミュニケーション・コミュニティと呼ぶところの、帰属をめぐる討議の複数性に反映されている。(24)

デランティが強調しているのは、討議的な性格、コミュニケーションへの参加に基づく帰属、単一ではなく複数のコミュニティが織りなす重なり合う絆、などである。帰属感と特定の社会組織とを混同してきたかつてのコミュニティ論とは異なり、デランティは不安定、流動的、開放的で、高度に個人化された集団の中に現代コミュニティを見出している。[25] グローバル化によって連帯や帰属といったものが危機的状況に陥る中で、こうしたコミュニティの意義が高く評価されるのである。他方で彼は、周到に次のようにも述べている。近代のコミュニタリアリズムによれば、コミュニティは、集合的な善へのコミットメントという結社的な原則に根ざし、規範を基礎とする社会統合を提供する。それは近代民主主義の重要な一部であり、市民の政治参加の基礎となる。しかし、「それは統治のイデオロギーとなることによって、容易に社会の制度的構造の一部となってしまう可能性がある」[26]。デランティは、ヘルムート・プレスナーの古典的な研究[27]を引きながら、極端な場合には、規範的なコミュニティ概念が全体主義的権力のイデオロギーになる可能性もある、と注意を促している。まさにその点が、本書で見てきた総力戦体制下の行政村の事例から見出される結論に深く関わっている。つまり、全体主義的権力の基盤となったコミュニティは、かつて議論されてきた封建的な共同体ではなく、一九二〇年代から三〇年代にかけての日本社会の現代化の中で形成されてきたものであった。

デランティの『コミュニティ』に関わって、もう一点、同書の訳者の一人である山之内靖が指摘している、社会の脱身体化への対抗という問題がある。すなわち、デランティが評価するポストモダン・コミュニティは、現代社会を特徴づける「脱身体化作用」に対抗するモーメントを内包しているのではないか、という問題提起である。山之内は、「社会的な相互作用性という面だけではなく、対自然関係においても、身体的現実に即して構成された新たな世界像を構築し直さなくてはならない」とする。[28] 環境問題への根源的な取り組み、自然と人間の関わりを通じての身体性の回復など、現代社会の生み出した脱身体化に対抗する可能性が、「場所」のコミュニティに見出されている。そうすると、やはりここでも、地域社会が問題とならざるをえない。

本書では、行政村を中心に地域社会を見たわけだが、その内部には生活に即した村落が重層的に存在したように、地域社会は決して単一構造ではない。「場所」のコミュニティも多層・多様なものとして想定されるべきだが、それらが国家行政システムにどのように向き合うのか、あるいはどのような関係を構築していくのかが意識的に問題化されなければならない。さもなければ、脱身体化作用に対抗するモーメントは、現実の政治・経済的権力に押し流されてしまうだけだろう。災害・治安・国防（安全保障）などの回路によって、統合・統治・総動員に回収される契機は地域社会に内包されていることに配慮が必要である。その意味でも「総動員」は決して歴史的産物となったのではない。

註

（1）木津村役場文書772『大正元年以降木津青年会庶務記録』。

（2）木津村青年団『若橘』三八号（一九三二年四月）六〜七頁。

（3）マーチン・ファン・クレフェルト（石津朋之［監訳］）『戦争文化論上・下』（原書房、二〇一〇年、原著は二〇〇八年）。

（4）クレフェルトは、戦争文化の衰退が、統制がとれず団結力もない軍隊やロボットのような魂のない機械の集団を生み出し、男から気概を喪失させて、フェミニズムを発生させる、とする。こうした見地は、人間の歴史の中で、戦争文化が本質的に変化せずに存在することを証明し、その意義と役割を再評価すべきだとする問題意識と結びついている。また、相対主義者、脱構築主義者、ポストモダニスト、感情的な平和主義者、フェミニストなどの「鼻を折ってやりたい」とも、語っている（一七〜一八頁）。著者はもちろん、このような立場に与しない。むしろ問題意識はその逆なのだが、戦争文化という概念は、定義の仕方を工夫すれば、「平和」の概念や実践を鍛えていく際に役立つと考えている。クレフェルトの議論で参照すべきは、戦闘の際、危険を避けたい、あるいは危険から逃げたいという人間の自然な欲求を克服させる役割が戦争文化にはある、という指摘である。

（5）荒川章二『軍隊と地域』（青木書店、二〇〇一年）三八頁。
（6）同前、五一頁。
（7）拙稿「日露戦争と寺社」（文部省科学研究費補助金研究成果報告書『随心院門跡を中心とした京都門跡寺院の社会的機能と歴史的変遷に関する研究』代表：水本邦彦、課題番号14310163、二〇〇六年）。山崎拓馬「日清・日露戦争と従軍憎・従軍神官」（荒川章二ほか［編］『地域の中の軍隊8 日本の軍隊を知る』吉川弘文館、二〇一五年）も参照。
（8）拙稿「軍都姫路と民衆」（原田敬一［編］『地域のなかの軍隊4 古都・商都の軍隊』吉川弘文館、二〇一五年）。
（9）大鎌邦雄「経済更生計画書に見る国家と自治村落――精神更生と生活改善を中心に」（同［編］『日本とアジアの農業集落――組織と機能』清文堂出版、二〇〇九年）一〇八頁。
（10）同前、一〇九頁。
（11）足立啓二『専制国家史論――中国史から世界史へ』（柏書房、一九九八年）二三〇～二三一頁。
（12）坂根嘉弘『家と村――日本伝統社会と経済発展』（農山漁村文化協会、二〇一一年）一九頁。
（13）同前、二四六頁。
（14）足立前掲『専制国家史論』、二三三～二三五頁。
（15）一ノ瀬俊也『故郷はなぜ兵士を殺したか』（角川学芸出版、二〇一〇年）。
（16）池谷好治「一般戦災者に対する援護施策――自治体の論理・国家の論理」（『歴史評論』六四一、二〇〇三年）六六～六七頁。一九七四年から、愛知県は「愛知戦災傷障害者の会」の運営費補助を行っている。
（17）シモーヌ・ヴェイユ（山上浩嗣［訳］）「服従と自由についての省察」（エティエンヌ・ド・ラ・ボエシ、西谷修［監修］、山上浩嗣［訳］『自発的隷従論』筑摩書房、二〇一三年、原著は一九五五年）一七九頁。
（18）エティエンヌ・ド・ラ・ボエシ「自発的隷従論」（同前）。
（19）奥村哲『中国の現代史――戦争と社会主義』（青木書店、一九九九年）四一頁、二〇四～二〇五頁。「総力戦体制」ではなく「総力戦態勢」という言葉が選ばれていることに注意しなければならない。ただ、「日常的に総力戦に備えた態勢をとったのが、社会主義体制」とも説明されているので、ここでの議論では、第二次世界大戦時に各国のとった総力戦体制と質的に異なるものと考える必要はないだろう。

（20）拙稿「現代グローバル化の歴史学的考察にむけて——主権国家・帝国主義・〈帝国〉の再検討」（『新しい歴史学のために』二七六、二〇一〇年）を参照。
（21）ヨアヒム・ヒルシュ（木原滋哉・中村健吾〔訳〕）『国民的競争国家——グローバル時代の国家とオルタナティブ』（ミネルヴァ書房、一九九八年、原著は一九九五年）一二二頁。
（22）同前、viii頁。
（23）同前、一九五頁。
（24）ジェラード・デランティ（山之内靖・伊藤茂〔訳〕）『コミュニティ——グローバル化と社会理論の変容』（NTT出版、二〇〇六年、原著は二〇〇三年）二六一～二六二頁。
（25）同前、二六一～二六三頁。
（26）同前、二六八頁。
（27）Helmuth Plessner, *The Limits of Community : Critique of Social Radicalism*, 1924.
（28）「訳者解説」（デランティ前掲『コミュニティ』）二九四～二九五頁。

# あとがき

二〇一五年九月一九日、安全保障関連法が、参院本会議で自民、公明両党などの賛成多数で可決され、成立した。その頃、本書の執筆は最終段階にあった。この法が、戦後国家の歴史に大きな画期をもたらすことは間違いないが、その布石は着々と打たれていたと言ってもよい。冷戦終結後、気がつけば、日米関係を表現する言葉は「日米安保」から「日米同盟」へと完全に転換し、新聞は何のためらいもなく「同盟」を認知していた。「同盟」とは実質的には軍事同盟を意味する。

それゆえ、世論の反発を恐れて、長い間、自民党政権においても日米関係を「同盟」と言い表すことには一定の躊躇があった。安全保障関連法の場合でも、法の名称もさることながら、国連憲章第五一条の「集団的自衛権」で粉飾することが、世論対策上不可避であった。とはいえ、随分以前から「同盟」は絶対であるとする言論が言説空間を覆いつくしており、その段階で、軍事同盟容認への道筋の地ならしは終わっていたと考えられる。二〇一五年夏の、安保闘争以来の大規模な運動が、新たな可能性をはらんでいることを軽視するわけではないが、安全保障関連法の成立は、こうした路線の、ある意味順当な帰結であった。

本書で考えてきたことを援用すれば、今後、さまざまな回路を通じて、軍事的なものの社会的な埋め込みが進んでいくことが予測される。すでに、行政では主として防災を通じて、経済では軍需への依存度の上昇によって、文化では映画やゲームを通じて、軍事の浸透は相当に進んでいると考えられる。地域分権・地域主権などと言いながら、国家安全保障への協力を求められれば、そんなものは吹き飛んでしまうことは、一九二〇年代から三〇年代の歴史を顧みれば、明らかである。

前著『総力戦とデモクラシー』（二〇〇八年）では平和思想に力点を置いて戦争の問題を考えた。その時点と比べても、世界平和への展望は明るくない。それどころか世界情勢はますます鬱屈した様相を呈している。約一〇〇年前の第一次世界大戦で、ロマン・ロランが鋭く批判した愛国主義や軍国主義の問題の多くは克服されておらず、むしろ、新たな姿をまといながら現前している。

二〇一五年一二月二三日の『ルモンド』に寄稿されたジョルジョ・アガンベンの小論（『世界』二〇一六年三月号に翻訳が掲載）は、法治国家から安全国家への転換を指摘している。アガンベンは安全国家の特徴として、第一に全般的な恐怖状態の維持、第二に市民の脱政治化、第三にあらゆる法の確実性の放棄、を挙げている。北東アジアの場合は、冷戦後も国家間の軍事的対抗関係は相変わらず強力で、ヨーロッパとは異なる事情があるが、アガンベンの指摘する安全国家への転換という視点は、現状を理解する上で有効である。日本の場合、すでにかなり以前から「安全・安心」が政治・行政的スローガンになり、その分、平和、民主主義、人権といった概念の重要性が低下させられているように思われる。

仮に安全国家という概念で現代国家の特徴を考えるとするなら、日本では災害（自然災害も人為的な災害も含めて）という要因も、安全国家が形成される重要な契機となるだろう。アガンベンが言うように、安全国家は決して安心を約束するものではなく、恐れとテロルを維持し、警察国家化を随伴する。こう考えてくると、安易な類推は禁物だが、一九三〇年代の日本国家との類似性に思いいたらざるをえない。無差別爆撃の容認と結びついた防空観念の普及、災害への対処と一体化した防空演習（訓練）、徴兵制を通じた国民の警察的監視と管理、広義国防から高度国防へと進んだ全体主義的な国防国家化、などの特質を抽出してみれば、現代国家をどう位置づけるかにあたって参考になるだろう。

本書は、前著とはまったく異なり、戦争、ことに総力戦体制の基盤となる地方行政や軍事行政について解明した。用いた史料の特質に規定されて、ともすれば微細な点にまで踏み込みすぎ、煩雑となった感が否めない部分もある。しかし、戦前の軍事国家としての展開を細胞部分から明らかにすることは、国防、国家安全保障という思考様式がいかにして社会をとらえ、統治の手段になっていくのか、なぜそれを克服できないのか、という問題を考える上で重要だと考えている。

拙いながらも一書を執筆することになったきっかけは、勤務先大学所属学科の教員が編纂の中心になっていた、京丹後市史の編纂に関わったことにある。その過程で、木津村役場文書を知り、当初はその歴史的価値もわからないまま、ゼミの院生に手伝ってもらいながら、手探り状態で写真撮影・翻刻を行った。丹後震災と兵事史料の史料集を二冊刊行し、それで終わることも考えたが、どうしても、それだけにとどめることができなかった。

木津村役場文書は、本書でたびたびふれた元役場吏員井上正一氏が目録を作って整理されたもので、簿冊そのものも井上氏が戦後に編綴し直している。兵事も含めた簿冊を大切に保存された井上氏の熱意と責任感を思うとき、何とか井上氏と木津村が残した文化遺産を社会的に共有しなければならないという思いに駆り立てられた。その意味で、謝辞はまず故井上正一氏に捧げなければならない。

そして何と言っても、この約一〇年間は、京丹後市教育委員会文化財保護課の小山元孝氏に大変お世話になった。小山氏から木津村以外の役場文書についての情報を得られたことによって、木津村役場文書に欠けている部分を補強することができた。史料編の厳しい締切追及に慌てることもあったが、決められた期限内に成果物を刊行できたのは、小山氏の尽力に負うところが大きい。氏は、役場文書以外にも、次々と閉校になる小学校の文書について情報収集し、市内自治会の廃棄寸前の文書も救出された。その活動を見ていて、自治体の史料保存のあるべき姿を教えられた。記して感謝したい。

併せて、京丹後市教育委員会文化財保護課の方々にも、調査の便宜をはかっていただいたことにお礼を述べたい。旧町村の一部の文書は条件の良くない環境にあったが、適切な保管場所にそれらが移管されたのは、史料保存に対する深い理解があったればこそである。

京都府の公文書については、調査当時、京都府立総合資料館職員であった福島幸宏氏にお世話になった。京丹後市で見つかったものが、総合資料館にあるのかどうか、たびたび、かつ突然の連絡にもかかわらず、迅速・丁寧に回答いただいた。福島氏の助言のお蔭で、さまざまな史料の価値を判断することが可能になった。

簡便さや分かりやすさが最優先される出版事情にもかかわらず、本書の刊行を快く引き受けていただいた柏書房と編集の山崎孝泰氏に心から感謝を申し述べたい。

最後に、京都府立大学大学院文学研究科の歴代ゼミ生に感謝の意を表したい。入山洋子さんには、京都府庁文書の科研でお世話になった。福島在行、白川哲夫、田中希生、小野寺真人、岡本真奈、松尾佐保、佐々木拓哉、長谷川一、久保庭萌、杉谷直哉、長澤伸一の皆さんには、年に何度も調査に参加していただいた。調査のあと、疲労と眠気に襲われながらも、宿舎で研究報告・討論を行うこともしばしばであった。ゼミ生の協力なしには、史料集も本書も決して刊行されることはなかっただろう。本書の内容上の責任は全面的に私にあるが、その基礎づくりは歴代ゼミ生の共同作業であることを銘記しておきたい。

二〇一六年三月

小林啓治

※本研究は、JSPS科研費24520765（研究課題「村役場文書による地域社会と兵事・戦時動員に関する社会史的研究」）の助成を受けたものである。

〈ナ行〉


〈ハ行〉

# 索　引

【著者略歴】
小林啓治（こばやし・ひろはる）
1960年島根県生まれ。1983年京都府立大学文学部卒業。1989年京都大学大学院文学研究科博士課程修了。現在、京都府立大学文学部歴史学科教授。専門は日本近現代史。著書に、『国際秩序の形成と近代日本』（吉川弘文館、2002年）、『総力戦とデモクラシー』（吉川弘文館、2008年）など。

総力戦体制《そうりょくせんたいせい》の正体《しょうたい》

2016年6月10日　第1刷発行

著　者　小林啓治
発行者　富澤凡子
発行所　柏書房株式会社
東京都文京区本郷2-15-13（〒113-0033）
電話（03）3830-1891［営業］
（03）3830-1894［編集］

装　丁　清水良洋（Malpu Design）
組　版　有限会社一企画
印　刷　萩原印刷株式会社
製　本　小髙製本工業株式会社

ISBN978-4-7601-4710-6

# 柏書房の本

［価格税抜］

## 「知覧」の誕生――特攻の記憶はいかに創られてきたか

福間良明・山口誠［編］

●四六判上製／428頁／2900円

年間数十万人が訪れる「特攻の聖地」知覧。そのイメージの形成を、メディア・観光政策・ジェンダーなどの視点から考察した、まったく新しい戦後論

## 戦争はどう記憶されるのか――日中両国の共鳴と相剋

伊香俊哉［著］

●四六判上製／382頁／3700円

日中戦争の被害者の記憶と加害者の責任をどうつなぐか？　研究の第一人者が長年にわたる現地住民との対話のなかで導き出した、未来への処方箋

## さまよえる英霊たち――国のみたま、家のほとけ

田中丸勝彦［著］

●四六判上製／304頁／2200円

「英霊」が国家と国民の共犯関係のなかでどう現実性を帯びていったかを問い、生死をめぐる近代的世界観のありようを内側から照らし出す執念の論考

# 総力戦体制の正体

小林啓治
Hiroharu Kobayashi

柏書房